經管類人才培養模式改革與實踐

主　編　楊小川、彭巧胤

副主編　陳　松、劉　遠、南　麒、曲玲玲、王付軍

財經錢線

前　言

　　樂山師範學院經濟與管理學院2015年由原旅遊與經濟管理學院分拆而設。經過原旅遊與經濟管理學院升本後十餘年的沉澱，以及2015年經濟與管理學院成立後廣大教師的努力，目前該學院已有6個本科專業。在學校爭創省屬一流高校的關鍵時刻，學院教師教學改革積極性明顯提高。近十年來，教師們將教學、科研融為一體，銳意改革教學模式與方法，做好專業建設和綜合改革，明顯提升了教學質量，形成了一批優秀的教學改革成果。這些不同時期的教學改革論文留有相應的時代烙印，和教育部、省教育廳的指導密切相關，也和社會的需求相吻合。通過對近十年來的教改理論和實踐研究成果的匯總，我們梳理出了一條和時代發展相吻合的、能體現學校和學院應用型教學改革探索的主線，這對學院未來教學的發展是一個很好的支撐，對新進教師逐漸走上教改的道路是一個啓發，對推動學院提升教學質量、進行應用型綜合改革發展也能起到一個承前啓後的作用。特別是超過一半的課程教學模式與方法改革，對建設新的課程體系、探索新的教學理念、順應新的教學革新、使用新的教學工具、助推學院實踐和實訓教學、提升學生綜合素質也起到了很好的推動作用。對教學管理研究進行系統總結，可以使未來教學管理更科學、更合理、更有時代性和前瞻性，真正體現教學的中心地位。基於此，我們將經濟與管理學院老師們的教改思維、思路、成果匯編成本書。此次編寫選用的教改論文，涵蓋目前學院所有專業，大部分是本校的教改項目的相應成果，和學院的專業和相關課程具有很高的契合度。本書提出的觀點和理論，對學院的教學管理、教學模式與方法、試驗實訓實踐教學、專業建設等存在的問題進行了研究，針對性強，和學院專業發展思路相匹配，具有一定的時代性、創新性和前瞻性，對學院的教學管理和專業發展也具有指導意義。

　　本書按照改革視角的不同，分類整理，擇優提煉，全體參與，集體負責，薈萃教改理論與實踐精華；旨在以教學為中心，以就業為導向，以學生成才為目標，以專業綜合改革為指導，推動學科建設、專業建設、教學管理、教學模式與方法改革、課程體系優化等工作的健康發展；主要內容包括近十年來在課程改革、教學模式與方法改革、實踐教學改革、專業綜合改革、案例教學、公共藝術教育、

專業發展、學科發展、課程體系建設、學生思想品德建設、教學管理、素質教育等方面得出的研究理論和實踐成果。

　　本書由經濟與管理學院副院長楊小川教授、經濟與管理學院黨總支書記彭巧胤副教授擔任主編，由學生管理科科長南麒、實驗管理科科長王付軍、工程造價專業負責人陳松、海歸專職骨幹教師劉遠、政治經濟學在讀博士曲玲玲擔任副主編。本書分為六個專題，專題一「教學管理與綜合改革」由楊小川編寫，專題二「課程教學模式與方法改革」由彭巧胤編寫，專題三「教學法探析」由曲玲玲編寫，專題四「虛擬教學與模擬操作」由劉遠編寫，專題五「試驗實訓實踐教學改革」由王付軍、陳松編寫，專題六「學生綜合素質培養」由南麒編寫。全書由楊小川、彭巧胤統稿並修改。

　　本書在編寫過程中匯聚了學院教師們長期以來在教學管理、學生管理、專業建設、課程建設中的教學心得體會、專業改革思路精華，並得到了老師們的授權。同時，本書的編寫也得到了樂山師範學院科研處、西南財經大學出版社的大力支持。在項目立項過程中，本書還得到了經濟與管理學院院長鄧健教授、副院長胡亞會副教授的鼎力支持，在此表示衷心感謝。

　　由於時間緊張，論文採編週期跨度大，部分研究成果具有時代局限性，書中難免存在偏頗、遲滯、疏漏之處，誠請同行專家和讀者批評指正。

編者

2018 年 3 月

目　錄

經管類人才培養模式改革與實踐

專題一　教學管理與綜合改革

「互聯網+」時代高校教學的新變革	楊小川	3
「西方經濟學」教學現狀與反思	張本飛	10
淺議高校人力資源管理的現狀及對策	匡　敏	15
以就業競爭力為核心構建應用型人才培養模式	龔　曉	18
「市場營銷學」PEAK考核模式改革實踐與價值	郭美斌	24
中國高校信息化體系測度模型的構建與研究　　高文香　朱姝姍　張同建		30

專題二　課程教學模式與方法改革

「2+1」學制下國際金融課程教學改革的探索	劉　穎	39
「互聯網+」背景下的「服務營銷學」教學改革研究	高文香	46
「稅務會計與稅務籌劃」課程教學模式與方法改革的探討	張豔莉	53
「消費者行為學」課程教學改革探索 　　——基於學生個性化的思考	高文香	58
基於「創新思維訓練」課程改革的教學模式與方法研究	楊小川	63
基於競賽思維的「商務談判」課程教學模式改革研究	楊小川	70
「房屋建築學」教學改革探討	陳　松　謝姣姣	77
非統計學專業統計學課程的教學新模式和新方法探索	劉　穎	81
基於應用型人才培養的「工程測量」教學內容重構	陳　松	87

市場營銷專業課程的開發與設計創新探討 　　　　　　　　　　郭美斌　91

專題三　　教學法探析

交際教學法在商務英語口語教學中的應用 　　　　　　　　　劉　遠　101
案例教學法在應用型地方本科院校市場營銷教學中的應用 　　劉　遠　105
淺談項目教學法在高校稅法教學中的運用 　　　　　廖曉莉　宋　芳　110
對「統計學」理論教學改革的幾點思考
　　　——以經濟管理專業為例 　　　　　　　　　　　　　張仁萍　114

專題四　　虛擬教學與模擬操作

對外貿易模擬操作課程教學改革研究 　　　　　　　　　　　王曉輝　121
基於企業模擬營運的「管理學」課程教學改革研究 　　　　　任文舉　126
基於企業培訓模式的「市場營銷」課程教學改革研究 　任文舉　陳向紅　132
財務管理實驗教學新模式
　　　——沙盤模擬教學初探 　　　　　　　　　　　　　　羅　潔　138
基於企業模擬的市場營銷專業實訓平臺建設研究 　　　　　　任文舉　143
淺談ERP沙盤模擬企業經營實訓課程教學改革 　　　　　　　薛　軍　149

專題五　　試驗實訓實踐教學改革

地方高校「西方經濟學」實踐教學改革探討 　　　　　　　　熊　豔　157
非中心城市院校學生職業能力培養的課程實踐教學改革探索
　　　——以「市場調查與預測」為例 　　　　　　　　　　高文香　162
高師院校非師範專業實踐教學改革探索 　　　　　　　　　　楊小川　168
基於應用導向的「計量經濟學」實踐教學探討 　　　羅富民　陳向紅　172
基於應用實踐的「財務報表分析」教學改革探討 　　湯佳音　朱洪逸　177
充分利用現有設施，提高實驗教學成效
　　　——以樂山師院市場營銷專業實驗教學改革為例　楊小川　王付軍　181
搭建大學生能力競賽訓練平臺，促進實驗教學改革創新 　　　郭美斌　187
基於新型專業應用型人才培養的實踐教學體系改革研究
　　　——以樂山師範學院旅遊管理本科專業為例 　　　　　王付軍　194

專題六　學生綜合素質培養

淺析地方高校開展公共藝術教育之有效途徑　　　　　　　　　　南　麒　203
論高校學生社團管理「四導」模式的構建　　　　　　　　　　　南　麒　207
歷奇為本輔導進入高校素質拓展課堂的探索與實踐　　　曲玲玲　匡　敏　212
高師院校學生社會實踐現狀分析與對策研究　　　　　　　　　彭巧胤　218
高校學生社團活動課程化影響及其對策研究　　　　　　　　　彭巧胤　222

專題一
教學管理與綜合改革

「互聯網+」時代高校教學的新變革

楊小川

摘要：「互聯網+」發展不可能讓教育缺位，高校教學中需要賦予「互聯網+」新內涵來重塑學校、教師和學生之間的關係。「互聯網+」時代教學方式方法變革，需要調整人才培養方案，重構課程體系，做活微課、MOOC（慕課）和SPOC（小規模限制性在線課程）等，適時轉換角色，促進課堂翻轉，促進考核方式改革；還需要適時改變學習觀念，利用「互聯網+」信息多元化特點擴寬學習知識來源；此外，還需要教學管理和教輔機構「重組教學資源，改進教學評價體系，拓寬學生就業方向，跟進變革步伐」。

關鍵詞：互聯網+；高等學校；教學思維；變革

自李克強總理在政府工作報告中提出「互聯網+」行動計劃後，全國上下掀起了「互聯網+」的熱潮。就本質而言，「互聯網+」是新一代信息技術與創新2.0相互作用、共同演化推進經濟社會發展的一種新的經濟形態。「互聯網+」的運行機制是將互聯網的創新成果與經濟社會各領域深度融合，將互聯網作為實現經濟發展的基礎設施和工具，提升實體經濟的創新力和生產力。高校作為一個具有知識傳播、人才培養、科學研究和服務社會等功能的非實體機構，同樣不可避免地受到互聯網的衝擊。互聯網正在用與影響其他產業相同的方式促使大學教學的各個環節進行變革。作為高校教學的主體，我們無法逃避，必須以與時俱進的思維去適應這種變化。畢竟作為經濟發展的重要基石之一，「互聯網+」的發展不可能讓教育缺位。無論是否已經做好準備，在「互聯網+」時代，高校的教與學必須進行主動變革，才不會被時代所拋棄。

一、高校教學賦予「互聯網+」新內涵

「互聯網+」在高校教學中的內涵可以概括為：充分利用網絡平臺，厘清教育理念，優化教學課程結構體系，夯實教學服務基礎，開發創新並整合校內資源配置，拓展引進校外優質課程資源，適當凸顯市場地位，將互聯網深入教學管理的各個角落，促進高校在未來競爭中繼續保持核心資源優勢。具體而言，在「互聯網+」時代的高校可以從教師教學、學生學習、學校管理三個層面來進行相應改

革,重塑學校、教師和學生之間的關係。

二、「互聯網+」時代帶動高校教學變革

(一) 互聯網突破時空界限促使教學理念變革

近幾十年來,中國的優質教育資源從來就沒有平衡過,在高校中重點院校占比較低,在同一學校中優秀教師占比較低,由此產生的結果是課堂優質教育只能被少數人享受。絕大多數高校仍然延續傳統理念和傳統教學方式:連年擴招造成師生比嚴重失衡,學分制流於形式,課程雷同、共性教學,課堂龐大,師生缺乏有效互動,教學方式無法多元化,個性化教學成為奢望。

互聯網的飛速發展突破了高校教學的時空限制,開始改變知識傳授和學習的方式,拆去傳統教育中的時空圍牆,使有組織、有目的的「4A」型在線學習,即事事可學(Anything)、人人可學(Anybody)、處處可學(Anywhere)和時時可學(Anytime)的活動成為一種趨勢。移動學習終端和移動互聯網的迅速發展,讓在線學習成為日常生活必不可少的內容之一。所有高校教師都必須清醒地認識到:互聯網已經不再是一種工具,而是一種新的思維方式,「互聯網+」必將促使高校「學校—教師—課堂—課程—學生」的傳統教學理念進行創新,並產生深刻影響。

(二) 強大的互聯網功能支撐教學方式變革

自打有高校以來,教學方式方法就沒有停止過改革,其在不同的年代留下了相應的時代烙印。在互聯網時代,互聯網強大的溝通傳播功能支撐著教學方式方法的改革。這是一種新型的「T2S」(Teacher to Student)教學方式,即通過互聯網將教師與學生連在一起。不同層次、不同專業、不同學科的不同教師可以根據學科特點、課程性質進行大膽改革,只要能從思維、行為方面打通「Teacher to Student」的知識、技能技巧教學通道,就能獲得成功。

1. 調整人才培養方案,重構課程結構體系

教學課程結構體系是高校教學的基礎。課程設置是否科學、理論與實踐課程的結構和學時分配是否合理、基礎課程與專業課程以及素質拓展課程比例設計和邏輯安排是否與時俱進,這些都直接影響到最終教學效果和人才培養質量。

在「互聯網+」時代,過半的理論知識沒有必要再採用傳統灌輸方式進行教學,而是應該充分體現「互聯網+」時代的特點。由於不同層次的高校具有不同的特點,所以教學不必千篇一律。總體上應注意以下幾點:①調整人才培養方案。在方案制訂中做到「以生為本,分類實施」,根據專業與學生特點,充分思考互聯網時代的行業需求,針對不同類型的應用型人才的培養需要,科學選擇,合理定位。②考慮「互聯網+行業」發展的趨勢,在課程體系設計時充分考慮學生就業、創業和繼續深造等不同的未來選擇,構建多目標的人才培養模式,設計多樣化課程體系。③優化課程,增強應用。課程體系和教學內容應從「理論取向」轉向「實踐取向」,盡量將能通過線上學習的「理論部分」迴歸網絡,建立以應用為特徵、能力培養為核心的課程體系和教學內容,構建具有明顯網絡烙印的「知識、

能力與素質」的新型關係。④減少通識教育課程學分，增加通識課程的線上學習學時，以網絡為工具，加強通識教育與專業教育的融合，增強應用性。

2. 利用互聯網媒介，做活「互聯網+微課」教學

互聯網為未來教學提供了明確的改革方向，為教師帶來了無限創新空間。在教學進行前，教師應充分地做好準備工作，將課程內容中的微小知識點，製作成很短的教學視頻，方便學生提前介入，主動學習掌握，體現出碎片化知識點的累積。教師可以以微視頻為核心，將與教學相配套的教案、練習題、課件、教學反思和點評等「微小化」，有機融合為課程教學支持性和擴展性資源。

在課程教學中，教師應摒棄目前很多高校「去手機化」的課堂教學管理理念。逼迫學生上課不帶手機的做法是違背信息化發展規律的。「堵不如疏」，不妨推廣全新的微課教學模式，讓學生可以利用筆記本、iPad、手機等移動終端，在課堂上現場查資料進行求證，課後還能進入論壇討論或者尋求其他討論者的答疑解惑。微課的出現改革了傳統教學方式和教師聽評課模式。教師應當逐步通過這種典型化的微課教學促進教學改革，提升課堂教學水平。同時，微課的出現也解決了學生注意力不能持久集中的現實困難。將微課納入教學，可以更好改善教師和學生的「教與學」的場地、時間、交流限制，提升教學效果。

3. 強化交互工具使用，即時轉換角色

在教學過程中應逐步淡化教學必須在教室裡進行的傳統思維，充分利用好一些網絡溝通交互工具，讓學生和教師都加入一些重要的論壇、博客、微信群、QQ群等。通過在線的相互討論，所有人都扮演著亦學亦師的角色，互相鼓勵，互相點讚，學習從被動轉為主動。多數學生因準確地回答了他人提出的問題、得到讚賞或鼓勵而變得更加積極，老師也因為主動加入討論而受到更多尊重，提高了自信心和職業責任感。

4. MOOC 和 SPOC 有機結合，互相補充

當全球都在刮 MOOC 風的時候，中國絕大多數高校卻並不具備推廣 MOOC 的土壤。在操作過程中，可以讓一些條件優越的「985」「211」大學的知名教授和部分普通院校優秀的教授專家利用 MOOC 建設的方式推廣優質課堂教學資源，從某種程度上讓高等教育的優質教學資源均衡化，緩解嚴重缺乏優秀專家學者的現狀。

而絕大多數因為種種原因不能大力推廣 MOOC 的高校可以推廣小規模專有在線課程（SPOC），有效解決 MOOC 推廣中「沒有老師的現場感、親切感及監督自主學習能力減弱，學習一段時間後注意力下降導致完課率低下，學習體驗缺失，學習效果難以評估」等問題，讓 MOOC 從完全開放視角迴歸到服務學校教學質量的本質上來。

5. 大力推廣「小組學習法」，促進課堂翻轉

在「互聯網+」時代，教師通過更新教學觀念，不僅僅做知識傳授者，還成為教學組織者，讓學生成為課堂的主角，逐步樹立「思路比結論更關鍵、方法比知識更重要、體驗比接受更有效、問題比答案更有用」的新理念。在教學中減少一

對多的枯燥灌輸方式，採用「小組學習+任務導向+網絡輔助」的教學思維。教師將教學班級分成幾個小組，將課程內容分解成學生共同完成的一個項目或者任務，由學生相互討論、分工、溝通、協作、收集整理資料，甚至編寫文檔，在「發現問題→解決問題」過程中，逐步形成良好的思維方式。要盡量讓所有同學都能得到鍛煉，發揮個人特長，體會團隊力量。

在教師教學改革中，要以互聯網為工具，以分組學習的形式，以任務導向，讓學生在課堂翻轉過程中，不斷學習思考，逐步提高交際能力、判斷力和創造力，獲取收集和組織信息的能力、自我管理能力。此外，此種教學改革還能增強學生的自信心、責任感，讓他們養成良好的心態，充分認識自己，不斷鼓勵和激勵自己，為未來正確規劃人生，包括創新和創業埋下希望的種子。教師要因材施教，利用互聯網學習資源庫，引導學生自主學習，喚醒學生潛在的通過互聯網學習獲得有益的知識技能補充的能力。

(三) 教學手段網絡化促使考核方式改革

科學公正的評價是促進和檢驗有效學習的一個非常重要的環節和手段。「互聯網+」時代讓教學方式方法發生了巨大變化，考核也需進行相應改革。利用網絡平臺進行考核並不是現在才開始的，很多重點大學在各地開辦的網絡學習中心、網絡教育學院、電大、在線學習中心等早就開始進行網絡在線考試。還有職稱計算機考試、一些大學的網絡面試等也利用網絡進行。但是，絕大多數針對在校生的常規期中、期末考試卻沒有推廣網絡考核方式。

要想配合「互聯網+」時代的教學管理改革，進行考核配套需要解決幾個問題：①開發適合全校各專業網絡考核的軟件。沒有考核工具，改革就是一句空話。②需要解決參加考核學生的認證問題，即保證必須是應考學生本人參加考試，否則就難免會出現網絡代考現象，作弊就無可避免。③需要考慮集中考試（規定時間在規定教室進行）和分散考試（國家支持學生自主創業，彈性學分制規定使學生可以在校外創業的同時修讀完成學業）等的結合。④網絡在線考試與線下的實踐部分考核合理分配。⑤統籌安排好在線學習和在線考核的統一性、科學性、互補性等問題，減少平時學習「打醬油」、期末考核一錘定音的「重視結果，忽略過程」情況的發生。⑥題型設置科學合理。包括部分計算、制圖等需要考慮不同專業背景和課程難易程度來進行設計和調整的試題。⑦正確處理自我評價、在線測試、同伴評價和教師評價的比重。⑧盡量減少將標準化的考試答案變成網絡時代多元化考核方案的障礙。

三、「互聯網+」時代挑戰傳統師生關係，改變學習觀念與知識來源

(一) 「互聯網+」時代師生關係翻轉革新學習觀念

如果一個人的學習觀念不能與時俱進，無論獲取了學士、碩士還是博士文憑，最終結果也只能是被淘汰。人類的知識絕大部分已經不靠紙質材料來記錄，而是記在網絡、磁盤等數字載體上。傳統教育需要教師「傳道、授業、解惑」，讓學生

被動接受教誨,而在「互聯網+」這樣一個信息爆炸的時代,傳統信息壁壘很容易被打破,傳統的師生關係遭到挑戰,學生將很容易超過老師或成為老師。

問題成了最好的老師,沒有解決不了的問題,只有想不出的問題,主動出擊、找到問題,帶著問題學習是當代更有效的學習方式。所以,學生在學習中越來越需要能提出好的、有前瞻性和引導性問題的老師,而不是簡單教授知識的老師。學生們口口相傳「萬能的網絡,萬能的『度娘』」,說明能自己發現問題,並通過網絡求助解決問題的學生就是愛學習的好學生。

「不唯老師,不唯權威」將成為互聯網時代學生學習的一個特徵。在互聯網時代,博導、教授等職稱將可能逐漸褪去往日的光環,教授也會在網上受到學生的批判或質疑。傳統意義上的「尊師重教」在互聯網「去專家化」的時代,可能使權威向學生學習成為常態,尤其是在一些新的、變化很快的領域。不懂裝懂會成為師生共同的學習障礙。

(二)「互聯網+」時代信息多元化擴寬學習知識來源

傳統的知識來源主要是教師教授、教材自學、參考書補充,圖書館成為知識的海洋。在「互聯網+」時代,知識來源越來越多元化。一是專任教師和專業教材提供系統的專業知識。在目前的狀況下,教師和系統編撰的教材還是無可替代地成為學習專業知識的首選,畢竟專業技能的養成還需要專業化、系統化、結構化、規範化的專業知識打下堅實基礎。二是圖書館和相關院系的圖書資料室提供較新的行業和專業文獻參考。學生的專業素養還得由專業書籍和文獻來支撐,只有各院系才有相對具有針對性的資料庫。目前的資料室已經不限於保管紙質材料,電子閱覽室和電子檔案已經成為有效補充。三是由百度、搜狐等搜索引擎提供的諸如百度文庫之類的資料庫也成為學生學習的重要知識來源。四是利用QQ、微信、博客、推特等社交工具,通過「圈內人」的相互幫助來進行學習,這也成了一個很有效的知識來源。利用社交工具進行學習可以說是當代學生創新創業的一個重要信息渠道。在李克強總理提出「大眾創業,萬眾創新」後,利用網絡來進行創業的「創客空間」如雨後春筍一樣遍地開花。五是學生利用MOOC、SPOC等網絡公開課程資源進行學習。可以預見,未來數年後所謂的重點大學和普通大學學生在學習資源共享上將達到一定程度上的平衡。

四、「互聯網+」時代促使高校教學管理改革提速

(一)「互聯網+」時代促使教學管理機構重組教學資源,改進教學評價體系

在「互聯網+」時代,高校教學管理中,從教務管理角度來看依然有很多創新和提升的空間,下面我們僅從兩個方面進行探討。

首先是需要應用「互聯網+」重組教學資源。一所真正的大學應當是具有開放意識的大學,在對外開放之前,需要先做好內部的開放和資源共享。在「互聯網+」時代,迫切需要把大規模在線開放課程(MOOC)、私播課(SPOC)、超級公播課(Meta-MOOC)、深度學習公播課(DLMOOC)、移動公播課(MobiMOOC)、大眾開

放在線實驗室（MOOL）、分佈式開放協作課（DOCC）、個性化公播課（PMOOC）、大眾開放在線研究課（MOOR）等有機結合、有效開放、有效匹配在一起，起到以點帶面示範效應，最後形成「互聯網+教育」遍地創新、全面開花的狀態。

其次迫切需要解決的是應用「互聯網+」改進教學評價體系。「互聯網+」時代縮小了時空差距，教與學的效果不再按照傳統標準進行評價，教師教學評價可引入工作崗位和社會評價，即通過建立網絡評價體系，結合「校內教師自評與同行評價+學生利用網絡對教學評價+用人單位對學生首崗工作能力評價+社會對學校綜合評價」，得出教師的綜合教學評價。由社會來檢驗學生在崗位上的適應性與熟練性，能促進高校專任教師的發展，同時也能促進教育服務評價的全面社會化。教務管理需要將任務和權限下放，關注教學後的結果評估，而不是整天盯著過程不放。

（二）「互聯網+」時代拓寬學生就業方向，創新創業成趨勢

高校就是一個「大眾創業，萬眾創新」的重要基地。在「互聯網+」時代，高校學生創新創業應該有新思維和新方向。從目前經濟形勢來看，具有代表性的三種創業模式都值得支持。其一是以電商網站平臺、微博、微信等新媒體為主要工具的網絡銷售類創業；其二是通過網站設計，網絡平臺搭建，專業技術諮詢服務，相關網絡軟件開發，智能手機、平板電腦等智能終端的開發與維護等方式創業的專業服務類創業，提升專業能力和累積創業經驗兩不誤；其三是以創新2.0思路為指引，以互聯網為依託平臺，充分利用雲服務、物聯網技術、智能技術等高科技手段的高科技項目類創業。這類創業容易吸引風投關注，成功概率較大，影響較大，帶來的經濟效益和社會效益也不錯。

從創業領域來看，可以根據高校的層次和專業分佈情況對三類模式進行支持。其一是向淘寶、京東商城、蘇寧易購等學習，基於互聯網平臺，實現消費者和經營者無須見面，通過電子支付等手段交易的B2B、B2C、C2C等電子商務營運模式；其二是針對游戲、網絡音樂、視頻、微電影等展開的互聯網娛樂經營模式；其三是依託互聯網開發電子郵件、微博、論壇、博客、繳費、查詢、旅行（酒店）預訂、金融服務、瀏覽器、交友、搜索引擎等服務功能，搭建更加便捷的信息服務平臺，將互聯網與人們的現實生活緊密相連，實現無縫對接的互聯網服務經營模式。

針對目前高校創業需求量大而優秀的、有經驗的創業導師奇缺的「僧多粥少」局面，一些有號召力、有影響力，特別是擁有成功創業校友的高校應當積極推動一批有價值的精品化、精細化創業類課程建設，由這些成功創業人士擔當主角，利用MOOC、精品資源共享課程等方式進行開放，實現「人人可以學、處處可以學、時時可以學」，為更多高校的更多學生實現創業夢想提供幫助。讓學生能最大限度地開闊視野、開拓思維，以期提高發現問題和解決問題的能力，同時善於開發和利用創業資源，把創業機會轉變為可以管理創業的過程，這也算是教育界的一件好事。

(三)「互聯網+」促使教輔管理機構快速跟進變革步伐

在「互聯網+」時代,和教學管理緊密相關的一些教輔管理部門也有必要進行一些管理思維的變革。例如:①可以利用互聯網技術,將學生學籍管理和檔案管理進行進一步信息化處理。對學生在校時的品德、素質、活動、獎懲記錄等做常規留存處理,還可以逐漸形成一個數據庫,為學生就業後的徵信記錄、學生在校期間心理行為和學習對成才的影響的規律研究以及其他相關的研究服務。②可以利用互聯網技術將圖書館作為學生的「創客空間」。讓電子文獻資料庫為地方社會經濟發展服務,增進校地合作,促進高校向應用型轉變。③利用互聯網技術將實踐實習基地和學校連接起來。通過遠程音頻、視頻即時傳輸以及電視電話會議系統等,集實際企業、仿真實訓環境和理論教學於同一課堂,將課堂理論知識適時應用於仿真實訓,既可以讓基地為教學服務,又可以利用部分優秀師生為基地單位創新做貢獻。

總之,「互聯網+」時代如期而至。利用互聯網進行改革的目的不是取代傳統教學,而是改善傳統課堂教學,形成新的教學模式和方法,促進教學管理各環節、各要素科學、有序、健康地發展。

參考文獻:

[1] 姜強,趙蔚. MOOCs:從緣起演變到實踐新常態——兼論「創客」「互聯網」時代的發展機遇與挑戰 [J]. 遠程教育雜誌,2015 (3):56-65.

[2] 何雲亮.「互聯網+」對高校的衝擊和重塑 [J]. 曲靖師範學院學報,2015 (5):58-60.

[3] 彭繼順.「互聯網+」時代計算機基礎微課教學應用研究 [J]. 電腦知識與技術,2015 (1):258-259.

[4] 祝智庭. 後慕課時期的在線學習新樣式 [N]. 中國教育報,2014-05-21.

[5] 苟明太. 淺析「互聯網+」時代的高職技能教育創新 [J]. 職業教育,2015 (3):139.

[6] 李祥斌.「互聯網+」環境下大學生創業形勢與發展對策研究 [J]. 經營管理者,2015 (15):132.

「西方經濟學」教學現狀與反思

張本飛

摘要：「西方經濟學」是一門應用性較強的學科，其理論和實例主要源於西方的市場經濟實踐總結。我們在授課過程中應更多地結合中國市場經濟實踐和學生實際水平，精選教學內容，通過互動平臺的建設及時反饋信息和調整教學，嘗試靈活多樣的教學方法及與之相適應的考核方法，最終達到培養應用型人才的目的。

關鍵詞：西方經濟學；現狀；反思

西方經濟學課程是教育部所要求的高校經濟管理類必修核心專業課，其目的是培養應用型人才。但是，目前大多數高校的西方經濟學課程教學採用的還是「老師上課講，學生考前背、考後忘」的傳統教學模式，這種教學模式已無法滿足市場需求，更無法培養高素質應用型人才。因而，我們有必要深入探討西方經濟學課程的教學方法。

一、西方經濟學教學現狀

1. 教師教學現狀

首先，教師難以選擇適合學生學習狀況的西方經濟學教材。一方面，在一部分高校中，西方經濟學在大學一年級開設，學生此時剛剛接觸或沒有系統學習高等數學，而西方經濟學的部分內容便涉及邊際效用、邊際產量、邊際成本等眾多的邊際概念，學生如果沒有微積分的紮實基礎，無法深刻領會邊際分析的內涵。另一方面，國內教材編寫的特點是採用演繹法，即先給出明確的概念，然後層層闡述概念的內涵，最後再舉例，其優點是邏輯層次清楚，適合記憶和應試，缺點是過於枯燥和單一，不利於發散思維。學生在課堂前半部分老師詳盡的概念闡述中已失去主動學習思考的興趣，而經濟學又是一門應用性很強的學科，離開了生活實際，經濟學就必然成了無本之木。因而，教師要選擇難易適度、內容豐富且注重案例研究的教材並非易事。

其次，部分教師對案例教學法在西方經濟學教學中的實施缺少清楚的認識。我們不能簡單把案例教學理解為舉例教學。案例教學的本質是互動式教學，而舉例教學卻可以不依賴學生的積極配合而單獨由教師講解來實施。案例分析沒有標

準答案，對於現實生活中的問題，我們可以有多種視角、多種解決方案，其目的是培養學生經濟分析的能力和興趣；而舉例教學僅僅是用一些實際例子對某一理論做相關闡釋，其目的在於更好地理解該理論。案例教學綜合性較強，對某個案例的合理分析不只是涉及課程中某一章節的知識點，而是可能需要對幾個章節的知識進行綜合應用。同時，案例教學需要較多的背景知識介紹，我們不能把一些外文教材中的經濟案例直接照搬到課堂，因為有些背景是我們國內學生不瞭解的。

再次，我們的教學形式和手段有單一化的傾向，這不利於學生較好地掌握經濟分析工具。大多數普通高校在西方經濟學課程教學過程中採用課堂教學的單一形式，而西方經濟學較強的應用性使得單一的課堂教學有所欠缺。另外，在西方經濟學教學手段上，部分高校以多媒體教學為「時尚」。我們知道多媒體教學的優點是信息量大，使用便捷快速，易於拷貝和觀摩，但並非所有層次的學生都適合以多媒體為主要手段的教學。對於基礎較差的學生，龐大的信息量使得他們無法把握重點，同時也不易吃透難點。因而，我們應該根據學生的實際水平合理選擇教學形式和手段，以引導學生發散思維。

2. 學生學習現狀

首先，學生在學習西方經濟學之初就存在很多對該課程的誤解。有些學生抱著很強的功利心來看待西方經濟學的學習，以為微觀經濟學可以幫我們快速致富，宏觀經濟學可以幫我們去政府部門運作經濟政策。但是微觀經濟學遠非致富之學，宏觀經濟學的課程學習也不能馬上帶給我們實在的經濟效益。西方經濟學只是一種分析方法，一種看事物和現象的獨特視角，其所擅長的經濟解釋更是為人所詬病的「事後諸葛」。還有一些學生在學習西方經濟學之前就把經濟學混同於會計學，但是我們知道會計學是一門實實在在的技術，有標準的技術規範和操作流程，而經濟學卻並非一門技術，其經濟理論眾多，流派龐雜，對於有些爭議各流派無從統一（特別是在宏觀經濟學部分），如果我們以會計學的思維方式來理解經濟學，必然感覺思維混亂，課程學習難以進行。

其次，很多學生對於西方經濟學的學習興趣從有到無。一些抱著極強功利心學習的學生在看到經濟學並不能帶來實實在在的收益時就會失望，同樣，那些以會計學思維方式對待經濟分析的學生在看到眾多有爭議的理論時就視經濟學課程的學習為畏途。普通高校經濟管理類專業一般文理兼收，學生的數學基礎參差不齊，而西方經濟學的教學離不開經濟數學和圖表分析，特別是經濟學中的邊際分析對微積分的掌握要求較高，這對於那些數學基礎差的學生打擊較大。

再次，學生缺少與老師互動的平臺。學生在西方經濟學的學習過程中不可避免會遇到新問題和新想法，但是卻無法及時得到教師的指導，如果僅僅依靠課後十分鐘來和老師討論，顯然不僅時間倉促，老師也疲於應對，無法休息。國內大多數普通高校，學生不可能在課堂上隨時打斷老師來提問，這種提問方式不僅會讓老師無法完成教學任務，而且也會對教學秩序造成一定的影響。如果不在課堂之外開闢新的交流平臺，學生會因為累積的問題太多而影響自己的學習興趣，而

且那些曾經出現在腦際的新想法也會被遺忘。因此，師生互動平臺的建設必不可少。

3. 課程考核現狀

在國內大部分普通高校中，西方經濟學課程考核方式比較單一，如同其他專業必修課，經濟學的考核也是以期末考試為主。這種考核模式必然使得學生更多地注重考試前的「背筆記」，而忽視平時經濟分析的應用。這樣，即使老師在教學中引入了案例教學法、經濟心理實驗法和經濟模擬教學法，那些僅追求考試分數的學生仍然會對新教學法缺少興趣，並且課程考核如果不緊密結合新教學法也會對積極參與的同學不公平。因而，新教學法必須與新考核方式緊密結合才能發揮應有的功效。

二、西方經濟學教學方法探討

根據上文對西方經濟學教學現狀的分析，我們對該課程的教改提出如下建議：

1. 教學內容的選取

教師可以根據教學實際需要大膽精選教學內容。如在一些高校，微觀經濟學的課時設置從48課時到64課時不等，我們必須根據課時多少來調整所教內容。當課時設置較少且學生基礎較差時，我們可以略過或者少講某些章節，比如在微觀經濟學中可以不講生產要素的供求、蛛網模型等章節。對於數學基礎弱的學生，我們可以選取較為簡單的模型講解，如只講柯布-道格拉斯生產函數中規模報酬不變的情形。

2. 案例教學法

我們在引入案例教學法時，應多結合中國經濟生活，從經濟運作實踐之中收集典型貼切的案例以激發學生的學習興趣。如果不得不使用國外的案例時，則應盡可能保證案例新穎獨特，且需要對相關背景知識進行介紹。在實施案例教學法時，教師應密切地與學生互動，且始終處於指導者的位置。當學生分組討論時，課堂氣氛既要熱烈活潑，又要始終處在老師的控制之下，既要發散學生思維，又不能讓學生跑題，做到收放適度。同時，我們也可以邀請一些科研單位研究人員來講解涉及其研究課題的經濟學案例，從而更好地保證案例教學的深度與廣度。

3. 經濟心理實驗教學法

我們在講授某些經濟學原理時可以讓學生參與經濟心理實驗，從而加深學生對這些原理的理解，如拍賣定價模擬和經濟博弈實驗等。在實驗之前，教師須明確告訴學生實驗規則，在實驗結束時應及時引導學生深入思考，不能只停留在實驗結果表面。教師可以要求學生課後寫經濟心理實驗分析報告或心得體會，以深化實驗教學法的教學效果。

4. 教學手段和教學形式的多樣化

我們應根據學生實際水平合理選擇教學手段和形式。當學生反應快、學習能力強時，可以較多地使用多媒體教學，增加學生的信息量；當學生基礎薄弱時，

則應更多地使用傳統的板書教學以突出重點，強化難點。除了教學手段多樣化之外，我們在教學形式上也須靈活多樣。由於經濟學有較強的現實性，我們不能僅僅局限於課堂教學。我們可在條件允許範圍內多帶學生走出去，親自做調研，從而讓學生更好地理解經濟運作與實踐。老師可先在課堂上讓學生明確調研內容和目的，然後帶學生走出課堂，結合現場進行講解，指導其做好記錄以備返校做調研分析報告。這種靈活多樣的教學形式能更好地激發學生的學習興趣，從而達到培養應用型人才的目的。

5. 師生互動平臺

我們應注重課堂之外的師生互動平臺的建設。良性循環的互動平臺不僅可以及時解答學生的問題，激發其學習熱情，而且有利於教師瞭解學生的學習狀況，從而及時調整教學。這種互動平臺可以借助於 QQ 群、電子郵箱等，也可以直接建立學習興趣小組。

6. 新的考核方法

我們引入了新教學法，就必須引入新考核法與之相對應，否則考分至上主義者必然對新教學法缺少興趣，同時也會帶來新的不公平。對於學生的案例分析報告、調研報告和經濟心理實驗分析報告，我們應認真考評以備期末結合考試成績做綜合成績評定。分析報告的考評可採用如下準則：第一，是否緊密結合相關理論進行經濟分析；第二，是否符合客觀實際。對於同時符合這兩條準則的分析報告可以評為「優秀」；對於只符合第一條準則的報告則評為「良好」；只符合第二條準則的報告則評為「及格」；對於兩條準則都不符合的報告則評為「不及格」。在期末綜合成績評定時，卷面分所占比例可以設定為 70% 或者 60%，平時成績所占比例為 30% 或者 40%（平時成績一部分來源於分析報告的評定等級，「優秀」「良好」「及格」和「不及格」分別對應百分制的 85 分、75 分、65 分和 55 分）。當然，平時成績也可以部分來源於其他方面，如考勤、課堂討論的參與等。

三、結語

西方經濟學是一門應用性很強的學科，其理論和實例主要來源於西方的市場經濟實踐總結。我們在授課過程中應更多地結合中國市場經濟實踐和學生實際水平，嘗試靈活多樣的教學方法，根據反饋信息及時調整教學，最終達到培養應用型人才的目的。

參考文獻：

[1] 高鴻業. 西方經濟學 [M]. 北京：中國人民大學出版社，2007.

[2] 牛國良. 微觀經濟學原理 [M]. 北京：清華大學出版社，2009.

[3] 魏靜. 談案例教學在西方經濟學教學中的運用 [J]. 昆明大學學報，2008 (1)：78-80.

[4] 鄭凌燕. 案例教學法在高校教學中的應用初探——以西方經濟學教學為例 [J]. 寧波教育學院學報，2008 (2)：32-35.

［5］岳愛嫻. 西方經濟學教學中多媒體教學方法的採用［J］. 南昌教育學院學報，2009（4）：15-21.

［6］李剛. 西方經濟學教學中存在的問題及改進措施［J］. 教育與現代化，2009（3）：22-28.

［7］羅默. 高級宏觀經濟學［M］. 上海：上海財經大學出版社，2009.

［8］文江. 行為經濟學和實驗經濟學［J］. 財會學習，2011（4）：3-12.

淺議高校人力資源管理的現狀及對策

匡 敏

摘要：隨著中國教育體制改革的不斷深入，中國的高校體制改革也在不斷地進行。在中國高校中，人力資源管理仍然存在很多問題。師生的比例出現失調現象，教師隊伍建設有待加強，管理的制度相對落後等各種因素導致中國高校的人力資源管理發展緩慢。人力資源是中國高校進一步發展的核心競爭力，高校人力資源的質量和數量決定了高校的發展水平。本文通過對高校人力資源發展的現狀進行分析，提出幾點解決問題的策略，希望能夠有利於中國高校人力資源管理的建設，促進高校人力資源管理的發展。

關鍵詞：高校；人力資源管理；現狀原因；改善策略

　　人力資源從廣義上來說就是社會上具有智力勞動能力和體力勞動能力的人的總和，其能夠推動經濟和社會的發展，是一群具有創造性的勞動力資源，對社會經濟的發展具有重要的作用和意義。針對高校而言，高校人力資源是高校資源中的核心部分，對高校的發展有著決定性作用。因此，對高校人力資源進行探究，建設一支具有高素質的教師團隊和管理隊伍能夠充分地調動廣大教職工的積極性和創造性，能夠促進高校的發展，同時對中國經濟的發展和社會的進步也有重要的推動作用。

一、高校人力資源管理的現狀

　　首先，人力資源管理的理念落後。由於中國傳統計劃經濟制度的影響，現階段中國高校的人力資源管理的理念尚沒有深入人心，部分人力資源管理人員仍舊採用原有的人事管理理念開展工作，缺少開發意識。管理人員在進行人力資源管理的過程中，仍然是把事作為工作的中心，注重為人找位、為事配人，對職工的職業生涯的開發以及設計缺少足夠的重視。針對人才這個問題，管理人員對物質生活等低層次方面過於強調，片面地認為只要環境好就能夠吸引和留住人才。因此，其在制定吸引和留住人才的計劃時，過於注重表面化的東西，忽視了人才發展和人才實現自我價值的環境建設。針對很多高校教師來講，物質是生活中必需的，但是對理想、事業的追求也是教師的價值觀取向。部分高校人力資源管理人

員對如何通過良好的生活和工作環境吸引和累積人才缺乏全面的認識。

其次，人力資源配置不夠合理。高校人力資源內部缺少整體性的開發，缺少科學化、合理化的人力資源管理手段進行規劃和管理，這導致高校內部人力資源的配置不夠合理，有待進一步的完善。目前，人才在職務結構、學歷結構、年齡結構等各方面不能夠適應教學工作的開展。熱門專業的人才緊張，人員的流動性大，教師資源缺乏。非教學教研人員比例過重，導致辦事效率過低，形成人力資源內部配置不合理的現象。

最後，人力資源的管理機制有待改進和完善。由於在人力資源的培養、管理、吸引以及業績考核方面缺少有效的、規範化的管理制度，多數高校在對教師資源進行引入、培養、工作安排以及管理的過程中主要是服從上級安排，對實際的需要缺少考慮，而且缺少有效的激勵制度，教師的勞動不能夠得到很好的尊重和理解，人力資源管理的制度不能夠發揮其真實的作用。

二、高校人力資源管理的措施

首先，在管理中堅持「以人為本」的理念，加強人力資源管理。高校的建設不在於建築和土地面積，而在於其思想和精神。在高校的教育中，教育是一種創新性較強的教育，相對於基礎教育來講，教學和研究有著其獨有的特點，管理者與被管理者之間沒有等級觀念，兩者相互尊重。因此，在高校人力資源管理的過程中，溝通是重要的環節。領導和員工之間可以通過校長信箱以及校長接待日的創建進行有效的交流，此舉可以讓教職工瞭解領導的決策內容、決策目的以及決策原因。同時，人事部門需要不斷地進入基層，瞭解基層職工的問題和關心的事情，並且公開事情辦理的程序，讓高校職工參與管理和決策的過程，激發職工的主人翁意識，促進彼此之間的交流。在進行管理的過程中，管理人員應對員工的不同合理需求進行滿足，滲透對職工的情感教育，即在工作的各個環節中適當地進行情感教育，滿足員工情感方面的需求。另外，營造良好、和諧的人際氛圍，增強學校的凝聚力，使廣大職工在一個和諧、充滿親和力的氛圍中工作，消除不良的因素，引導員工追求更深層次的精神需求。

其次，對人力資源的配置進行合理優化，提高人力資源的利用率。在對人力資源進行配置的過程中，需要結合社會經濟發展的客觀要求，根據相應的形式和制度進行科學合理的分配。要對人力資源配置進行優化，提高人力資源的利用率，需要通過各種方式和措施，對各個部門進行合理的人力資源的分配，促進人力資源和資料的合理配置，促使勞動者之間的相互合作，對人才的交流和流動做好合理的準備，切實做到物盡其用、人盡其才，使人力資源能夠做到最大化的開發和利用。針對現階段中國高校人力資源的現狀以及出現人才浪費的情況，高校必須加大人力資源改革的力度，促使人力資源配置和使用能夠科學合理，適應現代化的經濟發展，提高人才的利用率。在進行人力資源合理配置和完善的過程中，應當有相應的道德規範和合理的管理制度來進行約束，還需要具有較高職業道德素質的管理人進行管理，避免錢權交易、人情關係以及走後門的

現象發生，促進人力資源規範化、科學化，促進高校健康、快速、有質量地發展。另外，在進行人力資源配置優化的過程中，應當根據高校員工的現實情況，對高校的人力資源進行中期和長期的規劃，並且通過科學合理的方式指導其朝著制定的目標發展。在實際的實施過程中，需要高校人力資源的管理部門對員工進行深入和廣泛的調查，瞭解員工的學歷、研究動態、個人興趣愛好以及思想發展狀況等，結合多種調查方式如問卷調查、談話等，爭取能夠瞭解所有人的最為全面和真實的資料。高校應對資料進行合理的分類並存檔，以利於之後進行針對性的調查。高校應結合資料和數據的分析為每個員工制定相應的職業發展規劃，並且通過有效的溝通達成一致。如此，就能夠減少人員的變動，優化人員配置，提高人力資源的有效利用率。

最後，健全和完善人才的評價以及激勵制度。在人力資源管理的過程中，激勵的職能具有不可替代的作用。激勵能夠激發人的潛在能力，讓人們為目標和任務的完成不斷地努力。在人類生產的過程中，人是最為活躍的因素。如果人們不能夠發揮自己的積極性，做事情的效率就不會提高。在一個團隊或者一個組織當中，員工的積極性是否能夠得到有效的發揮，會對組織的活動力以及工作的效率產生巨大的影響。因此，在實際的工作過程中，應當注重發揮員工的積極性和創造性。在進行人力資源管理的過程中，激勵能夠最為有效地調動人的積極性。在高校內部管理的過程中，建立完善的激勵機制能夠促進員工才能的最大限度發揮，提高員工工作的效率。在高校人力資源管理中，無論是人才的選用、績效考核，還是員工的薪資待遇以及福利，都應當按照相關的標準和制度進行操作。高校應結合人才的特點，對分配制度進行改革，建立和完善高校內部的崗位激勵機制，落實獎罰條例；促進薪酬體系盡可能地公平、公正以及公開。科學合理的激勵機制能夠激發高校教師的工作熱情，使各方面的人才脫穎而出。因此，高校在進行人力資源管理的過程中，需要進一步地優化評價機制，實現用人唯賢、用人唯能。

三、結語

人力資源管理能夠促進高校的進步和發展，其對社會的進步和經濟的發展有著重要的意義和作用。目前，在高校人力資源管理的過程中依然存在一些問題，導致高校出現人才分配不合理、人才流失以及比重失調的現象。在對人力資源管理的問題進行解決的過程中，應堅持以人為本的理念，強化人力資源管理的理念，對人力資源的配置進行合理的優化，提高人才的利用率，建立完善的激勵機制，提高工作效率。

參考文獻：

[1] 李豫峰. 淺談高校人力資源管理的現狀及對策 [J]. 人力資源管理，2016（12）：180-181.

[2] 李敏. 高校人力資源管理的現狀與對策研究 [J]. 教育與職業，2008（20）：39-40.

以就業競爭力為核心構建應用型人才培養模式

龔曉

摘要：就業競爭力是應用型人才培養的出發點，是綜合素質、基本工作能力、職業適應和遷移能力的全面體現。本文在分析了當前普通本科教育的弊端後，提出構建以就業競爭力為核心的應用型人才培養模式，以「學歷證書+職業資格證書」雙達標為培養目標，加強實踐環節，全面提升學生職業能力和素養。

關鍵詞：就業競爭力；應用型；培養模式

高等教育「大眾化」更加看重公平的價值，更加針對市場的需求，更加需要大學類型的劃分。在這種趨勢下，為社會培養大批高素質實踐技能人才的「應用技術型」大學獲得了廣闊的發展空間。但是，應用型培養模式的核心是什麼？其實現路徑又是什麼？筆者結合專業培養方案和近兩年的一些教改探索，就這些問題做了一些思考。

一、就業競爭力是應用型人才培養的出發點

長期以來，受「精英化」辦學模式的影響，高校封閉辦學「孤芳自賞」，不必或不屑談論學生就業出路。但在當前高等教育大眾化格局下，每年數百萬大學生走出校門等待就業。大學生就業問題牽動著無數的家庭，也成為中央和地方政府、社會各界關注的熱點問題。在此形勢下，作為人才培養的高校管理者和教師，還能夠置身事外，認為如何培養學生是學校的事、需不需要是社會的問題嗎？

對於地方高校而言，畢業生就業面臨的壓力也關係著學校的生存和發展。每年新生入學時，家長和學生最關心的問題是所學專業畢業後的就業去向和出路。我們不應對此不以為然，也不應該認為這些想法太過功利或目光短淺。設身處地地想想，作為學生家長，花費了不菲的學費，誰不希望自己的子女有一個好的前途？

正因如此，作為高校教育工作者，理應關注能否教給學生真才實學，讓學生有好的就業、前途和幸福生活，真正成長為社會所需的專業人才。地方高校向應

用型轉型，不是哪一個層面、哪一個部門的權威要求，而是國家和社會的需求，也是個人全面發展的需求。社會需求和學生就業是應用型人才培養的首要關注點。

按照目前比較公認的大學類型劃分，大學的類型由類和型兩部分組成。「類」反應大學的學科特點。按照教育部對學科的劃分和大學各學科的比例，現有大學分為綜合類、文理類、理科類、文科類、理學類、工學類、農學類、醫學類、法學類、文學類、管理類、體育類、藝術類這13類。「型」表現大學的科研規模。按照科研規模的大小，現有大學分為研究型、研究教學型、教學研究型、教學型這4型。每個大學的類型由上述類和型兩部分組成，類在前，型在後。毫無疑問，這種類型劃分立足於大學主體而不是社會需求主體，更多考慮的是大學能夠提供什麼，而不是多大程度上滿足了社會對人才的需求。這種大學的類型劃分明顯已經落後於中國社會經濟發展階段和高等教育發展的格局。相反，美國大學的類型劃分則更精細化和專業化，既有層次之分，也有類型區別，分為四個層次、八種類型。目前，中國的大學還處於類型劃分進化中，但不管大學的類型怎麼劃分，「應用型」大學是現代職業技術教育體現的一個重要組成部分，它不以培養研究型、學術型人才為主，而主要培養社會各行各業需要的高素質實踐型、實務型人才。

在就業壓力面前，就業競爭力是衡量應用型大學人才培養質量的一個顯性指標。就業競爭力指數綜合了非失業率（非失業人數占畢業生總人數的比例）、月收入、畢業時掌握的基本工作能力和就業現狀滿意度四項指標，是對大學培養畢業生就業能力的綜合評價。根據麥可思數據公司2014年的《樂山師範學院社會需求與培養質量年度報告》，樂山師範學院法學、行政管理、社會工作專業2013屆畢業生半年後的非失業率依次是95%、96%、95%，高於全國非「211」本科畢業生的非失業率（92.4%），其中法學專業非失業率高於同類院校同專業的非失業率（90%），行政管理專業非失業率高於同類院校同專業的非失業率（92%），社會工作專業非失業率與同類院校同專業的非失業率（94%）基本持平；畢業時學生掌握的基本工作能力依次為52%、55%、57%，接近或略高於全國非「211」本科學生的基本工作能力（53%）；就業現狀滿意度依次為76%、52%、71%，而全國非「211」本科學生的就業現狀滿意度是57%；工作與專業的相關度方面，法學專業為71%（同類院校同專業為60%），行政管理專業為62%（同類院校同專業為53%），社會工作專業為32%（同類院校同專業為40%）。值得注意的是，以月收入衡量的就業質量，法學、社會工作專業與同類院校同專業基本持平，行政管理則低於同類院校（3,186/3,399）。而與之相關的就業現狀滿意度方面，法學專業為76%，社會工作專業為71%，行政管理專業為52%（低於全校就業滿意度64%）。

單純以就業競爭力衡量人才培養質量是片面的，但如果忽略就業競爭力，應用型人才培養也找不到方向。既然是應用型大學或專業，培養出的學生質量如何，能否為社會所用，用人單位和市場最有發言權。通過對近年來地方應用型本科高

校就業總體情況的分析，不少大學畢業生在就業過程中存在著缺乏正確的就業目標和職業導向、實踐技能不強、專業素質不高、就業內動力不足這四個方面的問題。這些問題恰恰暴露了高校忽視學生就業競爭力的培養的現狀。

二、就業競爭力是綜合素質、職業能力的體現

應用型大學與職業技術學院雖然都是職業技術教育體系的組成部分，但兩者又有類型和層次之分。職業技術學院的「應用」體現在其專業和學生就業崗位的高度對應上，其不僅要培養學生崗位或技術領域的職業適應能力，而且要培養學生在未來社會中的職業遷移能力，讓學生能夠適應產業轉型和職業變化的要求。應用型大學的專業和職業崗位的對應關係並不明顯，正因如此，其在學生綜合素質和職業能力培養上提出了更高的要求。

應用型專業學生的就業競爭力是綜合素質、基本工作能力、職業適應和遷移能力的全面體現（見圖1）。綜合素質包括積極上進、樂觀的人生態度，責任意識和敬業精神，規則意識和法治思維，科學態度和批判性思維，持之以恒的毅力，創新精神，自信並尊重他人，合作與樂於助人，等等。綜合素質是世界觀、人生觀、價值觀，以及各方面非智力知識能力的集合。基本工作能力則是專業工作所必須具備的理論知識和專業能力的集合，也可以用核心知識和基本工作能力來概括。職業適應和遷移能力則是學生畢業後在初次工作崗位上適應工作環境、完成雇主工作任務，以及隨著崗位和職業變動的適應能力。

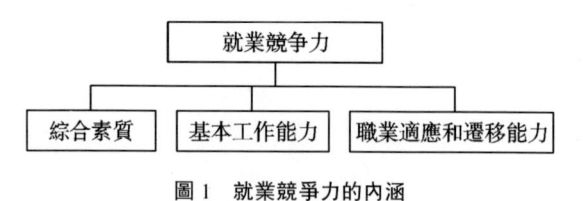

圖1 就業競爭力的內涵

麥可思公司根據用人單位對大學畢業生的基本工作能力要求將其劃分為五大類35項：

（1）理解與交流能力：理解性閱讀、積極聆聽、有效的口頭溝通、積極學習、理解他人、服務他人；

（2）科學性思維能力：針對性寫作、數學解法、科學分析、批判性思維；

（3）管理能力：績效監督、協調安排、說服他人、談判技能、判斷和決策、時間管理、財務管理、人力資源管理；

（4）應用分析能力：新產品構思、技術設計、質量控制分析、操作和控制、設備選擇與維護、系統分析和評估；

（5）動手能力：安裝能力、電腦編程、維修機器和系統。

根據不同專業的畢業生從事的主要職業的不同，其基本工作能力側重也有所不同。如樂山師範學院法學專業畢業生主要擔任法律職員，行政管理和社會工作

專業畢業生主要擔任文職人員。按照麥可思真實職業環境一覽表，法律職員的主要任務包括搜索和研究法律文件，調查案件的事實和法規，準備書面陳述文件，對法律文件進行研究和分析，準備訴狀等，相應要求具備的主要技能是有效的口頭溝通、積極學習、談判技能、針對性寫作、積極聆聽。要增強法學專業學生的就業競爭力，應當從確立通才教育模式下的法律職業教育培養目標入手，豐富、擴充專業性和交叉性教學內容，加強學生的法律思維和法律實務技能（司法文書、法庭辯論）的訓練，強化國家司法考試培訓，增加社會實踐機會，進行應用型人才培養模式的改革和創新，提高法學專業學生作為法律職業人的職業素質，加強學生的就業競爭力。

增強大學生就業競爭力是一項複雜的工程，必須適時調整、修訂專業人才培養方案，體現綜合素質+職業能力同步提升；開展多證書認證工作，實現學生由掌握知識向重視能力的轉化；全面提高學生就業的綜合素質，加強大學生的創新創業能力培養；以職業化、專業化為目標，優化師資配置，打造「專兼結合」的教師隊伍；建立有效的校地、校企合作機制，加強實習實訓環節，增強學生的實踐技能；實行導師制，加強個性化培養。

三、以增強學生就業競爭力為核心，構建應用型人才培養模式

長期以來，中國大學本科層次教育形成了人才培養以學科的知識傳授為主的教育教學模式，重學科知識本位、應試教育，輕社會需求；重知識傳授，輕實踐能力培養。學生實踐技能和解決實際問題的能力薄弱，工作適應期偏長，綜合能力和職業素質缺乏。鑒於此，應用型本科在規劃其人才培養規格時，本科屬性和應用特性要有機結合起來，保證本科教育的基礎性，培養學生具備終身發展需要的能力、素質，並在此基礎上著力增強學生的職業適應性，滿足應用型特徵。

（一）在進一步明確應用型人才培養規格的基礎上制訂培養方案

要積極順應經濟社會轉型和區域產業發展的人才需求，更加明晰人才培養規格和目標，培養面向特定行業和職業的應用型人才，培養「師」字號的高級專門人才，如法官、檢察官、律師、人力資源管理師、社會工作師等，其既要達到本科層次的學業標準，又要符合應用型教育的特殊要求；堅持課程設置的應用性，培養目標的崗位職業性，教學過程的實踐性；聘請具有行業背景的專家、實習基地和用人單位的代表、兄弟院校同行共同論證和評價人才培養方案，邀請實務部門專家直接參與課程設計。總之，要根據社會發展和應用型人才的培養需要，不斷優化人才培養方案，在保證本科層次的品質和核心競爭力的基礎上，突出人才培養特色和優勢。

與各專業培養目標和規格相對應，課程設置總體上應分為三大模塊，即通識教育模塊、專業理論教育模塊和實踐教育模塊：

（1）通識教育模塊：要有專業針對性、實效性，以提高學生綜合素質為歸屬，體現「人格完善」的教育理想。

(2) 專業理論教育模塊：要有邏輯性、整體性和貫通性，以形成學生紮實的專業基礎知識體系為目標，同時要貫徹應用型特色。專業課程設置按照「縱向一體，橫向打通」原則，開設的核心課程的強度要足夠，相近專業課程的輔助要貫通，克服課程門類零碎雜亂的痼疾，積極提倡案例教學、項目教學等教學模式和方法改革。第一學期要安排至少一門專業課程，讓學生能夠一入學就瞭解、熟悉本專業的學習內容，增強專業認知。第六學期要考慮開設專業方向分流課程，適當配合學生考研、考職業資格證書的選擇和職業方向的選擇。

(3) 實踐教育模塊：培養最大限度的匹配模擬、實訓、實踐課程，突出知識向能力轉化環節。建立完善、配套的實驗、實習、實操課程體系，充分利用校內實驗、實訓平臺，開展有針對性的實踐教學活動，鼓勵行業專家結合實際進行案例講授教學，傳授工作經驗，著力培養學生的專業應用能力和實際操作能力。

(二) 實現「學歷證書+職業資格證書」雙達標的培養目標

職業資格證書是行業的准入證，對學生將來入行擇業意義重大。近年來，國務院常務會議部署加快構建以就業為導向的現代職業教育體系，引導一批普通本科高校向應用技術型高校轉型，要求轉型院校的專業設置與產業需求、課程內容與職業標準、教學過程與生產過程「三對接」，積極推進學歷證書和職業資格證書「雙證書」制度建設。

要推行「本科學歷+職業資格證書」應用型人才培養模式，將高等教育的「本科性」和類型上的「職業性」有機統一起來，形成一個和諧整體。課程體系和教學內容的指向性應更明確，內容更加豐富。當然，這裡必然有一個職業資格證書考試輔導課程和專業理論課程的銜接問題。如法學專業學生必須參加國家司法考試，由於該考試主要測試應試人員所應具備的法律專業知識和從事法律職業的能力，考試範圍覆蓋了法學專業主要課程，那麼如何來設計考試輔導課程呢？一個可行的辦法是相關專業課程教學中針對司法考試，突出相關內容，同時在大三下學期開設應考輔導課，進行知識梳理和強化訓練。

在強化職業資格證書考試能力的同時，高校還要為學生職業發展和就業提供積極指導，將職業生涯規劃、職業培養和職業技能訓練納入相應的模塊中，貫徹「四年一貫制」的職業發展教育和職業技能培養；對學生提出明確的職業素質和職業基本技能要求，以及應當獲得職業資格和職業技能證書的具體要求。

(三) 設置「四年一貫制」實踐環節，縮短適應崗位時間

針對用人單位反應畢業生到了崗位還需再培訓的問題，高校應把握住產教融合、校（地）企合作這一轉型發展路徑，發揮校外實踐教學基地的作用，強化實踐訓練。針對適應職業崗位的需求，高校should注重崗位、崗位群或職業所需的知識、技能、技術的傳輸和訓練；注重校地合作、頂崗實習、訂單培養；以職業行動領域和工作規程為主線，注重實訓課程與崗位任務的對接、課程內容與職業能力的對接、教學情境與工作實境的對接。這種與行業相結合的培養模式，將職業道德教育、專業教育、崗前技能培訓、專業實習、就業五位一體互相銜接，使課堂、

實驗室、實訓基地、就業單位有機連貫，實習內容與崗位契合度高，學生入職後工作上手快，就業競爭力大大增強。

另外，應建立各專業模擬實訓室，給學生提供貼近未來工作環境的實習、實訓場所，加快完善模擬法庭、公共管理情景模擬實驗室、實訓場所的建設，為應用型人才培養提供良好的保障。

（四）加強「雙師」隊伍建設

學院成立了教師發展中心、實驗室管理中心，重點引進「雙師型」教師和專業帶頭人，建立了一支既能傳授專業理論知識，又能傳授實際操作技巧的師資隊伍，指導實驗、實訓、實操的能力明顯提高，做到了傳授專業理論與傳授實際操作技巧相結合，提高了教學質量和學生的實際操作能力。

（五）組織參加學科競賽和社會實踐活動

積極組織學生參加全省、全國性的學科競賽活動，如模擬法庭競賽。通過參賽，培養學生的團結協作意識，增強學生的職業自信和敢於競爭的勇氣，提高學生的心理素質。這些優秀的品質都是未來工作中不可或缺的，也是用人單位所期盼的。

學院將學生參加社會實踐活動納入培養方案和教學計劃，學生處具體負責組織安排與管理，每年制定相應的寒暑假社會實踐方案，明確內容、方式和要求，讓學生提前進入社會、接觸社會、認識社會，豐富假期生活，培養職業心態和自強、自立品格，在表達、辨別、交際等方面得到鍛煉，學到課堂上難以學到的知識與本領。學院還把社會實踐活動延伸到日常學生活動之中，組織學生參觀、調研、支教並參加公益活動、志願服務等，豐富和拓展素質教育內容和渠道，幫助學生開闊視野，增強社會責任感和社會適應能力。

「市場營銷學」PEAK 考核模式改革實踐與價值

郭美斌

摘要：提高高等教育質量是中國高等院校面臨的重大任務和課題。高等教育質量提高的關鍵在於教學質量的提高，而教學質量的重點在於課程教學。本文主要介紹了「市場營銷學」推行 PEAK 考核模式（即「職業素養考核+基礎知識考核+能力提升考核+知識應用考核」的一種考核模式）的改革實踐成果及其價值。該考核模式特色鮮明，極富創新，採取多角度、面向就業、全過程的考核，打破了課程考核完全由任課老師確定的傳統做法，採取教師評定、學習小組自評與互評、學生個人評定相結合的多渠道成績評定方式，對於推動課程教學改革，增強學生自主學習、創新學習和對抗競爭學習的動力，造就社會需要的創新型人才等極具借鑒作用和參考價值。

關鍵詞：PEAK 考核模式；改革實踐；價值；市場營銷學

深入實施高等教育質量工程，樹立科學的發展觀、人才觀、質量觀，培養和造就創新型人才，是中國高等院校面臨的重大任務。高等教育質量提高的關鍵在於教學質量的提高，而教學質量的重點在於課程教學，因為課程是大學教育的核心，被譽為大學的「心臟」。目前國內外評價課程教學質量的好壞的手段主要是課程考核，它對於課程改革有很強的導向作用。因此，如何改革課程考核模式是高等院校提高教育質量特別是提高教學質量必須解決好的一個重要課題。本文將介紹市場營銷學 PEAK 考核模式的改革實踐成果及其價值，希望能對其他課程考核模式的改革有所幫助和啟迪。

一、市場營銷學課程考核模式改革的背景

1. 中國高等教育正從注重規模擴大轉移到注重質量提高上來

隨著中國高等教育的快速發展，國家和教育主管部門越來越重視高等教育質量問題，先後實施了「211 工程」「985 工程」和高等教育「質量工程」，「十五」期間教育部出抬了《關於加強高等學校本科教學工作提高教學質量的若干意見》

（2001年4號文件）和《關於進一步加強高等學校本科教學工作的若干意見》（2005年1號文件），強調必須堅持科學發展觀，牢固確立質量是高等學校生命線的基本認識，要求各高等學校加強實踐教學環節，培養創新型人才，將高等教育質量提高放在了中國高等教育發展的突出位置。

2. 教學質量是新升本科院校生存和發展的基礎

樂山師範學院是2000年才新升格的一所本科院校，其2006年第一次接受教育部本科教學水平評估即獲得良好等級。學校之所以能夠在這麼短時間內取得這樣的好成績，就是因為學校升本後充分認識到教學質量是新升本科院校生存和發展的基礎，始終不渝地狠抓教學質量的提高和各項教學改革。2007年6月，學校教務處又出拾了《樂山師範學院關於鼓勵教師開展課程考核改革的通知》，通知中給予參加教改的教師多方面的支持和鼓勵，大大調動了教師開展課程考核改革的積極性。市場營銷學課程考核模式改革就是在這時申報啟動的。

3. 目前中國大多數課程考核始終沒有擺脫應試教育考核的弊端

綜觀中國高等學校課程考核的情況，大多數課程考核都存在未充分考慮考核課程的性質、考核同專業培養方向結合不緊密、考核未充分考慮學生就業對該門課程知識的需要、考核模式與課程教改關係不大等問題。這種考核不利於培養創新型人才，也不利於通過課程考核改革推動課程教學改革來提高教學質量。

基於以上背景，市場營銷學課程考核模式的改革勢在必行。

二、市場營銷學PEAK考核模式及設計依據

（一）PEAK考核模式

PEAK考核模式是「職業素養考核+基礎知識考核+能力提升考核+知識應用考核」的一種多角度、面向就業、全過程考核模式的英文縮寫。學生在學習市場營銷學這門課程時，是否掌握了市場營銷學課程的相關知識、達到了教學目標和要求，能否適應今後就業的要求、滿足後續專業課程教學的要求，以及教師教學效果是好是壞，都可以通過對學生的職業素養養成、基本知識掌握、能力提升、知識應用等進行多角度、全過程的考核。這種考核有兩個顯著特點：一是多角度，完全打破了傳統應試考核「做試題」的單一考核做法，把職業素養的要求、知識的掌握、能力的提升、就業需要等融合在了一起；二是全過程考核，即不是集中在半期和期末的時點去考核，而是將考核分散在了課程學習的整個過程中，是一種過程考核。

（二）PEAK考核模式設計依據

PEAK考核模式設計主要遵從了以下幾個方面：

1. 市場營銷學課程性質、教學目標和課程定位

市場營銷學的課程性質是市場營銷專業學生必修的一門十分重要的專業基礎課。課程教學的目標是通過教學使學生比較全面系統地掌握市場營銷學的基本理論、基本知識和基本方法，確立學生的顧客中心意識，樹立市場營銷觀念，初步

培養學生運用市場營銷學理論發現、分析和解決現實營銷問題的能力，為學生進一步學習市場營銷專業的其他課程打下基礎。市場營銷學的課程定位是一門建立在經濟學、管理學、社會學、心理學、行為科學等學科基礎之上，研究以滿足顧客消費需求為中心的企業市場營銷活動及其規律性的交叉性應用科學。據此，考核設計中應突出基礎考核、綜合考核、實踐考核和應用考核。

2. 市場營銷專業人才培養總體要求

我校市場營銷專業人才培養的總體要求是「貼近市場需求，營銷技能強，實現畢業與就業無縫連接」。考核設計時，不僅僅考核學生學到了什麼，也考核教師教了什麼，如何教的，即對所教所學知識與社會實際需要是否吻合進行考核。

3. 市場營銷專業學生就業需要

從中國市場營銷專業各式各樣的人才招聘會和招聘廣告來看，用人單位對營銷專業人才都提出了開拓精神、團隊意識、遵紀守法、良好的職業道德、較強的社會責任感等職業素養要求，以及營銷專業知識紮實、口才好、人際交往能力強、應變能力強等營銷技能要求。考核設計中，應把職業素養和能力考核作為學生是否適應今後就業需要的重點考核內容。

4. 教學對象的實際情況

我校 2006 級市場營銷專業有兩個班，共 70 名學生。在課程教學之初，筆者首先從課程教學角度對兩個班的學生進行了摸底調查，調查的基本結果是：①學生已經學習了會計學基礎、管理學、西方經濟學等課程，對於學習市場營銷學課程有了一定基礎；②學生普遍存在營銷意識差、對專業和就業瞭解不深的問題；③學生缺乏自主學習、對抗學習、創新學習的習慣。考核設計時，應把學生的營銷意識和學習習慣作為一個考核點。

三、市場營銷學 PEAK 考核模式的改革實踐

（一）尋求學校和學生的支持

課程考核改革涉及學校教學管理工作和被考核者（學生）的利益，故必須獲得來自兩方面的支持。為了獲得學校的支持，筆者在課程開設的前一學期就向學校遞交了《關於市場營銷學課程考核改革的設想及實施方案》，填寫了「樂山師範學院課程考核方式改革項目申請表」，經學校審核評估後獲得認可。為了獲得學生的支持，筆者也做了一些努力。一是在開課前，筆者就把課程考核改革的信息和意圖告知了學生，二是筆者在課程教學開始時詳細向學生介紹了考核改革的具體做法，並明確告訴了學生，只有他們同意才推行。由於充分尊重了學生的意願，學生也瞭解了考核改革能帶給他們諸多利益，學生對課程考核改革願望強烈，積極性很高。有了學校和學生的支持，課程考核改革就具備了實施的基礎。

（二）市場營銷學 PEAK 考核模式改革的具體做法

1. 組建課程學習小組

組建課程學習小組的目的是為了調動學生自主學習的積極性，培養學生開展

學術研究的習慣，增強他們的競爭學習意識。每個小組一般安排 5~7 人，由學生自願組合。學習小組的主要任務有：①開展組內研討學習，如課程知識點學習研討、案例分析研討、情景模擬等；②同其他學習小組開展競爭對抗，如在課堂問題討論、案例分析、角色表演、營銷實踐等方面同其他小組競爭，看誰表現得更主動積極，看誰做得更好、更出色。

2. 設計考核成績結構標準和考核操作流程

考核成績結構是指考核成績組成及其所占比例。筆者在設計時遵循了科學合理、公開公平和共同參與三個原則，打破了課程考核成績完全由任課教師一人說了算的傳統做法，把 PEAK 考核成績設計成教師評定成績、學習小組互評成績、學習小組自評成績和學生個人評定成績四個組成部分，並針對每一具體考核項目，如課堂研討、案例分析、論文等制定出詳細的成績考評標準供評定參考。

考核成績評定的流程分為兩個步驟。第一步，評定學習小組的成績。學習小組的成績由教師評定（占 50%）、學習小組互評（占 30%）和學習小組自評（占 20%）三部分綜合組成。第二步，評定個人成績。個人成績由小組成績、組內互評成績和個人自評成績綜合組成，其中小組考核成績等級主要影響小組內各等級成績在小組中所占的比例大小，具體見表 1：

表 1　　　　　　　　　學習小組個人成績評定標準

學習小組考核成績等級	學習小組個人考核成績等級在組內所占比重（%）				
	優秀	良好	中等	及格	不及格
優秀	60	40	0	0	0
良好	30	50	20	0	0
中等	10	20	60	10	0
及格	0	0	20	60	20
不及格	0	0	0	20	80

小組成員互評成績和自評成績綜合得出個人在學習小組內的考核成績。將個人考核成績在組內排序，據此確定學習小組成員的考核成績等級。

3. 設計考核具體內容與考核方式

（1）考核具體內容。

職業素養考核，主要把學習小組和個人的出勤率、責任感、親和力、團隊精神、課堂表現、專業意識等作為考核內容；基礎知識考核，主要把學生獨立完成分章節基礎知識練習題情況及完成質量的好壞作為考核內容；能力提升考核，主要把課堂研討、案例分析、營銷活動情景表演、培訓過程中的能力表現、對抗學習過程中的能力表現及能力改善情況作為考核內容；知識應用考核，主要把營銷實踐項目（如商品推銷、與陌生人溝通等）完成的效果、營銷論文（包括作業論文和課程結業論文）完成的質量作為考核內容。

(2）考核方式。

PEAK 四方面內容的考核都是採取任課教師評定、學習小組互評、學習小組自評與學生自我評定相結合的考核方式。

4. 做好 PEAK 考核實施過程中的管理

要做到考核成績的及時公布，解決考核中的公平性問題，收集學生對考核模式改革的看法與意見，根據考核模式不斷探索課程教學的改革。

四、市場營銷學 PEAK 考核模式改革實踐的效果與價值

（一）PEAK 考核模式改革的效果

1. 課程學習成績大幅提高

2006 級市場營銷 1 班，全班平均分為 82.68 分，最高分為 94 分，最低分為 70 分。90~100 分的有 5 人，占 13.51%；80~89 分的有 23 人，占 62.16%；70~79 分的有 9 人，占 24.32%。

2006 級市場營銷 2 班，全班平均分為 83.94 分，最高分為 93 分，最低分為 68 分。90~100 分的有 7 人，占 21.21%；80~89 分的有 23 人，占 69.70%；70~79 分的有 5 人，占 15.15%；60~69 分的有 1 人，占 3.03%。

無論是與前幾屆學生比，還是與同一屆其他班級比，推行 PEAK 考核方式改革後，學生的課程學習成績都出現大幅提高。

2. 學生對教學效果普遍感到滿意

課程教學結束後，學校教務處組織了相關領導和專家對市場營銷學課程推行 PEAK 考核模式改革的效果進行了評估。在考核方式改革學生座談會上，學生普遍認為在以前的課程考核方式下，哪怕自己平時不努力，只要考試前突擊背一下書就能過關，甚至還可以獲得好成績，但考完之後自己都不知道學到了什麼，掌握的知識很不牢固。而市場營銷學 PEAK 考核模式採取多角度、全過程考核，學生根本沒有辦法偷懶，必須不斷地努力學習，自覺收集資料，進行研討，還要相互競爭，創造性地學習，故對所學知識理解很深刻，學完後知道怎樣去營銷，還學會了研究問題、解決問題的方法，收穫不小。在新的課程考核方式下，學生在語言表達、應變、合作等多方面得到了能力上的鍛煉和提高。學生認為老師結合了工作實際來教學，使他們懂得在營銷相關職位上應掌握些什麼知識，具備些什麼能力，應樹立哪些職業道德，對其今後順利就業有很大的幫助。學生對本門課程教學的評價很高，總評給了優秀。

（二）PEAK 考核模式改革實踐的價值

1. 課程考核改革推動課程教學改革，提高了教學水平

（1）教師對考核模式的思考設計，促使其教學理念發生深刻的改變。教師必須要瞭解當今教學發展的趨勢，掌握最新的教學手段和方法，必須考慮所教授的課程如何更好地與社會接軌，如何更有利於學生就業。有一種責任和無形的壓力促使教師提高教學水平。

（2）變相對單一的「以講為主」的教學方式為「豐富多彩、教與學相互促進、多種手段並用、不斷創新」的教學方式。比如將講解、研討、案例分析、培訓、情景教學、對抗競爭等結合應用，使課堂教學效果更好，學生學習積極性更高。

（3）教學準備更充分，教學組織更科學，能確保教師在教學上投入更多的時間和精力，確保教學工作的不斷改進和課程教學質量的穩步提高。

2. 課程考核改革增強了學生自主學習、創新學習和競爭對抗學習的動力，對引導學生注重多方面的能力培養有很大的幫助

（1）通過引導學生開展一些專題研究、課堂討論、案例分析、營銷角色表演和營銷實踐活動，激發學生課程學習的興趣，讓學生自覺在課後查閱大量資料，主動開展問題研討，從而大大調動學生自主學習、創新學習的積極性。

（2）建立課程學習小組，以小組為單位開展學習活動，使學生意識到個人的表現不僅關係到自己的成績，也關係到小組其他成員的成績，小組成員間自然而然地形成了一種相互監督、相互約束、相互鼓勵和相互關心幫助的學習氛圍。如此，既有利於培養學生的團隊精神和合作意識，也有利於增強學生學習的動力。而通過學習小組之間的學習對抗競爭，學生的競爭意識和競爭能力也得到了培養，這正好與市場營銷課程教學的要求相吻合。

（3）以作業論文和課程結業論文來考核學生對課程理論、知識、方法原理的理解、掌握、應用，避免了學生「讀死書」的現象，使學生更注重培養自己多方面的能力。從整個課程教學過程來看，學生的語言表達能力、溝通能力、應變觀察能力、處理問題的能力、影響他人的能力、學習能力等普遍都有明顯提高。

3. 課程考核改革對班風和學風建設有明顯促進作用

在整個課程考核改革實施過程中，課堂紀律非常好，學生的聽課專注度非常高，課堂氣氛緊張、輕鬆、愉悅並存，杜絕了遲到、早退、請假、曠課的現象，學生始終能保持學習的熱情和積極性。這些都說明課程考核改革對促進班風和學風的建設有明顯促進作用。

參考文獻：

[1] 王小玲. 關於「市場營銷學」課程考試模式改革的思考 [J]. 內蒙古財經學院學報（綜合版），2006（9）.

[2] 趙楓. 中國大學課程改革研究綜述 [J]. 中北大學學報（社會科學版），2008（1）.

中國高校信息化體系測度模型的構建與研究

高文香 朱姝姍 張同建

摘要：中國高等院校一直將信息化建設作為提高運作效率、培育核心競爭能力的一項重要措施。信息化建設測度模型的設計是提高高校信息化運作效率的前提，而信息化測度模型的設計必須密切聯繫中國高校信息化建設的實踐活動。驗證性因子分析可以為測度模型提供現實性檢驗，同時揭示了中國高校信息化建設過程中存在的若干問題。

關鍵詞：信息化建設；信息資源；教學信息化；結構方程；因子分析

一、引言

高校信息化是社會信息化的一部分，其是指高等院校利用先進的計算機技術、網絡技術、多媒體技術實現高校校園網絡化、管理科學信息化、信息資源數字化，以達到教學現代化與科研現代化的一種信息化戰略。高校信息化是實現高等教育現代化的必由之路，其已成為全球教育現代化過程中的一個重要環節，是衡量一個國家基礎教育水平乃至國家競爭力的重要標誌。

高校信息化的發展模式可以參照社會信息化的發展模式分為多個階段。第一階段是信息技術應用階段，主要內容是採購計算機、安裝多媒體教室、建設校園網及校內 FTP；第二階段是高校信息化發展階段，主要內容是實現信息技術與傳統教學科研手段的融合；第三階段是高校信息化推進階段，主要內容是引入校園 CIO，實現學校管理系統網絡化、智能化；第四階段是全面建設信息化校園階段，主要內容是實現教學管理科研的全面信息化、電子化、現代化。在各階段，應根據當時的具體情況進行分步規劃和建設。因此，及時地對信息化發展水平進行測評是非常重要的。建立高校信息化評價模型的意義在於對高校信息化水平進行正確和客觀的評價，為高校信息化建設決策提供依據，引導高校信息化工作向務實、高效的方向發展，為高校信息化的具體實施提供切實的幫助和參考。

所以，高校信息化建設測度模型的建立既可以客觀地評價教育信息化的發展水平，加深對國家和各地區教育信息化水平的認識，為制定教育政策和教育規劃提供依據，又可以利用模型指標體系對不同地區的教育信息化水平進行測度，為

評估和考核各地區教育信息化水平提供量化標準。另外，還可以檢查各地教育信息化各項工作的完成情況，瞭解各地在教育信息化發展過程中出現的各種問題，比較區域間教育信息化水平的差異和特點，為教育管理部門提供較為可靠的管理信息，以便教育管理部門及時制定相應的管理措施。高校信息化建設測度模型能夠反應教育信息化的進程，估計和評價各地區一定時期教育信息化的目標正在實現和達到的情況，定期提供教育信息化發展分析報告，加快教育信息化的發展步伐，並且避免教育信息化建設投資的失誤，反應信息化教育的內在需求。

高等院校信息化建設測度模型的設計是中國高等院校信息化戰略順利實施的基礎平臺，是高等院校信息化管理活動有效開展的前提，是增強中國高等院校教學活動效果的必要措施，是提高中國高等院校核心競爭力的有力手段。

二、中國高等院校信息化建設測度模型設計解析

1. 信息化建設測度模型設計的理論解析

根據文獻研究成果，本文將中國高校信息化建設測度模型分解為四個基本要素：信息基礎設施要素、科研信息化要素、管理信息化要素和教學信息化要素。

信息基礎設施要素包括四個測度指標：網絡基礎設施、信息資源充裕性、信息化專業人員配備、信息化資產比例。首先，網絡基礎設施的完善程度是信息基礎設施硬件建設狀況的首要評價標準，它包括網絡出口帶寬、計算機聯網率、教室聯網率、服務器臺數、網絡桌面帶寬、無線網絡覆蓋率等具體內容。其次，信息資源充裕性是信息基礎設施軟件建設狀況的首要評價標準，它包括中英文數據庫存量、中英文文摘存量、中英文電子圖書存量、中英文電子期刊存量，以及其他專用數據庫存量等。再次，每所高校必須配備一定數量的信息化專業人員，負責全校範圍內信息化軟硬件設施的採購、維護、安裝、調試、培訓等工作。信息技術人員的整體素質往往對一所高校的信息化應用效率具有至關重要的作用。最後，隨著高校信息化建設的快速發展，信息化資產在學校總資產中的比例一直呈現上升趨勢。信息化資產比例在一定程度上反應了一所高校信息化的建設程度與受重視程度。

科研信息化要素包括四個測度指標：科研管理信息化、圖書館信息化、實驗室信息化、科研軟件資源量。首先，科研管理信息化早已融入中國高等院校的科研管理活動，主要包括科研成果信息化統計、科研項目信息化申報、科研績效信息化考評、科研獎勵信息化分配等具體科研管理活動。其次，圖書館信息化是高校信息化建設的一項重要內容。目前，中國高校基本上實現了圖書借閱管理的信息化，但管理過程中存在的主要問題是應用軟件缺乏靈活性，不能適應高校的特殊圖書處理功能。再次，近年來實驗室信息化建設也普遍為中國高等院校所重視。實驗室信息化包括場所選擇、人員配備、信息設備維護、軟件升級等具體工作。實驗室信息化建設的一個顯著特點是信息化建設要和專業特性相聯繫，才能起到事半功倍的效果。最後，科研信息化建設過程中要注重科研專用軟件的配備工作。

大多數專業性較強的科研軟件價格昂貴，但又是科研工作過程中的必備之物，因此這類應用軟件的購買往往是信息化建設投資過程中的一件難事。

　　管理信息化要素包括四個測度指標：辦公系統性能、數字化校園、後勤信息化和信息化政策。首先，辦公系統性能是指高校各部門的辦公自動化應用程度，如視頻會議、電子郵件、信息發布、文件傳輸、身分認證、目錄服務等。信息化辦公是管理信息化的初級階段，也是不可忽視的基礎性活動，具有永久的不可替代性。其次，數字化校園專指高校系統特有的信息化管理活動，如教務信息化、財務信息化、教師考核信息化、學籍管理信息化、排課選課調課信息化、考試成績錄入查詢信息化等。再次，後勤信息化也是高校信息化建設的一個重要項目。眾所周知，高校後勤部門是一個龐大的系統，是高校教學活動得以順利進行的基礎平臺。後勤信息化一般包括餐飲信息化、宿管信息化、出入檢測信息化等。最後，信息化政策是高校信息化應用績效產生的前提條件。沒有信息化政策的促進，信息化應用效率很難達到一個理想的應用水平。當然，信息化政策的制定要具有一定的合理性、現實性和可執行性，空洞的條文羅列沒有實際意義。

　　教學信息化要素包括四個測度指標：數字課程比例、信息化教學制度、教師信息化技能、信息技術教育。首先，為了促進信息化教學的發展，幾乎每所高校都限定了數字課程的最低比例。然而，事實上有些課程與數字化教學具有天然的融合性，而有些課程的教學未必適用數字化教學的形式，這種一刀切的做法有時顯得過於僵化。其次，信息化教學制度是提高信息化教學質量的保證，但信息化教學制度的制定要遵循各個專業的教學特點，同時還要合理總結實際運作過程中的信息化教學經驗，才能使信息化教學制度充分發揮其激勵性功能。再次，教師信息化技能也是信息化教學過程中一個不容忽視的問題，因為任課教師的信息設備應用技能過低是中國高校普遍存在的一個現象，這嚴重抑制了信息化教學效果的增強。另外，教師信息化技能中的另一個突出問題是任課教師不能充分地將教學內容融入信息化教學活動過程，即信息化過程使教學內容產生一定程度的失真現象。當然，信息化教學技能的提高不是朝夕之事，它是一門高超的藝術，有待教學雙方的長期互動和探索。最後，信息技術教育也是中國高等院校目前重點發展的業務之一，具有對學校的經濟效益快速反應的特徵。信息技術教育包括遠程教育、遠程培訓、信息技術等級考試等內容。

　　2. 信息化建設測度模型的確立

　　通過以上分析，本文建立起中國高等院校信息化建設測度模型，如表1所示：

表 1　　　　　　　　　　　信息化建設測度模型

要素名稱	指標名稱	指標意義
信息基礎設施 ξ_1	網絡基礎設施 X_1	校園局域網軟硬件基礎設施建設與應用的綜合性能
	信息資源充裕性 X_2	網絡數據庫中信息資源儲存量與信息資源的實用性
	信息化專業人員配備 X_3	專業信息化人員的整體業務素質與技術創新能力
	信息化資產比例 X_4	信息資產在學校總資產中的比例及其年度增長率
科研信息化 ξ_2	科研管理信息化 X_5	高校進行科研統計、測評、獎懲等工作的信息化程度
	圖書館信息化 X_6	圖書館在管理、借閱、安全防護過程中的信息化程度
	實驗室信息化 X_7	實驗室在應用、維護、更新過程中的信息化程度
	科研軟件資源量 X_8	適合科研開發的應用軟件和系統軟件資源價值總量
管理信息化 ξ_3	辦公系統性能 X_9	校園內部辦公信息系統的穩定性、可靠性與可擴充性
	數字化校園 X_{10}	管理信息系統（教務、財務、人事等）的整體性能
	後勤信息化 X_{11}	後勤管理（食宿、餐飲、出入檢測等）的信息化程度
	信息化政策 X_{12}	信息化應用激勵政策的合理性、現實性與可執行性
教學信息化 ξ_4	數字課程比例 X_{13}	數字化課程課時量占本年度課程課時總量的百分比
	信息化教學制度 X_{14}	為激勵信息化教學而制定的教學制度的執行力度
	教師信息化技能 X_{15}	全校範圍內任課教師信息化設備應用的平均技能
	信息技術教育 X_{16}	學校遠程教育、遠程培訓、信息等級考試的開展程度

三、模型驗證

1. 技術思路

本文擬採用驗證性因子分析（CFA）來驗證指標體系的有效性。驗證性因子分析是結構方程模型（SEM）的一種特殊形式。結構方程模型是基於變量的協方差矩陣來分析變量之間關係的一種統計方法，是一個包含面很廣的數學模型，用以分析一些涉及潛變量的複雜關係。當 SEM 用於驗證某一因子模型是否與數據吻合時，稱為驗證性因子分析。

本文已將中國高等院校信息化測度體系分解為 4 個因子（潛變量）和 16 個指標（觀察變量）。下面，我們將採用驗證性因子分析來驗證模型的收斂性，同時驗證因子負荷的顯著性、因子相關係數的顯著性和指標誤差方差的顯著性。

2. 數據收集

本文採用七點量表制對 16 個觀察指標進行行業調查。通過教育部科技統計司的有效幫助，我們向全國各高等院校發出電子問卷 332 份，收回有效問卷 106 份，樣本量與觀察指標數量之比為 7∶1，滿足結構方程驗證基本要求。Cronbach's α 系

數最小值為0.816,1，調查結果信度較高。這些樣本分佈於全國27個省、市、自治區，可以認定能夠有效地表達中國高等院校的總體概況。

3. 信度檢驗

信度分析是為了驗證各個觀察指標的可靠性（Reliability）。可靠性是指不同測量者使用同一測量工具的一致性水平，用以反應相同條件下重複測量結果的近似程度。可靠性一般可通過檢驗測量工具的內部一致性（Internal Consistency）來實現。信度檢驗的常用方法是 L. J. Cronbach 所創的 α 系數衡量法，α 系數值介於 0 到 1 之間。一般認為，α 系數值大於 0.5 就是可以接受的，然而對有些探索性研究來說，α 值在 0.5 到 0.6 之間就可以接受。如果某一構面或因子的信度值非常低，則說明受訪者對這些問題的看法相當不一致。隸屬於各個因子的題項的 Item-to-Total 相關係數均應大於 0.4。由於本研究的 Cronbach's α 系數最小值為 0.781,2，因此，調查結果信度較高。

4. 驗證結果

本文採用了 SPSS 11.5 和 LISREL 8.7 進行驗證性因子分析（固定方差法），得到因子負荷參數列表（見表2）：

表2　　　　　　　　　因子負荷參數列表

因子名稱	X_1	X_2	X_3	X_4	X_5	X_6	X_7	X_8
因子負荷	.35	.42	.07	.38	.45	.33	.08	.26
SE	.07	.07	.07	.08	.12	.07	.06	.07
t	5.01	6.0	1.01	4.81	3.37	4.66	1.33	3.76
因子名稱	X_9	X_{10}	X_{11}	X_{12}	X_{13}	X_{14}	X_{15}	X_{16}
因子負荷	.29	.36	.23	.31	.14	.11	.41	.33
SE	.07	.07	.06	.11	.09	.08	.07	.08
t	4.10	5.12	3.93	2.82	1.56	1.31	5.96	4.03

註：模型經過兩次修正，灰暗部分為因子負荷值過低而刪除的因子（X_3、X_7、X_{13}、X_{14}）。

修正後的因子協方差矩陣如表3所示：

表3　　　　　　　　　因子協方差矩陣

	信息基礎設施 ξ_1	科研信息化 ξ_2	管理信息化 ξ_3	教學信息化 ξ_4
信息基礎設施 ξ_1	1.00			
科研信息化 ξ_2	0.22	1.00		
管理信息化 ξ_3	0.18	0.22	1.00	
教學信息化 ξ_4	0.21	0.18	0.19	1.00

同時，得到模型擬合指數列表（見表4）：

表 4　　　　　　　　　　　模型擬合指數列表

擬合指標	Df	CHI-Square	RMSEA	NNFI	CFI
指標現值	98	232	0.061	0.929	0.939
最優值趨向	—	越小越好	<0.08	>0.90	>0.90

所以，模型擬合效果較好，無須繼續進行指標修正。

四、結論與啟示

本文給出的中國高等院校信息化建設測度模型可以為中國高等院校加強信息化建設、增強教學科研效果提供基礎理論平臺。從驗證結果可知，中國高等院校信息化建設還存在如下不足之處：

（1）由因子負荷列表可知，X_3、X_7、X_{13}、X_{14}沒有通過驗證性因子分析，說明中國高校信息化建設過程存在如下幾個突出問題：信息化專業人員配備較弱、實驗室信息化建設滯後、數字化課程教學沒有起到實質性的作用、信息化教學制度有待完善。首先，中國高等院校本不應該存在信息化專業人才配備失調的問題，因為各高等院校都存在信息技術方面的專業，具有較強的信息技術專業師資力量，完全可以信息化人力資源方面的問題，而這一問題的顯現主要是高校行政機構框架的局限性所致。也就是說，高校的信息中心往往與信息技術類專業是平衡的二級部門，很難做到專業人力資源的共享與互助。其次，中國高校信息化實驗室建設滯後很難歸咎於硬件設施方面的原因，其滯後主要源於管理措施的僵化和軟件應用與開發的滯後性。大多數高校的信息化實驗室只是在教師授課時使用，其餘大部分時間處於「休閒維護」狀態，造成信息資源的使用效率始終處於低谷狀態。再次，數字化教學本是高等院校信息化建設的首要任務，然而在現實運作中，其往往最受冷落。各高等院校基本上對每一門課程都規定了數字化課程的基本比例，很多任課教師卻往往拘泥於傳統的教學方式，對數字化課程的教學流於形式，期末上報時隨便編寫幾個數字敷衍了事。最後，高等院校的信息化教學制度建設的缺陷往往體現在執行不力上，缺乏強有力的監督、激勵、懲罰措施，致使各項措施最終成為一紙空文，這已是中國高校信息化建設中一個積重難返的弊端。

（2）由因子協方差矩陣可知，信息化建設各測度體系之間的相關係數過低，說明各要素之間缺乏互動作用和促進作用，信息化建設體系的整體效能有待提高。根據系統論的基本原理，系統內各構成要素具有較大的相關性時，標誌著系統運作達到理想的高效運轉狀態。所以，中國高等院校的信息化建設還蘊藏著巨大的可拓展價值空間，信息投資的效能遠沒有達到理想狀態，存在很大程度上的過度投資或資源浪費，應引起有關部門的高度重視。

參考文獻：

［1］秦嘉杭．高校信息化評價指標體系研究［J］．現代圖書情報技術，2006（4）：12-19．

［2］李勇，劉文雲．高校信息化評價指標體系的構建［J］．情報雜誌，2006（3）：33-37．

［3］羅麗萍，王有遠．高校信息化三維綜合評價指標體系研究［J］．科技管理研究，2006（1）：65-71．

［4］簡遠航．高校信息化建設的三個關鍵［J］．中國教育網絡，2007（1）：19-22．

［5］鄒永松．數字化校園和高校信息化［J］．高教研究，2006（3）：78-82．

［6］高茂華，吳小玲．論高校信息化的戰略規劃［J］．教育信息化，2006（3）：33-36．

［7］宋健，陳士俊．信息化發展階段論對中國高校信息化的啟示［J］．中國教育信息化，2007（3）：73-77．

［8］侯杰泰，成子娟，鐘財文．結構方程式之擬合優度概念及常用指數之比較［J］．教育心理學報，1996（6）：77-82．

［9］侯杰泰，溫忠麟，成子娟．結構方程模型及其應用［M］．北京：教育科學出版社，2004．

專題二
課程教學模式與方法改革

「2+1」學制下國際金融課程教學改革的探索

劉　穎

摘要：時值樂山師範學院推行「2+1」學期制改革措施之際，國際金融作為一門理論性和可操作性兼備的學科，應該利用此次契機對傳統的只注重理論的教學模式進行改革。本文通過問卷調查揭示了目前國際金融課程教學過程中存在的問題，提出了教改的總體思路和具體的建議，以期培養出綜合性應用型人才，滿足社會發展的需求。

關鍵詞：國際金融；國際金融實驗；教學改革

國際金融課程在樂山師範學院旅遊與經濟管理學院會計和國際貿易兩個專業開設。作為一門主要研究國際貨幣和借貸資本運動規律的實務性較強的學科，其在經濟和社會生活中的作用愈加凸顯。在此背景下，培養學生應用金融知識解釋和處理實際金融問題的能力，使之成為符合社會需要的專業金融人才，便成了新形勢下國際金融課程改革的主要目標。

一、國際金融課程教學情況問卷調查分析

2011年，國際金融課程教學改革立項後，筆者於2012年3月—2013年6月在樂山師範學院旅經學院組織了一次關於國際金融課程教學情況意見反饋的問卷調查，面向大二國貿班、大三國貿班和會計班兩個年級共計6個班的學生發放問卷300份，收回有效問卷289份。這次問卷調查反應出學生對該門課程的一些反饋意見，值得引起我們的關注。

1. 課程內容評價

國際金融課程難度評價概況如圖1所示。從圖1中我們可以看出，超過半數的學生都認為國際金融課程偏難。一是因為老師在講授過程中沒有考慮到學生的層次以及各自的專業情況，一味地進行內容的灌輸。老師的本意是教授更豐富的內容，結果卻適得其反。二是由於大多數學生認為國際金融理論性太強，公式難以記憶，特別是課程中涉及匯率部分的思路難以理清。三是期貨、期權、掉期交易等金融實務操作沒有配合軟件使用，過於抽象，學生難以理解。

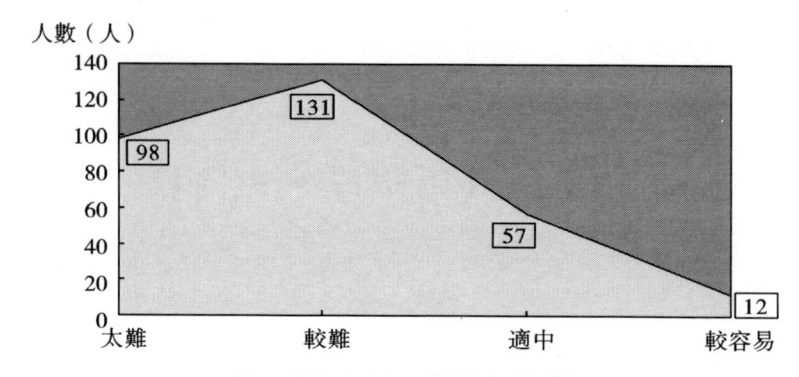

人數（人）
140
120　　131
100
80　98
60
40　　　　　57
20
0　　　　　　　　　　12
太難　　較難　　適中　　較容易

圖1　國際金融課程難度評價堆積圖

國際金融課程難點調查情況如圖2所示。

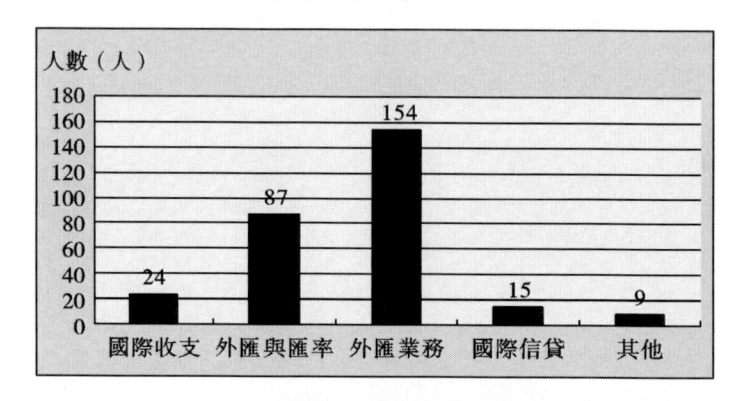

人數（人）
180
160　　　　154
140
120
100
80　　87
60
40
20　24　　　　　15　9
0
國際收支　外匯與匯率　外匯業務　國際信貸　其他

圖2　國際金融課程難點調查圖

通過有關課程具體內容的調查，我們得知絕大多數的學生認為國際金融最難的部分集中在匯率和外匯業務的具體操作上。造成此評價的原因在於在課堂講授過程中，教師過於偏重理論的講解，忽略了實驗課程的開展，沒有引入軟件讓學生對金融業務的具體流程有直觀的瞭解和感受。教師紙上談兵的講解方式致使學生覺得匯率和外匯業務這些內容本來就是國際金融課程的難點，非常難以理解，故乾脆不付出努力，導致在期末考試中失分。

2. 課程教學效果評價

國際金融教學效果反饋情況如圖3所示。

從此項調查中可以看出，學生普遍認為國際金融教學的課堂氣氛比較沉悶。一是由於過多的理論內容、概念和金融實務計算方面的灌輸導致學生很難提起興趣進行學習。國際金融本來應該是一門文理結合的綜合性學科，結果在學生心目中卻成了純粹的文科學科，學生只知道死記硬背，即使是計算題也不求甚解，復習時完全依靠記憶而不是理解來回答問題，導致得分率普遍不高，班級平均分在70~75分段波動；二是老師缺乏一定的金融實戰經驗，因此無法運用生動的案例

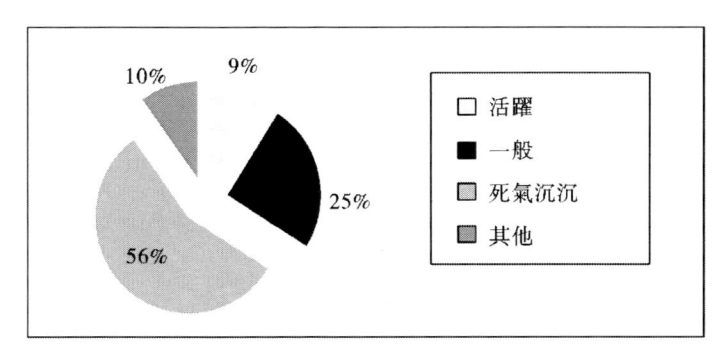

圖 3　國際金融教學效果反饋餅圖

聯繫理論進行分析，與學生之間的互動較少，學生只是進行填鴨式的學習，很難主動積極地與老師進行交流。

3. 國際金融實用性評價

國際金融課程應用性評價情況如圖 4 所示。

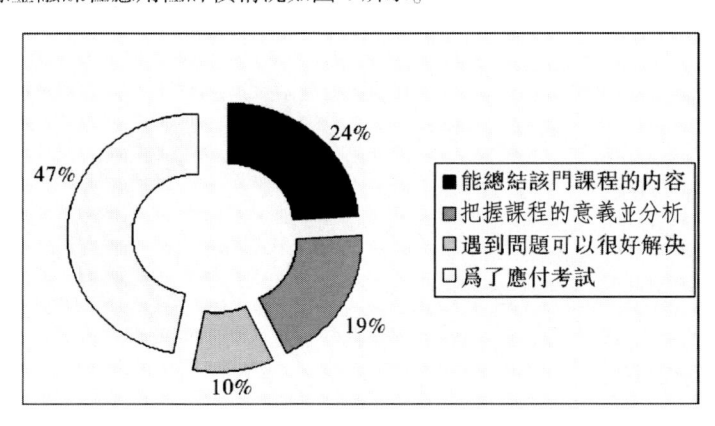

圖 4　國際金融課程應用性評價環形圖

從此項調查中我們可以看出，學生在結束國際金融課程的學習後，由於沒有感受到國際金融知識在現實工作和生活中的運用，因此對此門課程的應用性綜合評價並不高。學生沒有感受到國際金融課程內容與當今熱點經濟問題、金融問題的聯繫，不能做到學以致用，這導致接近半數的學生認為學習國際金融課程的主要目的是為了應付考試的需要，他們在考試後就遺忘了所有的知識內容，學校無法達到開設該門課程的目的。基於此，教師應在教學改革過程中注意課堂內容與實際生活的結合，引入一些貼近生活的案例向學生進行講解，並向其展示出所學知識在未來的運用。

4. 課程綜合評價與小結

從學生對國際金融課程的喜愛程度統計可以看出，學生對國際金融課程的喜愛程度並不高，這證明學生在進行國際金融課程的學習後，對該門課程留下了不

太好的印象。學生覺得國際金融課程的開設只是為了讓自己湊夠學分，這門課程的內容在今後的工作中沒有任何用處。再加上課堂氣氛的沉悶、理論的抽象、公式的繁多、與現實生活的脫節，這些因素都造成了國際金融這門本來在今後的生活和工作中都非常重要的基礎課程最終成了一門學生強迫自己學習、學完即忘的應試課程。

總的來說，在國際金融課程教學中，由於國際金融教材理論普遍偏抽象，利用軟件和分析工具進行國際金融方法講解的教材較少，加之經濟、管理類專業學生的數學和邏輯基礎相對薄弱，學生普遍反應該門課程不好學，認為國際金融概念抽象、不好理解，公式複雜、難以記憶，金融理論在現實生活中難以學以致用。學生對學習國際金融抱以抵觸情緒，使得老師在教授、學生在學習的過程中，都遇到了很大的困難。這些都是長期以來在國際金融課程教學中注重理論知識的學習，而對金融實務操作的應用和邏輯思維能力的培養重視不夠，忽略了學生實踐能力鍛煉的結果，這也是目前高校面臨的最直接、亟待解決的問題。

二、國際金融課程教學改革的總體思路

在樂山師範學院推行「2+1」學期制改革的契機下，國際金融作為一門理論與實踐緊密結合的專業主幹課程，不僅要在常規教學過程中注重基礎理論和實踐教學的相輔並行，更要充分結合短學期突出實踐教學，更好地體現學院「立足樂山，面向全省，輻射全國，育人為本，服務社會」的辦學宗旨。對於國際金融課程的改革，筆者建議用信息技術和實踐活動相結合，共同融入理論知識講授的方式來改變傳統國際金融的教學內容。信息技術、學生實踐與傳統內容融為一體，既可以使傳統內容優化、具體化和形象化，又可以培養學生對國際金融課程的興趣，以及靈活地運用理論知識處理實際問題和進行實踐操作的能力，通過挖掘、提煉，將隱性知識顯性化。

一方面，國際金融教學內容的改革應該改變過去偏重理論教學的誤區，將書本的內容與現實生活和工作密切聯繫。可考慮針對不同專業引入不同的案例進行教學，提高學生的興趣，使其感受到國際金融知識的重要性和具體性。同時，還可在課堂教學中開展小組討論，積極調動學生的參與性、積極性和主動性，讓其在案例學習和討論中加深對國際金融內容的理解和運用。另外，還應降低國際金融理論的講授難度和深度。由於國際金融是經濟學大類學生必學的一門專業課程，老師應結合實踐工作對國際金融知識的需求，降低理論部分的難度，部分和現實聯繫不緊密的章節可以不進行講授。

另一方面，對國際金融教學模式的改革不應僅僅是解決如何教的問題，更是要把軟件操作即信息技術作為學生的認知工具整合到課程教學中去。恰逢樂山師範學院正在開展「2+1」學制改革，這就為增加模擬軟件的操作打下了良好的基礎。在今後的教學過程中，應提倡基於處理實際問題的探究模式以及開展相應的實驗、調查加計算機數據處理的模式。特別是在小學期中，應側重學生對軟件技

術的掌握和深化。在模擬交易系統（重點是期貨模擬和外匯模擬）和多媒體資料的幫助下，老師應將平時學生只能感知和想像的事物及其發展變化的形式和過程，用仿真化、模擬化、形象化、現實化的方式，在教學過程中盡量表現出來，使學生直觀地觀察、體驗、發現、干預，並積極利用這些生動的、信息化了的知識模型，透過現象探索本質。這樣，就能夠在潛移默化中自然地培養和造就學生的認知能力、操作能力和創新能力。

此外，還應該對考試模式進行改革，不斷研究新課程體系、新教學模式下的考試方式、方法。例如，對學生的基本知識和軟件操作與應用能力分別進行考查，再配合學生模擬實戰的效果來評定學生最終的成績。

三、國際金融課程教學改革的建議與思考

通過分析問卷調查結果和理清國際金融課程改革的總體思路，我們發現，適應新的教學理念，強化理論教學和實踐教學相輔並行的專業核心課程的教學改革勢在必行。在此，筆者根據數年任教國際金融課程的經驗，提出國際金融課程教學改革措施的若干建議。

1. 加強國際金融實驗課程建設，處理好理論教學與實驗教學的關係

鑒於國際金融課程改革的思路，教師在制定教學計劃的時候就應該在課時方面做到合理分配理論教學和實驗教學的時間。針對以往重視傳統理論灌輸而忽略了實踐操作的情況，教師應該在長學期的教學過程中增加實驗教學的課時數甚至專門開設對應的實驗課，做到實驗和理論的高度有機融合。在小學期，教師則應注重對學生綜合能力的培訓，通過具體案例的理論和實踐分析，撰寫出規範的學術報告。同時，教師要注意自己開設的實驗內容既要和現實生活中真實的外匯買賣、期權期貨交易等配套吻合，又要盡量保持整個實驗環節自成體系，使得整個國際金融理論和實驗內容能夠構成一個完整的體系。

2. 積極推進國際金融實驗教學，增加教學實踐和模擬競賽環節

國際金融實驗教學應主要採用軟件工具對學生進行培訓，以此培養學生的實際操作和辦理業務流程的能力，讓他們最終可以將金融知識和思維應用於實際問題。目前在高校中使用較多的是世華軟件，其分為世華模擬交易系統、世華財務分析和世華財訊三大部分。其中，應該重點培訓學生掌握世華模擬交易系統，因為它包括了國際金融的重難點內容——外匯模擬和期貨模擬操作。學生可以通過軟件操作加深對金融概念和理論的理解，還能夠將實踐操作運用到今後的學習、工作中。特別是對畢業後從事金融業工作的同學而言，該系統的幫助極大。同時，這種普及面廣泛、操作簡單容易上手的軟件，可以深化和全面化教學內容，將教師和學生都從枯燥的理論知識中解脫出來，大大促進了教學效果的提高。除了在平時教學過程中進行軟件培訓外，還應該在小學期對學生分組進行綜合培訓並舉辦模擬比賽，為每年世華財訊主辦的全國大學生金融投資模擬交易大賽做準備。這樣，不僅大大鍛煉了學生綜合運用理論和實驗知識進行具體問題分析和解決的

能力，也與學校大力提倡的鼓勵學生參加各種學科競賽的理念相吻合，還將整個教學過程貫穿兩個大學期和一個小學期。

3. 改革考試方式，完善考核內容

國際金融課程的考核一直採用期終集中閉卷筆試的方式，這種考核方式過於單一，存在著不少缺陷。有些學生在平時課堂教學過程中不專心，到了期末則突擊過關。這種考核方式與學校提倡的應用型人才的培養目標不相適應。因此，高校需要對國際金融的考核方式和內容進行改革和完善，改變傳統的理論考試模式，實施綜合評價制度，並注重實踐能力的考核。筆者建議學生最終的成績應由三部分構成。一是理論成績，主要考核學生掌握金融基本概念和理論的情況，其占總成績的30%為宜。二是實驗成績，主要考核學生利用世華模擬交易系統和理論課知識處理實際業務和解決實際問題的能力，其占總成績的55%為宜。三是平時成績，此項根據學生平時的學習態度、課堂表現和完成作業情況等進行綜合評定，占總成績的15%為宜。此外，從培養學生的職業能力、職業道德及可持續發展能力的標準出發，可把在小學期中參加相應學科競賽作為考核的內容之一，鼓勵學生積極組隊參與，並將此作為學生課程成績的額外加分項。

4. 轉變教師角色，提高教師自身素質

教師在教學中起著主導作用，教師的綜合素質與國際金融的教學質量直接相關。教師的專業知識、基礎理論水平、對金融軟件的掌握程度及科研能力等都將直接影響國際金融課程的教學質量。在教學過程中，教師的觀念要發生根本的轉變，要從傳統的「教」師變為「導」師，引導學生自發樹立明確的學習目標，調動學生積極主動學習的興趣，這樣化被動為主動，才能達到較好的教學效果。隨著國際形勢的變化和國內市場經濟的不斷發展，國際金融所包含的內容也不斷地增多。為此，國際金融課程的深度與難度不斷增加，這對國際金融任課教師來說是一項嚴峻的挑戰。國際金融任課教師應加強學習，不斷完善自己的知識體系，提高自己的業務水平。同時，教師還需要不斷進行軟件知識的更新，提高計算機操作水平、軟件應用能力以及外語水平，以應對挑戰。此外，教師還要和外校教授相關課程的教師多聯繫多交流，吸收教學的新理念、新方法。教師只有不斷地提高自己，更新自己的知識體系，轉變自己的授課方式，才能調動學生學習的積極性，才能熟練應用相應的軟件進行課程教學，才能在學生有所疑惑時進行正確、全面的解答。

在「2+1」學制下，通過教學改革和實踐，有望得出一套國際金融課程的新體系、新教學模式和考核方案，使學生在這一方案的培養下，能夠掌握國際金融基本知識、基本思想和基本技能，具備借助計算機軟件應用國際金融理論的能力，激活學生自主探究國際金融知識的慾望，最終達到加強教學研究、深化教學改革、提高教學質量的目的。

參考文獻:

[1] 周國平. 周國平論教育 [M]. 上海: 華東師範大學出版社, 2009.

[2] 姜波克. 國際金融新編 [M]. 5版. 上海: 復旦大學出版社, 2012.

[3] 金仁淑. 信息化時代高校「國際金融」教學改革探微 [J]. 黑龍江高教研究, 2007 (11): 164-166.

「互聯網+」背景下的「服務營銷學」教學改革研究

高文香

摘要：知識經濟時代，服務營銷成為中國市場營銷的主流。隨著互聯網的迅速發展，服務營銷面臨著劇烈的變化。本文分析了「互聯網+」背景下「服務營銷」課程教學改革的必要性和教學中存在的問題，並在課程教學目標、教學內容、教學方式、考核方式方面提出了具體的改革對策，希望能適應社會的變革，培養出符合時代要求的服務營銷人才。

關鍵詞：互聯網+；服務營銷；教學改革

21世紀是知識經濟時代，優質服務成為吸引顧客、提升產品價值、提高顧客忠誠度的競爭武器，企業日益重視服務營銷。如今，互聯網不僅對人們的生活方式產生了深遠的影響，對服務營銷的思維和營銷手段等也產生了革命性的影響。與此相適應，企業服務營銷的生產體系、供應體系、銷售體系、支付體系等都發生了急遽的變化。同時，互聯網與教育教學也不斷融合，微課、慕課和翻轉課堂等數字化教育席捲全球。因此，在「互聯網+」背景下，高校教育需要順應時代趨勢，服務營銷也應該不斷對課程的培養目標、教學內容、教學方式、考核方式等進行優化與整合。

一、「互聯網+」背景下服務營銷教學改革的必要性

（一）「互聯網+」改寫了服務營銷的教學內容

服務營銷是指企業在充分認識消費者需求的前提下，在營銷過程中進行服務設計、服務質量管理、服務傳遞、服務有形展示、內部管理等活動，以期更好地滿足消費者的需求。在「互聯網+」背景下，網絡的普及以及各種軟件、系統和數據庫的開發使得服務營銷的內容和手段面臨新的變化。互聯網對服務營銷的影響見表1。

表 1 互聯網對服務營銷的影響

		傳統的服務營銷	「互聯網+」背景下的服務營銷
價格		流通成本、經營成本和宣傳費用都高導致價格高	網絡的出現有效減少了交易環節，降低了經營成本、宣傳成本和服務成本，價格更低
		價格信息不透明	比價軟件使得價格透明化，低價成為重要的競爭力
渠道		線下銷售制約銷售服務的範圍	線上銷售的增加，擴大了銷售服務的範圍
		交易環節多：企業→批發商→分銷商→用戶	通過網站、代理渠道、加盟商外第三方商城平臺、自建PC商城、微信商城、APP商城、電子採購平臺進行銷售，渠道更加扁平化
		渠道主要起著銷售、服務作用	渠道具有銷售與宣傳的雙重功能
			門店網點具有新型能力，即成為銷售供應中心、體驗中心、配送中心、服務中心
		渠道成員關係松散	渠道關聯性更強，表現為線上與線下、上游與下游、內部與外部
促銷		人員推銷	獲取信息更加便捷，人員推銷作用降低
		廣告「狂轟濫炸」	廣告精準制導，大大降低成本
			口碑空前重要，廣告的關鍵是找到核心精準的族群
			傳統媒體和數字化媒體融合，論壇、微博、微信、博客、SNS社區成為廣告媒介
		公共關係	公關效果通過互聯網擴散更快、更廣
			粉絲、發燒友會、社群會有意想不到的影響力
		銷售促進	互聯網的便利性和易進入性，使促銷方式多樣化，如新增了團購、微信紅包、二維碼掃描、電子優惠券、粉絲卡、搶單等方式

表1(續)

		傳統的服務營銷	「互聯網+」背景下的服務營銷
過程	服務流程		客戶關係、供應體系和財務體系一體化，服務更加便利
			服務過程變得更加標準化、規範化
			多用戶入口，實現統一互動，統一受理業務、理智反饋
			自助查詢、網上交易、信息互動使得服務回應快速，並實現了服務的互動化、智能化、信息化、便捷化、高效化
			訂單、客戶、商品、價格、庫存信息自動生成全網客戶數據，可以及時調整供應與需求
	顧客參與		終端用戶變得重要，服務向自助型轉變，顧客變成業餘「雇員」
			建立會員體系，顧客互動加強
			度身定做節省服務的流程
	服務內部管理		互聯網技術使得內部的監控、消費過程更加透明，實現了系統內的精細化管理
	質量控制		科技的發展使得部分服務人員被替代，可實現部分服務標準化
			消費者通過互聯網對各項服務進行監督和評價，且評價的內容可以進行分享，對服務質量有控制監督作用
人	服務提供者		軟件、系統、機器人等互聯網技術服務加入，提高了服務人員的工作效率
			大數據分析可實現精準化營銷，提供更加適合的產品組合，使產品與服務深入用戶內心
			利用CRM管理平臺，根據客戶的銷售機會進行跟進
	顧客		產品需求從B2C向C2B模式轉變
			用戶被拉入整個供應體系，用戶參與產品的設計與創新
有形展示		服務產品有形展示途徑少，感知性低	大量商品信息數據、顧客評論可以提高服務的感知性
			顧客通過現場直播、圖片、視頻、三維仿真模擬可以感知服務過程和效果

(二)「互聯網+」為服務營銷教學方式提供新的機遇

傳統的教學方式以教師為主體，並且教學時間、教學場所相對固定。然而，隨著互聯網技術的發展，新的教學方式不斷出現，傳統教育煥發新的活力。就服務營銷課程教學而言，「互聯網+」提供了更多的資源和立體化的教學方式，改善

了師生的互動。一是提供了更加豐富的教學資源，可以足不出戶共享世界範圍內的名校、名師的課程教育資源。目前，通過互聯網可以搜索到包括東北財大、復旦大學在內的 21 個院校和平臺推出的服務營銷精品課程，其中包括浙江大學、世界大學城和廣東培訓學員提供的 8 個服務營銷課程視頻和北京師範大學提供的服務營銷的互聯網課程。二是提供了更加生動有趣的教學方式。互聯網上有海量的服務營銷相關視頻、案例，這些網絡素材多是專業團隊精心製作的，不僅生動有趣，還寓教於樂，教學效果好。三是教學更加人性化，避免了整齊劃一的教學方式，給予了學生更多的選擇權與決定權，允許他們在各種環境下利用碎片化時間進行學習。四是增加了師生之間的互動，老師和學生都可以將服務營銷相關的資料、學習心得通過 QQ、微信進行分享，師生也可以通過網絡技術等進行即時溝通。

（三）「互聯網+」對服務營銷人才提出更高的要求

「互聯網+」背景下，企業需要更多的新型服務營銷崗位，對服務營銷人才提出了更高的要求。首先，企業更加強調以在線方式服務顧客，並借助網絡強化與顧客的互動，提高顧客的忠誠度。因此，服務營銷人員就需要具有「互聯網+」的思維，即體驗思維、電商服務思維、關聯思維和定量思維。其次，互聯網新型理論突破傳統的服務營銷組合策略，需要利用現有資源，採取各種有效的方法和手段與顧客建立關聯、改善顧客體驗、提高市場反應速度、建立顧客關係，以獲取回報。因此，服務營銷人才需要具有互聯網操作技能，如會用大型數據挖掘分析技術，會用微博、微信等社交媒介與客戶溝通，會用 CRM 進行客戶管理，深諳線上與線下的有機融合，還能巧妙運用數字營銷進行宣傳。最後，互聯網時代日新月異，服務營銷人才需要具有較強的創新能力和創業能力。

二、「互聯網+」背景下服務營銷教學中存在的問題

（一）服務營銷教材內容跟不上互聯網的發展與變化

互聯網的發展、大數據的應用使得企業服務營銷的理念、營銷手段和方式都發生了顯著變化，而目前服務營銷教材卻沒有與時俱進，教材的內容沒有得到及時更新。如服務營銷教材仍以十年前的老版本居多，其教學內容比較陳舊，新出版的服務營銷教材對新的服務營銷模式和服務營銷手段變化也少有涉及。微博營銷、微信營銷、數字媒體、網絡支付、「水軍」等幾乎在服務營銷教材中找不到。如果教師不樹立正確的教材觀，授課內容過分依賴教材，學生只能學到傳統的服務營銷知識，而不瞭解新時代下的服務營銷新思維、新方法、新手段、新工具，到社會上工作時就會捉襟見肘。

（二）服務營銷教學中對互聯網等技術利用不足，對教學效果幫助不大

目前，服務營銷教學對互聯網技術的應用主要體現在多媒體教學上，部分老師會利用網絡答疑來實現師生互動。總體而言，服務營銷教學中對互聯網技術的運用不足，影響了學生的學習興趣和教學效果。首先，教師沒有充分利用網絡上海量、立體和有趣的精品課程、視頻、案例等教學資源來豐富服務營銷的教學內

容，未能開闊學生視野、提高學生的學習興趣。其次，教師不運用新型的教學方法與手段，還是採取填鴨式、灌輸式的教學，師生之間缺乏互動，學生知識也難以內化。最後，服務營銷教學方式仍以教師為中心，較少運用互聯網教學的場景化、碎片化特點讓學生自主學習和主動學習，沒有學習能力的學生也難以適應瞬息萬變的互聯網時代。

（三）服務營銷課程培養目標適應不了社會需求

互聯網時代，企業呼喚對具有互聯網思維能力、操作能力、創業能力的服務營銷人才，而目前高校服務營銷教學中存在一些問題，致使培養出來的大學生缺少基本職業規範素養，不能勝任工作崗位要求，也滿足不了互聯網時代下對服務營銷人才的要求。究其原因不外乎：①缺少與互聯網融合的教材，沒有形成與時俱進的立體化教學資源；②教師對「互聯網+」服務營銷的理解不準確、不完整，對學生在服務營銷思維、營銷模式與手段認識上引導不夠；③實踐教學過程中缺乏系統方案，學生的互聯網操作能力和創新能力有待加強；④教學中互聯網技術應用不足，枯燥的課堂教學對教學綜合質量和效率的提高幫助不大，培養目標無法有效實現。

三、「互聯網+」背景下服務營銷的教學改革策略

（一）調整課程培養目標，滿足互聯網時代對服務營銷人才的需求

高校人才培養的目標與重點是滿足社會人才需求，因此應該對「互聯網+」背景下的企業對服務營銷人才的要求進行深入全面的調查，根據時代的變化和企業對服務營銷崗位的要求來設定服務營銷課程的培養目標。教師應在課程教學中有計劃地傳授服務營銷的新理論、新知識、新方法，並將新的服務營銷理論知識引入學生課堂，如客戶生態價值鏈、數據分析、服務流程設計、網絡調查、網絡策劃、微博營銷等知識，不斷將書本知識轉化為現實社會中的知識。在實踐上，教師應加強互聯網化的服務技能培訓，如運用微博、微信、QQ等與客戶溝通，在網上進行宣傳推廣，學會網上開店等。最重要的是要培養學生的互聯網思維、電商思維。

（二）適應互聯網時代，加強服務營銷的課程內容建設

教師應樹立正確的教材觀，運用多種方法解決教材陳舊的問題，加強課程內容建設。在教材方式上，教師應以傳統紙質教材為基礎，利用更多的現代化信息互聯網資源，構建多層次、多媒介、多形態、多層次的教學資源，如紙質教材、網絡課程、網上的PPT、試題庫、案例庫、網絡視頻、網絡教學遊戲等；在課程內容更新上，教師需要密切關注國內外有關服務營銷的理論前沿，準確理解後將服務營銷的變化加入課程教學內容，如服務營銷思維的新變化、營運手段新變化、營銷手段新變化等。教師可以以天貓、京東、聚美優品、共享單車等電商企業、互聯網企業為案例。

（三）充分利用互聯網教育機遇，進行服務營銷混合式教學

1. 傳統課堂、微課和慕課相結合，豐富服務營銷的教學資源

開放性是互聯網數字化教育的最大優勢，服務營銷教學除了利用傳統的線下教學方式，也可以利用慕課和翻轉課堂等線上教學方式來改變傳統教學的弊端，有效提高學生興趣，滿足學生個性化、自主化學習的需求。學生在興趣、就業、能力等方面是有差異的，服務營銷可以允許學生根據自身情況自行選擇國內外的服務營銷、電信服務營銷、酒店服務營銷、銀行服務營銷等互聯網課程、微課程進行學習，只要學生能夠完成相關課程考核，都可以獲得課程分。若學生在學習服務營銷外還選擇相關網絡課程學習，也可以獲得一定的課程加分。此外，應鼓勵學生利用互聯網去搜集國內外服務營銷的相關案例、有趣視頻、試題庫、小游戲等，鼓勵學生在課堂上利用手機搜集相關知識點，消化未理解的知識。

2. 利用互聯網技術，進行系統化的實踐教學

可以利用開放的互聯網技術資源構建實戰性的實訓教學平臺。利用互聯網進行網絡調研、網上策劃、網上設計、網上促銷，提高學生利用互聯網的能力，加深其對互聯網背景下企業營銷新變化的理解；扮作顧客深入企業服務營銷，比較實體與網絡服務營銷的差別與聯繫；作為服務人員參與互聯網服務營銷，具體深入的服務營銷實踐對學生能力提升有很大的幫助；可以鼓勵學生參加一些微商、電商等方面的創業，培養其互聯網背景下的創新創業能力。

3. 利用互聯網化的教學平臺，加強師生互動交流

高校要突破書本、教室、時間的局限，增加互聯網化教學平臺，讓師生交流更加暢通。如將所授課程服務營銷的教學內容做成PPT，將學生需要閱讀的相關資料、案例錄像放在互聯網平臺上，讓學生自主選擇互聯網終端進行學習；教師和學生利用互聯網的交互功能開展各種交流活動，如師生利用微博、微信和QQ群進行網絡討論，學生進行在線求助；鼓勵學生自我學習的同時，鼓勵學生間的分享，學生可以將自己接觸到的知識信息、所參與的實踐、自身的心得體會通過微信和QQ群連結進行共享。

（四）考核方式更加多元化

為了適應主動化、個性化和互動化的教學，應呼喚更加多元化和有效的考核方式。一方面，教師要考核結果和過程，考核學生參與微課、微作業、微答疑、課堂研討與分享的頻率和質量。另一方面，考核也應靈活，如學生通過在線課程考試就可以免修該課程，到電商企業參加實習或在互聯網創新創業大賽中獲獎可獲得加分獎勵；網上開設淘寶店或做微商的同學，如果營銷業績達到要求可以獲得創業學分。考核還可以更加有趣，如參照游戲的通關模式將每個章節的內容分為若干個模塊，然後為每個模塊設立績效值（達到銷售額、市場佔有率等），學生只有通關成功上一模塊才可以順利進入下一模塊的學習。如果沒有達到目標，學生需要重新學習；如果重新學習還沒有通過考核，學生只能選擇下一學期重新學習。

參考文獻：

［1］廖波，黃政武.基於信息化環境下高職高專市場營銷專業教學模式探索［J］.大學教育，2014（1）：118-120.

［2］吳泉利.高職院校市場營銷課程教學策略探討［J］.教法展臺，2014（26）：67-70.

［3］楊興華，李剛.「互聯網+」背景下「市場營銷學」教學改革探索［J］.當代教育實踐與教學研究，2015（2）：228-229.

［4］孫智.基於互聯網發展現狀的「市場營銷」課程改革探析［J］.遼寧農業職業技術學院學報，2016（1）：21-22.

［5］胡春森.移動互聯網下的市場營銷高等職業教育研究［J］.當代經濟，2016（18）：54-56.

「稅務會計與稅務籌劃」課程教學模式與方法改革的探討

張豔莉

摘要:「稅務會計與稅務籌劃」是應時代發展需求而從「財務會計」中分離出來的一門獨立課程,其對培養涉稅人才具有非常重要的意義。但是,目前稅務會計與稅務籌劃課程教學中存在諸多問題,制約了課程重要性的發揮,亟須改革。本文探討了稅務會計與稅務籌劃課程教學模式與方法改革的內容,分析了課程改革中存在的問題,提出瞭解決改革中存在問題的對策,並總結了改革的預期成效。

關鍵詞:稅務會計與稅務籌劃;教學模式;教學方法;考核方式

一、研究背景

稅務會計與稅務籌劃是適應社會發展和納稅人經營管理的需要,從財務會計中分離出來的,將會計的基本理論、基本方法同納稅活動相結合而形成的一門新興的邊緣學科,是融稅收法規和會計核算於一體的一門專業會計,是稅務中的會計,會計中的稅務。稅務會計與稅務籌劃是高校會計學本科專業繼財務會計、財務管理、稅法等會計專業課程之後開設的一門後續專業必修課程。

通過稅務會計與稅務籌劃課程的學習,學生應瞭解與中國市場經濟改革和建設相適應的最新的稅務法規、財務政策、制度和學科發展的新理論與新思想,掌握涉稅業務會計處理的基本理論、基本方法和稅務籌劃的基本理論、基本實務及其基本技能,培養和提高自己的法治觀念和依法納稅意識,知道如何站在企業戰略的高度去從事稅務會計處理及其稅務籌劃活動,真正成為具有實際應戰能力的專業人才。因此,本課程對培養涉稅人才具有非常重要的現實意義。但是,目前稅務會計與稅務籌劃課程教學中存在諸多問題,制約了課程重要性的發揮,亟須改革。本文主要對本課程教學模式與方法的改革進行了探討。

二、課程改革的主要內容

總結多年高校會計教學工作的經驗,筆者認為稅務會計與稅務籌劃課程教學

模式與方法改革的主要內容應包括教學內容、教學方法和組織形式、現代教育技術運用、考核方式等。

(一) 教學內容的改革

根據現階段人才培養的要求，在課程教學中，應改變傳統的以理論發展脈絡為主導的課程內容結構，堅持理論與實踐相結合、與企業需求相一致的原則，對課程的內容進行重新整合，將課程分解為兩個板塊（稅務會計和稅務籌劃）、三個專題（流轉稅會計、所得稅會計、稅務籌劃）來構建課程內容體系。本課程主要應介紹流轉稅（包括增值稅、消費稅及營業稅）會計和所得稅（企業所得稅、個人所得稅）會計的計算及其會計處理，稅務籌劃的理論、技術及常見稅種的稅務籌劃方法。

(二) 教學方法和組織形式的改革

教學方法和組織形式的改革是本課程改革的重點。教師在向學生傳授課程理論知識的同時應更加注重實踐能力和綜合能力的培養，在教學中採取講授教學法、案例教學法、互動教學法等多種方法相結合的形式組織教學，引導學生理解和掌握稅務會計與稅務籌劃的基本理論、基本溝通技能與方法，提高學生的實際應用能力。

1. 講授教學法

在教學中，教師應根據教材內容，簡化理論教學內容，主要講解稅務會計和稅務籌劃各部分內容的教學難點、重點和基本的技能技巧。

2. 案例教學法

根據稅務會計和稅務籌劃課程的特點，教師應結合學生和企業的實際情況，廣泛收集企業稅務會計與稅務籌劃的典型案例，通過分析企業進行涉稅事項處理和稅務籌劃成功與失敗的原因和結果，增強學生的感性認識，引導學生關注、思考企業和現實生活中的稅收問題，拓寬學生的視野，培養和提高學生的法治觀念和依法納稅意識。

3. 互動教學法

將學生分成若干小組，以小組為單位通過網絡資源和深入企業、社會進行實地調查，收集案例、分析案例、講解案例，充分調動學生的學習主動性，培養和提高學生的團隊合作意識、溝通協調能力、語言表達能力以及發現問題、分析問題和解決問題等各方面的綜合能力，讓學生在實戰中增強自己的實踐能力和專業興趣。同時，在教學中，應充分發揮教師的引導作用，做好事前引導、事中現場控制和事後總結，使教師和學生成為真正意義上的學習共同體，從而達到教學相長。

(三) 現代教育技術的運用

1. 充分運用多媒體技術

多媒體技術的運用使得課堂變得有聲有色。教師通常可以通過運用多媒體技術創設一個生動有趣的教學情境，通過圖片和聲音將學生帶入一種學習的氛圍，提高學生的學習興趣。

2. 充分利用網絡資源

教師可以利用網絡資源收集企業稅務會計與稅務籌劃的典型案例；引導學生

利用網絡資源自主學習，利用網絡進行問卷調查；將大量的案例、調查報告做成 Word 文檔和 PPT，補充課程教學資源；引導學生深入企業、社會進行實地調查，參與案例的收集、討論、分析等，補充課堂教學，拓展課程內容，推動理論與實踐的接軌。

（四）考核方式改革

高校應根據培養應用型人才教學目標的要求，改革傳統的考試方式。本課程採取技能考核方式，取消傳統的閉卷考試，代之以平時考勤、案例收集和分析、調查報告以及課程總結四個考試模塊。具體的考試改革措施如下：

1. 平時考勤

以課堂考勤和平時作業為依據，主要考查學生的學習態度。平時考勤成績占課程總成績的 10%。

2. 案例收集和分析

將學生分成若干小組，以小組為單位，收集案例，以收集案例的質量、Word 文檔和 PPT 的製作、分析講解案例的正確性、語言表達等為依據，主要考核學生的專業素質和綜合能力。案例收集和分析成績占課程總成績的 40%。

3. 調查報告

將學生分成若干小組，以調查報告的背景、問卷的設計、調查分析、撰寫的調查報告為依據，檢驗學生學習的主動性、積極性、團隊合作意識、溝通協調能力，以及發現問題、分析問題、解決問題等全方位的綜合能力。調查報告成績占課程總成績的 40%。

4. 課程總結

以期末學生個人撰寫的課程總結為依據，檢查學生對本課程改革的認可度、學生的學習收穫、學生發現課程改革中存在問題的深度以及是否提出改進建議等。課程總結成績占課程總成績的 10%。

三、改革的預期成效

通過本課程的改革，預計可能達到的成效主要包括：解決該門課程在以往教學中存在的問題；學生的學習收穫；顯性的成果，如案例庫、習題庫、網絡課程教學平臺等課程教學資源、教研論文等。

（一）解決以往教學中存在的問題

1. 教學方法的改變

變傳統單一的講授教學法為講授教學法、案例教學法、互動教學法等多種方法相結合的教學方法，變教師灌輸式教學為師生互動式教學。

2. 學習模式的轉變

變以教師為中心、以書本為中心、以考試為最終目的的學生被動學習模式為以教師為引導、以書本為基礎、以考核為手段、師生互動的主動學習模式，提高學生學習的主動性和積極性。

3. 理論與實際相結合

將課堂理論教學與問卷調查、實際案例的收集、分析和講解、企業實際相結合，拓展學生實踐的空間，增強學生的感知能力、動手能力以及發現問題、分析問題和解決問題的能力。

4. 培養學生的團隊合作意識和溝通協調能力

將學生劃分為若干小組，進行案例的收集、討論、分析、講解等，培養學生的團隊合作意識、溝通協調能力和語言表達能力，以團隊的力量推動個人的學習。

(二) 改革的成果

1. 學生的學習收穫

提高了學生學習的主動性和積極性；培養了學生的團隊合作意識、溝通協調能力、語言表達能力以及發現問題、分析問題和解決問題的綜合能力；拓展了學生實踐的空間，增強了學生的感知能力、動手能力和理論聯繫實際的能力。

2. 顯性的成果

建立了課程教學案例庫；逐步完善了各項教學資源，包括理論教學大綱、教學計劃、教學課件、教案講義、案例庫等。

四、改革中可能存在的問題及其解決對策

(一) 改革開展的條件

為了保證稅務會計與稅務籌劃課程教學模式與方法改革的順利實施，一方面，學校和學院應該提供必要的課程改革政策支持和經費支持。另一方面，授課教師應在改革前將課程改革的整體方案告知學生，督促學生同老師密切配合，嚴格按照課程改革方案的要求做好課程改革的各項準備工作，在教學中穩步推進改革。

(二) 改革中可能存在的問題

1. 教學案例缺乏

本門課程的實戰性很強，需要大量的教學案例，而本課程在中國的發展時間不長，且目前各高校開設該門課程的時間也不長，案例資料、教材建設等還有待進一步完善。

2. 學時有限

本門課程的教學不僅包括稅法知識、稅務會計理論講解和案例解析，還包括稅務籌劃的理論講解和案例解析，同時還需要安排大量的時間用於模擬練習與考核，而各高校開設該門課程的總課時一般為 50 學時，這樣的課時安排難以保證教學時間的投入、教學內容的完成，在一定程度上影響了教學效果和改革方案的實施。

3. 教學設施和場地不足

本門課程與我們的生活息息相關，實用性很強，學生學習的積極性較高，學好這門課程有助於提高他們自身的專業素養、綜合能力和生活質量。目前高校一般都建有會計模擬實驗室、ERP 實驗室，但很少建立稅務會計和稅務籌劃實驗室，

學生缺乏模擬涉稅處理、溝通和深入企事業單位、機關團體進行模擬操作的教學設施和場地。

4. 學生的投入難以控制

學生對課程改革的認識程度、精力投入，各小組成員間分工合作的情況，學生對已有財務會計、稅法等會計專業知識的掌握情況以及相關知識在本課程中的應用情況，這些因素都難以控制。

(三) 解決課程改革中存在的問題的對策

1. 針對教學案例缺乏問題

一是充分利用網絡資源收集已有的案例；二是提高學生的學習積極性，增加學生的專業知識，使學生能夠主動到企業、事業單位去收集案例，主動觀察、收集生活中的涉稅事項，並將其整理成教學案例。

2. 針對學時問題

各高校在制定或修訂課程教學大綱時應充分考慮到當前本課程設計上存在的不合理，適當延長課程課時，以確保知識點的連貫、教學內容的完成和改革方案的實施，從而改善教學效果。

3. 針對教學設施和場地不足問題

借鑑已有的成功、專業的處理模式，如我校旅遊管理專業的教學模式，多與企事業單位、會計事務所溝通，建立校外實習基地，學生可以到實習基地去瞭解、調查與涉稅事項處理和稅務籌劃有關的內容。同時，校內還應建立稅務會計和稅務籌劃模擬實驗室，使學生可以利用實驗室進行涉稅事項處理和稅務籌劃。

4. 針對學生的投入問題

一是建議學校加強對學生的考試管理，端正學生的學習態度；二是通過對學生身邊實際涉稅案例的分析，提高學生學習本課程的興趣；三是教師通過有效的組織教學，鞏固學生的專業思想，提高學生主動學習的積極性，使學生能夠主動學習，主動完成課程改革的相關項目。

綜上所述，稅務會計與稅務籌劃課程教學模式與方法改革任務艱鉅，涉及課程教學中的方方面面，需要學校、教師、學生等各方面的密切配合，才能達到預期的改革效果。

參考文獻：

［1］吳文濤，等.「本科教學工程」背景下的高校教學教法改革與實踐［J］.教學研究，2013（1）.

［2］張豔莉.「稅務會計」教學改革探析［J］.現代教育，2011（8）.

［3］王紅.關於「稅務會計」課程教學改革的思考［J］.商場現代化，2013（25）.

「消費者行為學」課程教學改革探索
——基於學生個性化的思考

高文香

摘要：當前各大高校日益重視學生的素質培養，但卻因為在教學中沒有考慮學生興趣、能力及職業取向的不同，導致學生學習興趣普遍缺乏，學生能力的提高無法保證，學生職業能力沒有得到充分鍛煉。因此，大學教育應更新人才培養理念，以學生興趣、能力和應用為導向，以提高學生素質和增強學生職業能力為目標。本文以「消費者行為學」為例，對如何在教學觀念、教學方法和評價體系方面實現個性化教學進行了探討，以期在調動學生興趣的基礎上分層次提高學生的就業能力。

關鍵詞：差異；個性化；課程改革；消費者行為學

一、研究必要性

（一）社會發展的需要

21世紀是知識經濟和創造的世紀，綜合國力的競爭轉變為人才的競爭，而人才素質的關鍵在於人才的個性化。大學教育是培養學生個性和創新能力的重要陣地。由於傳統觀念的束縛，大學的課程設計、教學內容、教學方法和學生評價體系等沒有考慮學生的個性發展，導致我們輸出的人才數量可觀（特別是擴招後，各大高校源源不斷地輸出大量人才），但輸出的人才卻千篇一律、缺乏個性，這與時代精神不符，也會影響「科教興國」戰略的實施。因此，積極轉變教育觀念，培養獨具個性的大學生是中國教育所追求的目標之一，也是素質教育要求的內容。

（二）現代人關注自身的發展

隨著社會發展，人們自身的意識逐漸加強，現代人希望發展自身個性並能體現自身價值。年輕大學生的興趣、未來職業意願不同，同時他們的世界觀、理想、信念還沒有完全定型，符合他們年齡特徵和個性的大學教育將會促進他們個性的發展。特別是當大學生從繁重的學習任務中解脫出來後，他們迫切希望並且也有條件多方面地提高自身的素質。

（三）市場營銷職業能力要求

社會競爭日益激烈，大學生不光要有紮實的理論知識，更要具備創新能力，

即所謂的個性。市場營銷專業的學生需要創新性地運用新的營銷方式和營銷策略滿足不斷變化的市場情況，這意味著市場營銷專業的學生更需要具有個性。大學生對市場調查、電子商務、銷售和營銷策劃崗位的興趣不同，對行業的興趣和具備能力也不同，這意味著大學教學不僅要注重學生整體素質的提高，更需要根據學生的能力、興趣和職業取向的不同進行個性化教學，在培養學生創新能力、獨立思考能力、想像力、適應能力、靈活性、意志力等方面體現差異化，以解決大學生個性特徵不明顯的問題。

(四) 課程特點

對消費者行為的充分理解是制定市場營銷戰略的基礎，消費者對企業制定的營銷戰略的反應是該營銷戰略成敗的關鍵。因此，研究消費者購買行為形成、發展和變化的消費者行為學是市場營銷專業的核心主幹課程。該門課程不僅內容龐雜零散，融合了心理學、社會學、營銷學、經濟學等多學科內容，而且內容深奧難懂。課程性質決定了該門課程教學的關鍵是激發不同興趣、能力和職業取向的學生的學習興趣，並讓他們把深奧的理論與鮮活的實際聯繫起來，真正理解和掌握消費者行為學的內容。

二、個性教學的含義

(一) 個性教學的概念

學術界對個性有多種界定，筆者更認同個性是指人在先天因素的基礎上，在社會生活實踐中形成的相對穩定的心理特徵的總和。個性的獨特性、社會性和發展性要求教師不僅要尊重學生的興趣、能力、氣質、職業取向等個性差異，還要採用差異化的教學充分挖掘學生的潛能，促進其全面發展。教師在消費者行為學教學中，首先要承認和考慮學生個性的發展性，然後根據學生個性的某些特質將學生分為幾個群體，最後根據學生群體差異盡量做到因材施教，從而保證學生的全面發展，保持其獨特個性。

(二) 個性教學目標

個性教育的本質突出表現在重視學生的主動性、自覺性和超越性的培養上。教師應在這種教育思想的引導下，促進學生個性的充分發展，挖掘其內在潛質，讓其在多個教學環境中構建完善的自我並實現自我，最終實現學生個性的全面發展。

(三) 個性教學內容

個性教學就是更好地挖掘學生的內在潛能，並實現學生的全面發展。在教學目標上，教師要尊重和考慮學生包括能力、興趣、職業取向等在內的個性差異，並為他們的個性發展和成長提供機會；在教學安排上，教師要適應差異性的環境條件，構建相應的教學內容和評價體系；在教學形式上，教師要強調和尊重學生的個性特點，進行分組教學；教學評價方面，教師應盡量不做總結性、結果性的評價，而主要做一些及時性、診斷性的評價。

三、改進教學，促進學生個性發展

個性教學在消費者行為學中的運用就是尊重學生的主體地位，重視學生的個性差異，從教學中心、教學內容安排、教學方式方法、課程評價等方面提高學生的主動性和創造性，從而促進學生的全面和諧發展。

（一）以學生為主體，打造展現學生個性的環境

個性化教育最基本的理念是尊重學生的個性，這是由教育本質、人的地位和人的價值決定的。消費者行為學堅持讓學生成為教學活動中的主體。首先，教師要轉變傳統的教師、書本、課堂三中心的觀念，要意識到學生是教學中最重要的，如果學生不主動參與教學過程，再好的教學也無法實現培養目標。其次，不要過分強調師道尊嚴，應建立平等融洽的師生關係，教師視學生為朋友，鼓勵學生提出不同的意見與看法，對提出與眾不同的看法的學生進行鼓勵，對不太合情合理的想法不予打擊和嘲諷。教師應該寬容，鼓勵學生敢於表達個性、展現個人風采。最後，教師也不能「一言堂」「滿堂灌」，而應盡量將課堂時間交給學生，鼓勵他們以多種形式參與教學，如讓學生進行案例分析、情景表演、辯論等，真正讓學生成為教學的主體。

（二）尊重學生差異，調整教學內容

以往消費者行為學的教學內容過分拘泥於教學大綱，照搬西方的理論，而學生生活的環境與西方環境有很大差異，深奧陌生的理論制約了學生的積極性。因此，有必要瞭解學生的興趣和職業需要，對教學內容進行精選和調整，有效激發學生的興趣，喚起學生的自主性、創造性和能動性。總體上來說，應結合社會發展和學生興趣不斷更新教學內容，盡量選擇社會熱點以及有中國特色的、地方性的、貼近生活的內容（如團購、物物換購、網上購物、奢侈品消費、攀比消費、從眾消費、意見領袖、戀愛消費等）來增強課程的趣味性。具體的內容可以來源於經典案例，可以來自於社會熱點，還可以來源於小品和電影中的橋段。而在實踐教學中，教師應更多地考慮學生群體的差異，提供多樣化的內容供學生自行選擇，保證每個學生能夠參與進來，並找到自己的興趣所在。

（三）巧用教學方法，促進學生全面發展

大學生自主性、可塑性強，故創造性學習和自主性學習是當前教學的主旋律。消費者行為學不僅要做到給予性教學，更要合理利用各種教學方法對學生個性的各層面進行科學培養，促進學生更加全面、充分地發展。

1. 移情啓發教學，增強學生創新意識

消費者行為學具有交叉學科特點，教師需要採用啓發式教學方法，在講授知識的過程中巧妙地創設教學情境，進行開放性提問，引導學生站在多個學科的角度進行發散性的思考、想像。學生探究學習後給出各種答案，然後對各種答案進行比較鑑別，從中選優。這種教學方法是發散思維和集中思維的結合，學生不僅喜歡這種教學方法，而且從大膽探索中體會到學習的愉悅，開發了自己的創造力，

提高了自身的應變能力。

2. 案例教學，使學生靈活運用知識

消費者行為學的內容較為抽象，因此教學重點是增加學生的感性認識，案例教學便成了較為合適的教學方法。教師選擇實際的事例作為分析材料，讓學生利用所學的知識與方法對案例進行分析和探討，學生在相互討論的基礎上提出解決方案。對於個性教育中的案例教學來說，其實施的關鍵在於案例選擇和案例設計。在案例選擇上，教師要考慮學生的個性差異，最好準備不同行業、不同地域、不同規模、不同發展階段、不同難易程度的案例（這些案例最好是具體的，不建議採用虛擬的材料）來增加學生的感性認識。同時，在案例設計上，教師不僅要求學生聽，更要讓學生思考和討論，表達自己的分析和想法，這樣案例教學才會更有啟發性，學生才會在思考中深刻理解知識，並能做到活學活用。

3. 團隊「PK」，培養學生團結合作能力

在推進個性化教育的同時，絕不能忽視團隊精神的培養。讓學生既認清自己的地位，又看重同伴的價值，將自己的個性發展與同伴的合作結合起來，這樣才能促進學生走向成熟。團隊「PK」有助於學生團隊合作精神的培養。團隊「PK」就是學生可以根據研究主題自由組成一個5~6人的團隊，然後教師根據課程需要，不同小組根據自己的能力、興趣和職業取向選擇自己喜歡的研究主題，接下來團隊會根據各自成員的個性特點和興趣進行再分工，並在規定時間內完成研究主題，最後將研究成果通過生動的形式展示出來。在展示環節，小組可以選擇演講、情景表演、辯論賽等形式進行展示，並回答其他團隊提出的有關問題。對抗性強的團隊競賽可以淋灕盡致地展示每個團隊成員的特長，激發每個團隊的進取心、榮譽感和強烈的歸屬感，更有機會讓學生把個性發展與同伴合作緊密聯繫起來。

4. 情景教學，讓學生在體驗中提高感悟能力

消費者行為學作為一種研究消費者行為的工具性學科，涉及消費者決策過程、購買動機、消費環境、消費者態度、消費者理解等內容。這些內容在日常生活中隨處可見，但是學生缺乏專業的視角，很難將它們與消費者行為的知識聯繫起來。採用情景教學法就能很好解決這個問題。情景教學就是指教師模擬出日常的消費情景，讓學生分別扮演消費場景中的營銷者和消費者角色，然後要求學生處理情景中出現的各種有關消費的問題。在情景扮演中，學生需要賦予角色以個性，還需要發揮想像力預想各種問題，然後創新地處理問題。這大大激發了學生的參與興趣，培養了學生的創新能力，增加了學生交流學習的機會，並讓學生在體驗中加深了對知識的理解，在行動中學會了知識的靈活運用。

（四）科學評價，促進學生個性成長

以往閉卷考試「一錘定音」式的評價模式忽略了學生的成長過程，也不能真正反應學生應用知識的能力。消費者行為學將採用更加科學的評價手段，促進學生全面發展。

1. 關注過程，考核動態化

以往的消費者行為學以試卷定乾坤的評價模式，不能反應學生應用知識的能力，也不能反應學生的成長過程，因此需要發揮學生的主體地位，關注學生成長的過程，盡量將考核動態化。一方面，考核的動態化體現在考核的時間上。不要將考核時間集中在期末，而是要分散到平時的教學環節中，如學生的每次回答、每次表現、每次演示。另一方面，考核的動態化體現在考核方式上。不必以試卷定乾坤，多採用考試以外的方式進行考核，如營銷方案策劃大賽、市場分析、辯論賽、案例分析、情景表演等。動態化的考核方式有助於展現學生的個性，也能更加有效地激發學生的積極性、主動性和創造性。

2. 重視學生差異，讓評價成為促進手段

現在的學生的能力、興趣、職業取向都不盡相同，個性化教學可以體現在考核形式上。首先，教師可以列出幾種適合該課程的考核形式，然後讓學生自由選擇。其次，學生的興趣、知識背景、動機、氣質的不同使得市場分析、辯論賽、案例分析、情景表演等體現出來的學生想法是多種多樣的。教師應多鼓勵學生獨立思考，提出差異化的想法，而不要拘泥於標準答案。最後，轉變評價目的。教師在對學生進行評價時，最好不把評價作為一種終結性、結果性的檢測手段，而將學習評價作為一種即時性和診斷性的促進手段。當學生在實踐活動中表現得出色時，教師就對其進行表揚；當學生表現不盡人意時，教師要對其進行鼓勵，但也要巧妙點評，幫助其找到準確的方向。

參考文獻：

[1] 李春霞，常志慧. 創新教育視野中的學生觀 [J]. 安陽大學學報，2004 (6)：121-76.

[2] 張武升. 創造性思維與個性教學模式研究 [J]. 天津市教科院學報，2000 (5)：10-14.

[3] 方蔚瓊. 消費者行為學教學改革模式探索 [J]. 黃岡師範學院學報，2011（2）：145-147.

[4] 陳玉萍，伍金輝. 個性教學的基本理論與實施依據 [J]. 零陵學院學報，2003（7）：177-179.

[5] 於顯輝，徐長冬. 消費者行為學實踐性教學模式的構建 [J]. 黑龍江教育，2009（11）：85-86.

基於「創新思維訓練」課程改革的
教學模式與方法研究

楊小川

摘要：「創新思維訓練」課程是眾多高校新設課程之一。通過對課程設置背景以及課程模式中的課程目標、課程內容與結構、課程實施、課程評價進行分析，筆者建議可常用研討式、游戲式、項目實踐式、案例式教學方法等來改革訓練方式，達到增強學生創新意識，開拓學生創新思維的目的。

關鍵詞：創新思維；訓練；課程模式；教學方法

江澤民曾說：「創新是一個民族的靈魂，是一個國家興旺發達的不竭動力。創新的關鍵在人才，人才的成長靠教育。」由此可見，教育對國家和民族非常重要，在高校中進行創新教育更是必不可少。為了提高學生綜合素質，各大高校紛紛進行課程改革和教學改革。課程模式與教學方法研究是當今教育教學改革的一個綜合性課題，也是當代教育科學研究的主要目標之一。目前，包括樂山師範學院在內的部分高校已經專門開設創新思維訓練課程，專門教授創新思維理論，培養學生的創新意識。如何科學設置課程模式，匹配合理教學方法，引導學生掌握必要的創新思維理論知識和進行初步的創新思維訓練，值得我們深入探討。

一、創新思維訓練課程設置背景

思維有多種形式，譬如抽象思維、概念思維、邏輯思維、形象思維、社會思維、反向思維等。創新思維是其中的一種。相對於傳統性思維而言，創新思維具有開創意義，是一種運用新的認識方法，創造新的認識領域，開創新的認識成果的思維活動。它不受現成的常規思路的約束，是一個尋求對問題進行全新的、獨特性的解答的思維過程。

對在校大學生而言，學習各種知識是很重要的，但在就學期間建構好自己的思維方式，並且具備知識創新能力卻更為重要。中國之所以跟西方發達國家還有差距，科技實力還落後一截，除了經濟方面的原因外，最直接的原因是我們的教育普遍嚴重地忽視了對學生的理論思維能力的培養，沒有重視學生的創新精神

目前，教育界針對教學體制、課程體系、學科專業、教學模式、實驗和實踐教學等有關如何創新的研究頗多，但是存在研究中各自為政的分裂式缺陷。大多數創新思維訓練都放在了企業培訓中，很少有學校能直接開設創新思維訓練課程。

為適應不同專業學生的需求，順應教育改革潮流，四川樂山師範學院旅經學院在管理類相關專業新的培養方案中，新開設了創新思維訓練課程。開設該課程的目的是讓經管類專業學生在學習和訓練後能提高創新意識。該課程試點成功後可在全校進行推廣，引入大學生校選課，作為「大學生創新性試驗」「大學生創業創新訓練計劃」「挑戰杯創業計劃大賽」等實驗實踐課題發展的重要基礎，全面提升全校大學生創新意識和創新能力。經過兩年的實踐，在學校「教學模式與方法改革」「課程考核改革」課題立項的支撐下以及學生的積極配合下，該課程的開設取得了不錯的效果。

二、創新思維訓練課程模式

課程模式是選擇教學方法的重要依據，需要按照一定的課程思想和理論以及學生的年齡特徵和學科發展狀況，對課程目標、課程內容、課程結構、課程實施、課程評價做出簡要概括，為教學實踐提供一種可選擇的形式系統。創新思維訓練課程在整個高校教育體系中屬於嘗試性試點課程，在教學目標、內容、結構、實施以及評價上均處於摸索階段。

（一）課程目標

課程目標是教學模式中教學目標制定的依據，是教學目標的具體化，也是課程的具體價值和任務目標，是對教育方針和教育目的的反應。創新思維訓練課程的目標是通過理論學習、創新性案例分析、創造性思維實例訓練和創造性道具訓練，瞭解思維和創新思維的內涵以及影響創新思維的積極和消極因素，熟練掌握一些經典、實用、有效的思維方法的運用。要通過常見思維中準備階段、醞釀階段、明朗階段和驗證階段的過程體驗，逐漸突破學生創新思維的障礙，走出創新思維的誤區，增強學生的自我創新意識，提升其創新能力。

（二）課程內容與結構

課程結構決定課程內容。由於創新思維訓練課程不僅要為不同專業學生在專業學習和以後的工作中提高創新能力服務，又要為所有學生拓展思維打下基礎，所以該課程結構包括兩個部分。第一是創新和創新思維基礎知識，第二是專業創新思維訓練。

基礎知識主要來源於教材。該部分內容要充分考慮各門學科知識的系統性，使教師與學生明確教與學的內容，注重學科體系。

創新思維訓練部分則需要強調學生結合專業的學習質量，將創新相關知識、技能、能力和態度轉化為學習和工作過程中具體、特定的行為，即工作任務。

課程內容選取有兩種取向：一是課程內容即教材，將課程重點放在教材上；二是課程內容即學習經驗。後者強調學生的學習質量受學生自身支配，課程開發

者很難完全知曉學生的學習質量，同時難以根據學生學習所得經驗選取課程內容。在選取課程內容時，應依據課程目標、教學目標、工作過程、工作任務和素質能力標準，形成素質與能力結合的本專業職業崗位項目化課程，體現學生素質、能力、職業和實踐特性。在整個學習內容中，要體現出素質與能力本位、知識實用原則，以素質和能力為主線，梳理出能力所需的知識和素養，將整個課程體系分解為素質能力基礎、素質能力支撐、素質能力拓展等課程內容，並進行組織和安排。

(三) 課程實施

樂山師範學院的創新思維訓練課程首先在市場營銷專業進行試點，每週2學時，1個學分，所以在課程實施中必須結合市場營銷專業學生專業背景、將來就業需要的創新思維能力以及學時限制來進行操作。為使課程實施更完整，應將整個課程內容分為五個部分。

第一部分，理論教學。用20%的時間進行一些創新思維理論的講解，沒有理論就沒有後續訓練的支撐。理論部分主要講解創新及創新思維概念、創新必要性和重要性、創新思維誤區和障礙、創新條件和特徵、創新分類、創新技法、創新模式和定律、創新心理、最新創新理論、創新思維方法等。由於該門課程內容多、時間緊，學生需要在自行學習和查閱資料的基礎上進行知識的掌握。在理論學習期間，要將學生按照自願原則分成幾個小組，每個組通過利用網絡以及查閱圖書館的書籍等方式來豐富自己的資源。教師按照課程教學計劃內容的要求，設計不同的創新思維訓練方式，每個組訓練模式不得重複，且該訓練要求所有同學參與。

第二部分，創新案例分析。該部分利用10%的時間，由教師收集經典創新案例，引導學生從案例發生背景、創新實施條件、創新思維方法以及創新後達成效果等方面入手進行分析。該部分的重點是在學習的基礎上，引導學生思考，如讓學生換位思考，分析該企業在當下環境和條件下如何進行創新，並提出合理的建議。案例分析的目的不是讓學生單純學習，而是讓學生從「要我思考」轉換為「我要思考」，熟悉常見的創新思維模式，舉一反三。

第三部分，獨創創新模式訓練。該部分是整個課程的核心訓練內容之一，用時占比30%。訓練中，要讓學生借鑑曾經的成功案例，然後在指定的範圍內進行適當的創新。所謂獨創主要是體現在「差異性」上。每個小組的獨創訓練模式在開學時就基本確定，在學習理論知識後進行修正，並不斷完善。由於時間有限，每次訓練時間基本不超過一節課。多數小組採用游戲方式，以素質拓展思路進行訓練。第二節課由其他同學談自己的感受並進行點評，指出該訓練帶來的好處及存在的弊端，最後由教師來進行點評。每個組用自己獨有的眼光以及集體智慧來創設創新模式，完善自己的培訓項目，不同小組帶給其他同學不一樣的收穫。

第四部分，營銷創新策劃訓練。選擇營銷創新策劃訓練主要是因為試點班級為市場營銷專業，只有結合本專業進行思考才能獲得最大的收穫，有效提升專業素養。該部分訓練分組不變，時間占比30%，按照老師確定範圍要求完成跟市場

營銷相關的一些創新思維模式，如新產品開發、新產品上市策劃、節假日促銷策劃、廣告策劃、品牌策劃以及其他營銷策劃模式等。訓練的目的是使學生學習不脫離專業，具有一定目的性和針對性。在其他專業同學進行創新訓練模式選擇中，建議必須安排與專業相關的訓練題目，否則訓練會變得空洞虛無，降低學生參與興趣。整個策劃訓練需要製作 PPT 進行展示，展示內容在評價中占據相當的比重。

第五部分，總結。該部分包括對各個小組訓練項目的總結、對整個課程的總結、個人總結等。總結的範圍主要包括創新程度、個人和小組參與程度、存在不足和需要改進的地方、對本課程的建議等。各個小組的總結不能雷同，否則視為抄襲。整個總結時間占比 10%，不可或缺。

(四) 課程評價

在課程與教學改革中，包含著教學評價改革，因而強調要抓好教學評價改革是合情合理的。也就是說，課程與教學改革不能忽視教學評價機制的完善，它是改革的一個重要環節。在高校課程與教學改革中，教學評價常常處在一個尷尬的地位，扮演著一種矛盾的角色。為了提升教學質量，學校採取學生評教、同行評教、領導評教、學校督導評教四條線對教師教學進行評價。第一，學生擔心自己成績受到影響，所以在每個學期結束之前進行的學生評教顯得謹慎而小心，學生在評價時有所保留；第二，同行評價由於涉及面子問題，同時大家並沒有利益衝突，所以同行評價也普遍偏高，產儘評價的同行也知道教學的實際效果並非如此；第三，領導評價會影響到教師的職稱晉升、年度評優等，故領導評價存在「護犢子」的現象；第四，學校由督導小組不定期聽課做出評價，但是督導數量少，也不能完全反應出真實教學效果。由此可見，教學評價成了批判的焦點，似乎成了萬惡之源。但從另一個角度來看，它又是希望所在，是改革最後的救命稻草，不進行改革就不能真正推動教學質量的提升。

教學評價往往扮演著課程改革、教學改革的監督者、檢驗者的角色。任何改革都需要接受實踐的檢驗，而教學評價則是檢驗課程與教學改革成敗的重要方式。為了讓教學評價更加客觀有效，創新思維訓練課程獲得教學模式與方法改革校級立項，學校教務處授予教師對學生成績多元化評判的權力，同時整個教學改革成果也接受更多要素的評估。整個課程從四個方面、採用多元化評價模式進行評價。

第一方面是學生評教。學生評教從兩個方面進行，一是按照學校要求的教學系統評教，二是期末結束後學生進行總結。評價依據主要是教師教學態度、教學能力、教學組織、教學內容和結構、作業批改、教學思維和方法、最新知識掌握程度等。學生總結不僅要從學習本身出發，還要考慮自己參與訓練之後的收穫、課程教學與市場需求切合度、學生創新思維提升程度，以及該課程與其他課程之間如何結合、如何創新、如何變革、如何考核等。這樣一來，過去單純評教分數轉變成了師生之間共同探討和研究。

第二方面是教師自評。教師自評必須結合學生總結、學生評教的分數和建議，再結合教學改革思路、後續改革方向等，且評價不以分數形式呈現，而是以教改立項

之後結題的方式來進行。將自評轉化為教改論文，可以給同行評價以全方位參考。

第三方面是專家評價。在整個教學過程中，教師將接受學校教務處專家聽課、旅經學院市場營銷專業教師聽課、領導聽課以及全校教師代表聽課等多重考驗。每次聽課之後，同行專家需要就每次上課的教學目標、教學方法、訓練思維等與任課教師進行交流研討，給予評價並及時指出不足，提出整改意見。專家評價意見同樣不以分數形式呈現，而是在課題結題過程中作為支撐材料。

第四方面是同行交流。創新思維訓練課程任課教師和其他課程教改立項教師一起，利用教務處給予的研討平臺，就整個過程中的課程計劃設計、課程標準確定、課程資源開發、教學目標選擇與落實、教學過程優化、教學方法多樣化等進行交流。交流記錄和結果作為教師年度評優、聘期考核和支撐評審的支撐材料。

整個評價過程中，主體之間民主參與、協商，交往價值多元，尊重差異。評價的關注點放在學生學習課程的成效上，體現了教學的中心地位。課程評價模式形成以專任教師崗位職責為基礎，以品德、能力和業績為導向。這是一種科學化、社會化人才評價發現機制，強化了人才選拔使用中對實踐能力的考察，克服了社會用人單純追求學歷的簡單化傾向，淡化了分數，強化了能力。

三、創新思維訓練課程教學方法

任何課程模式都有其相對應的教學方法，教學方法是課程模式實施的基本保證，創新思維訓練課程亦不例外。一種卓有成效的課程改革模式常常需要多種教學方法去實施，以更好地讓學生瞭解並掌握該課程模式的目標、內容、結構以及適用條件，瞭解其功能與價值，避免盲目性，增強適用性和針對性，實現課程目標和教學目標。經過兩年的試點，該門課程主要採用以下多種教學方法進行演繹。

（一）研討式教學方法

創新思維訓練課程課堂教學一開始，就應要求學生根據自己小組分配到的創新模式任務，提前查閱書籍，收集資料，深入研究，獨立解決問題。教師應盡量給每一個學生在寬鬆的條件下充分展示自己聰明才智的機會，培養學生自主探索的意識、良好的科學研究作風和獨立解決問題的能力；在每次小組任務完成之後，要求學生分組將研究成果總結成文，並留出適當時間讓他們進行充分交流，將信息深加工、條理化、邏輯化、系統化，培養學生信息加工處理能力和邏輯思維能力；在看到其他小組創新課題出現問題及自己小組反思存在問題時，應讓學生集思廣益，共同解決。共同研討時的相互切磋、相互幫助，這種合作氣氛為學生們創新思維的發展奠定了知識、心理能力方面的基礎。通過共同研討問題，找到每個項目解決的方法，所有同學之間便達成了共識。討論中發表正確觀點的學生，體驗到了成功的樂趣，學習和研究興趣提高，個性也得到張揚；觀點被否決、認識有偏差的學生，也能體會到自己思維方向上的偏移，從而吸取教訓，獲得一種具有積極意義的體驗。

研討式教學不僅可使學生的創新思維得到培養和發展，還可使他們的創新思

維素質得到及時的指導和評價。評價包括研討交流和總結評論時任務小組學生的反思、自省、自評，以及其他同學的批評、讚同、補充等互評，還有教師的指導評價。評價對大學生創新思維發展也有一定推動作用。研討式教學是培養和發展大學生創新思維的好方式，蘊含著評價大學生創新思維的好時機。連續兩年，兩屆學生都反應研討式教學應當在其他課程中得到提倡，自學和參與式探討可以讓學生感受到前所未有的被尊重、受啟發的教學主體地位。

(二) 游戲式教學方法

在試點過程中，由於學生普遍反應創新思維訓練課程理論教學枯燥無味，所以我們引入游戲教學方法。施行游戲式教學，改變「灌輸式」偏重講授的教學方式，有利於增加學生動腦、動手的機會，提高學生發現問題和解決問題的能力，培養學生的創新能力。游戲是思維和行動相結合的方法，具有自由性、開放性、體驗性、虛幻性、非功利性等特點。興趣是最好的老師，只有學生感興趣，才能充分調動他們的主觀能動性，最大限度地挖掘他們的潛力。在分配給不同小組教學內容的模塊中，超過一半的學生選擇了游戲。在參與游戲時，學生處在寬鬆、自由、公平、合作、競爭的環境中，有益於學生的身心成長，更易於促使他們張揚自己的個性，挖掘自己的潛能。

之所以大力推廣游戲式教學方法，是因為試點的市場營銷專業學生畢業後大多數將進入企業工作，而目前培訓游戲已經成為企業管理培訓中的一大亮點。在企業中，培訓師把受訓者組織起來，就一個模擬的情景進行競爭和對抗式游戲，增強培訓情景的真實性和趣味性，讓受訓者在這種精心營造、趣味盎然的游戲中，體會解決問題的技巧，提高他們的領導能力及團隊素質。這種游戲式教學方法在企業培訓中也叫「素質拓展訓練」。在畢業以前大量採用這樣的方法，可以讓學生以後更好地適應企業工作環境和思維，做到學校教學與企業工作無縫銜接。

所有游戲都依據創新思維訓練課程教學計劃，選擇切實可行、內容具體的課程設計。不同小組分配到的課題內容需要設計不同游戲方式。在整個游戲過程中，老師必須把握好自己的指導教師定位，知道自己僅僅是指導者、組織者、協助者和旁觀者，不得越權干涉具體游戲過程。教師僅僅需要指導學生做好游戲前準備工作，對比賽規則盡可能細化和量化，避免出現漏洞；事先充分考慮游戲中可能發生的狀況，並備好應急措施；同時要鼓勵學生，把控游戲節奏，靈活調整，以求達到預期效果。

(三) 項目實踐式教學方法

項目實踐式教學方法也是創新思維訓練課程中重要的教學方法。在課程實踐項目設置和分解中，應特別注意結合教師研究課題與學生自立科研和創新創業訓練項目。教師應盡量鼓勵和組織學生結合教學開展相關科研活動，把科研引入大學教學過程。使教學過程帶有研究性質是培養學生創新能力的有效途徑。在實際操作中，兩屆學生都有將課程設計、畢業論文納入某項訓練課題研究的事例，參與的學生在科研中增長了知識，培養了自己的創新能力。兩年中，開設創新思維

訓練課程的市場營銷專業學生將訓練項目進行改造，成功獲得 2012 年「創新創業訓練計劃」兩個國家級課題立項，2013 年一個國家級、一個省級「創業創新訓練計劃」課題立項，共獲得立項經費 8 萬元。

試點課程改革取得初步成功，不僅激發了學生的創新熱情，也使學生受到了較為系統的科研素質訓練。實踐證明，創新思維訓練課程改革中採用項目實踐式教學方法是成功的，值得向其他課程教學推薦。在以後的教學中，應將改革繼續深化，爭取讓更多積極上進的優秀大學生能充分激發自己的創新思維潛力，並利用新創意、新設計和發明的新技術、新產品進行創業，使發明和創造轉化為現實生產力。該改革在提升學生創新思維的同時，也拓寬了學生的就業渠道。

（四）案例式教學法

案例式教學方法在整個管理類專業課程教學中屬於常規教學方式，創新思維訓練也不會採用這種教學方式。由於研究已經較多，不必贅述。在此，僅提以下幾點：

第一，應盡量避免選擇名人案例。部分教師喜歡選擇資料容易查找的著名案例，如以牛頓、居里夫人等為例，這會給學生造成「我不可能成為這樣的名人，平平淡淡才是真」的逆反心理。

第二，案例選擇以身邊常見事例為佳。這樣做的目的是讓學生感覺創新不是空中樓閣，不是虛無縹緲的東西，而是實實在在、隨手可觸摸的。只要善於思考，善於觀察，善於總結，創新就在身邊。

第三，案例選擇要有時效性。不要總找一些過去老掉牙的案例，而應找最新的、能讓現在的大學生體會到天天使用的物品也可能是經過創新改良而來的具體事例作為案例。這樣，能讓學生從「心動」逐漸過渡到「行動」上來。

第四，案例選擇應避開大企業。創新無處不在，不一定需要大企業、大資金，有時候不經意間的小改動也是創新。創新的關鍵在於思維，不怕做不到，就怕想不到。

創新思維訓練課程正逐步在全國高校中鋪開。在國家大力提倡由「中國製造」向「中國智造」發展的政策指引下，越來越多的學校和專業開設了該課程。未來的課程改革思維將更加科學和系統，教學方法也將越來越實用。樂山師範學院旅經學院僅僅是試點大軍中的滄海一粟，只要秉承創新的課程改革思路，振興中國的教育夢將不再是一句空話。

參考文獻：

[1] 李曉紅. 怎樣培養大學生的創新思維能力 [J]. 山西高等學校社會科學學報，2009（1）：120-123.

[2] 紀國和，張作嶺. 關於課程模式與教學模式關係的思考 [J]. 教育探索，2005（12）.

[3] 梁金龍. 研討式教學與大學生創新思維的發展 [J]. 保定師範專科學校學報，2004（4）：53-55.

基於競賽思維的「商務談判」課程教學模式改革研究

楊小川

摘要：商務談判是一門實踐性和應用性極強的課程，將競賽思維用在商務談判教學中就是加強實踐性和應用性的一種新的嘗試。該教學模式將企業平臺模擬營運、企業仿真談判、綜合素質考核等融為一體，以課程考核的方式來實施，可以有效體現出任務驅動教學法、案例教學法、情境分析教學法、角色扮演教學法等的綜合性應用效果，能有效培養學生的團隊意識，提高學生的綜合素質。

關鍵詞：競賽；商務談判；課程教學改革；教學模式

通過多年商務談判課程教學經驗的累積，特別是在充分收集整理近五年市場營銷專業大多數同學意見的前提下，再結合連續三年的商務談判考試改革試點，從今年開始，學校將正式對市場營銷專業商務談判課程進行基於競賽思維的教學創新模式改革。該改革在教學目標、教學方法、教學模式、教學思維等各個方面均和以前有較大不同，此舉將徹底擯棄以教師為中心、單純強調知識傳授、把學生當作知識灌輸對象的傳統教學模式。

一、課程教學改革背景

商務談判是一門實踐性和應用性極強的課程，如果按照傳統方式進行講授，會存在重理論、輕實踐的問題，制約了學生談判能力的提升，所以很多院校都在該門課程的講授中將模擬談判、案例分析等作為重要手段。從我院幾年的實踐情況來看，產儘我院也進行了一系列改革，但是存在的問題依舊明顯。其一是在模擬談判教學中，模擬談判仿真性不夠，表演成分過重，並且在與理論教學的結合上缺乏連續性與動態性。其二是不太貼近現實，特別是適合我們專業定位的經典案例材料缺乏。產儘目前所有的企業都對商務談判有著不同程度的重視，但是中小企業談判相對不規範，而大中型企業談判過程是企業機密，一般不會外露，所以資料收集比較困難，實在的、適用的案例十分缺乏。其三是目前教學手段相對落後，考試模式也較單一。教學中產儘已經有商務談判實驗室，但也僅僅只有場

所,沒有攝像機,沒有供模擬推銷的產品,也沒有談判相關的道具、記錄表格等。這些物件都需要在以後教學中逐步添置。考試改革正處於摸索中,教師通過幾次改革已經累積了一定的經驗,但仍然需要在未來改革中繼續完善。其四是目前商務談判課程屬於營銷專業必選課程、會計專業任選課程,而任選課造成同一個班級的同學來源不一,在分組中有磨合困難的現象,影響團隊效果。故此,有必要先從市場營銷專業開始改革,繼而向其他專業推廣。

二、競賽思維的教學模式概述

(一) 基於競賽思維的教學模式框架概述

將競賽思維用在商務談判教學中是一種新的嘗試,是建立在該課程考核上的一種將企業平臺模擬營運、企業仿真談判、綜合素質考核等融為一體的教學模式,其思維框架如圖1所示:

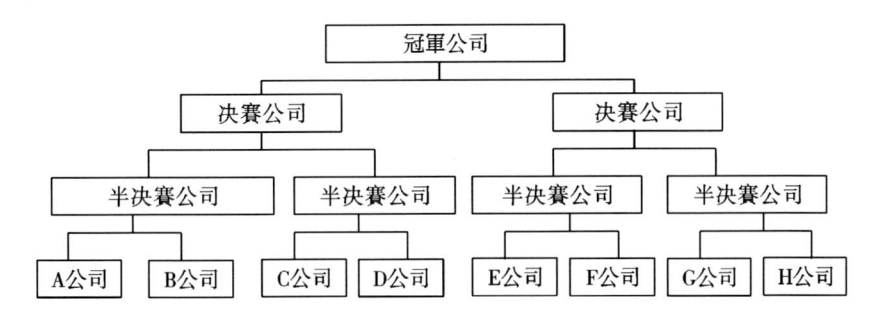

圖1 企業思維框架圖

該模式在操作中,首先通過自薦和指定結合的方式確定8位小組長(根據學生人數的不同也可以確定為4位),由小組長根據企業的需求對同學進行模擬招聘,組建模擬公司,公司名稱由小組自己決定。老師先提供四個模擬談判橋段,每個橋段由兩個公司來進行模擬談判,8個小組抽簽來決定自己的對手。各個小組在詳細研究談判資料的前提下,制訂出自己的簡單談判計劃(按照商務談判理論所學要求包括談判目標、談判策略、讓步步驟等),計劃交給指導老師作為計分的一部分。每兩個小組在臺上談判的所有表現由其他非本組學生裁判和指導老師按照一定的評分標準來進行評判,然後在計分表上表現出來。所有成績將暫時保密,等一輪比賽結束後,指導老師根據填寫的積分表成績選出進入下一輪半決賽的小組。按照此規則,評選出最佳表現小組,分數越靠近冠軍小組分數的,期終考核成績越高,學生最終課程成績呈階梯形排列。

(二) 模擬談判規則制定

產儘只是模擬談判,但是其作為競賽,就需要有科學、公平、合理的競賽規則,所有小組都要按規則所定程序進行操作。規則制定是否科學合理直接影響到教學改革能否上一個層次以及能否達到高仿真性的目的。而規則制定的公平性則

直接影響到同學們參與的積極性和後續比賽的可持續性。模擬談判的最終結局應當最大程度考慮所有參與人的心理預期。

具體的談判規則應當包括：

（1）模擬談判計劃。所有小組必須事先向指導老師提交談判計劃，詳細介紹本方代表企業名稱、談判團隊構成和成員分工；分析談判背景，初步展示和分析雙方優劣勢；闡述本方談判可接受的條件底線和希望達到的目標；介紹本方本次談判的戰略安排；介紹本方擬在談判中使用的戰術；介紹最能體現公司特色的口號等。預先提交計劃可以避免在談判中過於隨意、脫離程序。

（2）模擬談判開局。時間為5分鐘，雙方面對面，一方發言時，另一方不得以任何語言或行為進行干擾。開局可以由一位選手來完成，也可以由多位選手共同完成，剩1分鐘時有鈴聲提示。發言時，可以展示支持本方觀點的數據、圖表、PPT等小道具。此階段雙方累計時間不得超過10分鐘。

開局階段，雙方應當完成既定程序。比如：①入場、落座、寒暄、相互介紹己方成員等都要符合商業禮節；②有策略地向對方介紹己方的談判條件；③試探對方的談判條件和目標；④就談判內容進行初步交鋒；⑤適當運用談判前期的策略和技巧。

（3）模擬談判磋商。時間控制在25分鐘內，此階段雙方隨意發言，但要注意禮節，雙方應當完成的任務包括：①對關鍵問題進行深入談判；②使用各種策略和技巧，但不得提供不實、編造的信息，特別是要與提交的計劃大體一致；③雙方不得過多糾纏與議題無關的話題或就知識性問題進行過多追問，應尋找對方不合理的方面以及可要求對方讓步的方面進行談判；④允許出現僵局，但不得無故退場或冷場超過1分鐘；⑤解決談判議題中的主要問題，就主要方面達成意向性共識，獲得己方的利益最大化，達成交易。

（4）談判結束，模擬簽約。此階段時間為5分鐘。談判結束後，雙方要進行符合商業禮節的道別，向對方表示感謝。該階段簽約儀式視具體情況可以省略。

（5）現場評分。此階段時間為5分鐘，可以根據整個過程綜合來評分。現場評分包括出席的其他小組的評委和老師評分，分值權重按照事先確定的細則執行。

（三）談判評分細則制定

評分細則作為重要參考條件，為保證公平起見，不讓參賽同學私下有小動作影響評分，學生評委實行迴避制。每個小組選擇一個評委，每次評分結果暫時封存，在整輪競賽結束之後公之於眾，評委宣布結果，以求公證。談判評分細則如表1所示：

表1　　　　　　　　　　　　談判評分表

公司名稱：　　　　　　　　評委簽名：

項目	分值	評分標準		得分
談判準備	20分	提交談判計劃	10分	
		談判背景分析，優劣勢分析，談判底線和目標	5分	
		談判的戰略、戰術安排	5分	
開局	20分	儀表、儀態、儀容等禮儀	5分	
		介紹成員姓名、職務、分工等	5分	
		介紹己方談判條件，試探對方談判條件和目標	5分	
		展示支持本方觀點的數據、圖表、道具、PPT等	5分	
談判磋商	30分	對關鍵性問題的闡述，談判把握	10分	
		各種談判策略和技巧應用	10分	
		製造僵局和破解僵局的技巧	5分	
		談判中的禮儀	5分	
談判結束	10分	談判結果成敗	5分	
		談判結束的禮儀及關係改善情況	5分	
談判思維與語言	10分	思維敏捷、善於把握重點	5分	
		談判語言幽默，不粗俗，有禮有節	5分	
團隊協調	10分	團隊協調，分工與合作並舉	10分	
超時扣分	5分	有明顯延遲談判時限現象的團隊適當扣除5分		
最後得分				

為保證競賽的公開、公平和公正性，評委要及時進行點評，並及時公開成績。指導老師也參與評分，但是指導老師的評分和其他評委同學保持同樣的權重，即在指導大方向的前提下不干擾模擬談判進程，也不干擾評委的評價。

三、基於競賽思維的教學模式改革的意義

(一) 有助於任務驅動教學法的運用

競賽思維的教學模式運用的其實就是一種典型的任務驅動教學法。任務驅動教學法的關鍵是要對課程任務進行設計，圍繞任務進行問題的分析解決，提高學生的專業應用能力。任務驅動教學法要求任務的設計一定要體現學生的能力目標。教師對商務談判課程進行任務設計後，在具體的任務實施過程中需要將任務細化。分工不同，任務也有所不同。教師應將談判要達成的目標分解成每個成員的具體目標，讓成員分別承擔主談、財務、商務、管理、技術、法律、翻譯等職責。每個小組要以企業形式來進行談判，如同企業內部就有不同的部門進行協作來完成

企業共同的任務。成功的營銷離不開商務談判,因此對市場營銷專業的學生而言,該課程尤為重要。商務談判課程的能力目標體現在通過該課程的學習,學生能在不同的商務活動場合進行有效的談判。

（二）有助於深化案例教學法的運用

一般情況下,案例教學都是利用現成的成功或失敗的企業經歷進行材料收集、分析和總結,都是對既成事實進行評價。而競賽思維的教學模式,是讓學生自己融入現有材料進行演繹,親身體會,模擬談判。如此,教師和學生不再坐而論道,而是將過去死板的案例教學進行了深化。這樣一來,學生從淺顯的案例入手,帶著問題思考課程知識,學習興趣濃厚,積極性高,培養了自己自主學習和創新的能力；教師更好地發現學生對知識的偏好和需求,有針對性地解決問題,和學生進行雙向的互動溝通,切實增強了教學效果。

（三）有利於角色扮演教學法和情境分析教學法的運用

情景分析和角色扮演教學法在該課程演繹中相輔相成。在競賽中,每個小組成員不再是學生,而是扮演了一個企業談判團隊的成員,是企業管理者身分。「在其位、謀其職」,學生必須用該身分來進行思考。角色扮演的好壞直接影響思維的深度和廣度,也直接決定了談判的仿真程度,最終決定談判的成敗。扮演的成績直接反應在課程成績上,對學生的切身利益還是有影響的。

整個談判過程中,學生對資料進行分析時,不能再像過去分析案例一樣站在局外,而應作為一個真正的企業管理者來進行談判。所以,把自己融入角色進行情景分析是競賽成功的關鍵之一。只有把自己融入角色,才能分析得透澈。只有從禮儀、態度、思維上融入談判,才能真正「入戲」成為當事人。

（四）有助於學生團隊意識的培養

在中國傳統文化中,高權力、差距型的集體主義文化氛圍較濃厚,個人在這種氛圍中只是一種代言人的角色,貫徹執行上級的指示,少有發揮創造的餘地。因此,即使個人能力突出,表現非常好,也很難嶄露頭角,甚至可能被視為出風頭。人們總是習慣於互相依賴,責任分工不明確,平均主義嚴重,缺乏有效的個人激勵機制,人們的主動性、積極性受到很大影響。

隨著國際經濟合作的深入和經濟全球化的發展,有合作意識和團隊精神是優秀的談判人員必須具備的素質。模擬商務談判是一個小組的團隊活動,大家需要共同準備、共同分析某個案例,共同書寫談判計劃書等,不同的同學扮演著不同的角色,特別有助於培養成員之間的合作意識和團隊精神。

（五）有助於課程教學中理論與實踐的緊密結合

產儘競賽有勝敗,但是談判本身沒有輸贏。通過組織學生進行模擬談判,充分運用好競賽模式進行演練,可以將學生的專業能力以及分析問題、解決問題的能力不斷提高。如此,既能鼓勵學生開拓思維,提高學生自主學習的能力,又能使課程教學做到理論和實踐的緊密結合。

四、影響教學模式成敗的因素及解決思路

（一）影響競賽思維教學模式成敗的因素

1. 認識不足，消極比賽

學生對模擬談判的重要意義認識不夠，加上由於沒有太多現成的影像資料供大家參考和學習，部分同學會對模擬的效果產生懷疑，在比賽中漫不經心，消極參賽。

2. 談判準備不足，潦草行事

學生談判前準備工作不充分，信息收集不夠全面，調查研究不夠深入。模擬談判背後支撐信息的缺乏使得談判只是一味地討價還價，磋商成了價格拉鋸戰，能說服對方的信息數據資料空白，很難達成最優期望目標。甚至有學生乾脆一次性降價到底，草草完成任務。

3. 仿真性不足，缺乏真實感

因為談判場地是大家熟悉的上課教室，所以儘管做了布置，大家在氣氛、環境感受和心理狀態上還是缺乏真實感，形不成真實談判約束，學生很難進入角色。

4. 表演成分過重，影響氣氛

少數學生在談判策略、談判技巧、談判原則靈活運用上，表演成分過重，使談判在體驗效果上受到影響。談判大體上按事先安排好的程序進行，學生像背臺詞一樣演練，沒有生氣，沒有起伏和變化，整個過程了一潭死水。

5. 時間有限，影響發揮

整個談判環節在限制時間的課堂上進行，使得談判未充分展開就倉促結束，或者談判一方立刻接受對方的價格要求以便簽訂合同。有些談判技能環節，還沒來得及實施就結束了。這些都讓學生在智慧和能力的展現上大打折扣。

6. 評委責任感缺失，影響公平、公正

儘管考慮到讓學生交替擔當評委可以相對公平和公正，但是學生對商務談判知識的掌握程度，自己本身價值觀念、責任感、是非觀念和辨別能力的高低，以及每個人心理的寬容性，還有對考量尺度的標準把握等都會影響評價的公正性。

（二）解決思路

每一輪競賽結束之後，教師可將錄像反覆回放，讓學生採用批評與自我批評的方式，共同研討，共同提高。可以先讓觀摩的學生進行點評，即就談判的內容、程序、技巧的運用等方面進行評價，根據自己所掌握的有關專業理論及實踐性認知對模擬演練做出評價。接著，要指出模擬演練的優缺點，同時換位思考，即思考換成是自己將如何操作。教師要引導學生討論，鼓勵學生發表不同意見，允許爭論。每輪參加競賽的學生在積極聽取同學意見的同時，也可發表自己的看法，為自己「辯解」。學生通過討論、爭論，達到開拓思路、集思廣益、取長補短、共同提高的目的。指導教師也要從各個方面來對談判進行點評——特別要針對學生在模擬談判中的態度、禮儀，表現出的教養與素質，受到對手干擾之後的應激反

應等。在條件允許的情況下，學校可以聘請本土企業中一些具有實戰經驗的專家或職業經理人來做講座（該部分也可以放在暑期的短學期進行）。在教學中，可以配合學院的大學生社會實踐活動的開展，鼓勵學生進行實地商務談判實踐，如盡量讓學生親臨二手車市場、購物廣場、人才市場等日常談判的場所去深入感受，夯實已有的談判知識，觸發更多的靈感，提升綜合能力。

　　由於商務談判課程的實踐性和應用性很強，所以將競賽思維應用在教學和考核中的教學模式改革僅僅是一種嘗試。但是，只要同學們在老師的指導下統一認識、高度重視、充分準備、認真投入、積極扮演、團結合作，改革就一定會達到預期效果，學生也可以在無形中提升自己的談判素養，在以後的生活和工作中快速適應企業和社會，成為談判高手、營銷強者。

參考文獻：

　　[1] 李霞. 任務驅動法在「商務談判」課程中的運用 [J]. 職教探索，2010 (6).

　　[2] 韓運生. 高職院校商務談判課程模擬談判教學探索與實踐 [J]. 經濟師，2010 (1).

　　[3] 任文舉. 基於企業模擬營運的「管理學」課程教學改革研究 [J]. 樂山師範學院學報，2010 (11).

「房屋建築學」教學改革探討

陳 松 謝姣姣聾

摘要：本文從對學生應用能力培養的角度出發，針對「房屋建築學」課程綜合性、實踐性、時代性強等特點，對房屋建築學課程教學從優化課程內容、豐富教學方法、強化實踐教學、變革考核方式等方面進行了改革探索與實踐，力求改進教學效果，提高人才培養質量。

關鍵詞：房屋建築學；教學改革；應用能力

一、概述

房屋建築學是工程造價專業學生必修的一門專業基礎課，課程內容涉及建築設計理論、建築材料、建築物理、建築構造等相關知識，知識信息量大、實踐性強。對工程造價專業的學生來說，學好建築構造知識至關重要，因為這是今後進行工程量計算和清單工程量計價工作的基礎。通過這門課程的學習，學生可以為後續建築結構、建築施工、建築工程計量與計價等專業課的學習奠定良好的基礎。同時，該課程也是學生成為造價工程師、房地產評估師、建造師、結構工程師、監理工程師等而需要參與的國家級行業考試的必考科目。

因此，樂山師範學院工程造價專業提出以培養學生綜合運用專業知識和技術技能解決工程實際問題的工程應用能力為目標，對房屋建築學課程進行教學改革探討。

二、房屋建築學教學中存在的問題

（一）教材內容不能適應社會快速發展的要求

目前已經出版的房屋建築學方面的教材有很多，內容也大同小異，但教材內容往往滯後於現代新材料、新工藝、新技術的發展，無法跟上建築行業的快速發展腳步。例如，門窗類型中的木窗戶的組成和構造，門窗過梁中的磚拱過梁和鋼筋磚過梁，這些構造做法在現代化建築施工中已經基本不採用了。一些新出版的教材雖然加入了部分新的內容，但也講得比較粗略，不能滿足實際工程建設的需要。

（二）教學方式難以激發學生學習興趣

隨著多媒體技術的推廣，房屋建築學的教學方式早已由純板書講解，過渡到PPT配合板書講解，這種講解方式的優點是不用教師在黑板上畫圖，能夠節約大量的課堂時間，而且可以向學生展示大量的工程圖片，直觀性更強。但由於受到課程內容和課時的限制，課堂教學一般是採用講授法，每次上課教師都會向學生講解大量的知識，展示大量的圖片，學生只是信息的被動接收者。這樣的授課方式導致的問題是學生剛開始對上課很感興趣，但時間一長就很難保持。從上課情況和對學生的問卷調查得知，在教學初期，PPT上的圖片更能吸引學生的注意力，但隨著圖片增多，學生會產生視覺疲勞。

（三）實踐教學困難多

房屋建築學課程的教學由理論教學和實踐環節兩部分組成。理論教學是基礎，實踐環節是應用。要培養應用型人才，實踐教學至關重要。但是，由於實踐環節教學中課程內容多、課時偏少，再考慮到安全等方面的因素，課程教學往往沒有安排課堂參觀教學環節。

（四）考核方式陳舊

房屋建築學課程的考核往往是以期末筆試的方式進行，考試內容主要是基本概念、構造方法，而考查學生設計動手能力方面的試題較少，因為設計並繪圖要花費大量時間，考試時間內不容易完成。這樣的考核無法體現學生的實踐動手能力、解決問題的能力、團隊協作能力，而這些能力是應用型人才應具備的基本素質。筆試的成績很難反應學生的真實水平，往往造成高分低能的現象。

三、房屋建築學教學改進的內容

（一）優化教學內容

1. 精選教學內容，適應專業人才培養需要

工程造價專業的學生以後主要從事的工作是工程計量與計價，所以我們的教學重點應放在建築構造部分。而建築設計原理部分，教師只需要求學生瞭解建築設計的基本原理和方法，並能夠設計中小型民用建築即可。

2. 適應現代工程技術的發展和應用型人才培養需要，補充和調整教學內容

教學中，應根據現代工程技術的最新發展及相關新標準、新規範及時對教學內容進行補充和調整。為了順應建築行業的蓬勃發展，教師講課時還應向學生介紹目前國家重點提倡的綠色、節能、環保、智能和工業化標準建設的相關理念和與此相關的新材料、新工藝的內容，比如綠色建築、智能建築、裝配式建築、新型節能材料、新型環保材料等，以讓學生瞭解更多新知識，激發其求知慾和創新思維，提高其學習的積極性和主動性。另外，教師還可以結合二級建造師、二級結構工程師等國家執業資格證書考試的知識點來調整上課內容，讓教學與職業資格考試掛鉤，這樣更有利於加強學生與崗位技能的聯繫，加強學生的實踐應用能力。

（二）豐富教學方式

教學內容的優化邁出了教學改革的第一步，接下來還需要依靠多種教學方式的結合激發學生的學習積極性，突出學生的課堂主體性，重視學生動手能力的培養，提高教學成效和人才培養質量。

1. 用案例型教學串聯教材各章節的內容

在課程開始之初，要選擇學校內學生熟悉的某教學樓的施工圖紙，分發給學生，作為課程教材的一部分。在課程教學過程中，教師要根據課程的進展情況，對應施工圖紙進行講述。

案例分析式教學，既能讓書本知識和實物聯繫起來，更好地幫助學生理解抽象的知識，又能把各部分看似獨立的章節串聯起來構成一個工程整體，有助於學生全面理解一個完整的工程項目。

2. 用項目教學法讓學生成為課堂的主人

「項目教學法」最顯著的特點是「以項目為主線、教師為引導、學生為主體」，具體表現為在項目教學中，學習過程成為一個人人參與的創造實踐活動，注重的不是最終的結果，而是完成項目的過程。

筆者在實施項目教學法的過程中，首先把教材上一些貼近生活且容易自學的內容分解成一些小項目，然後讓同學們自由組成學習小組，每個小組分配一個項目讓學生合作完成，項目劃分見表1。項目任務在放暑假前就分配給學生，學生可以充分利用假期進行專業社會實踐。教師啓發並引導小組成員先自學相關內容，然後收集資料並拍攝照片或視頻，做成一個PPT，開學時交給老師審核。老師就項目任務完成情況和小組成員一起交流討論，引導學生發現PPT裡的錯誤和不足，指導學生進一步修改完善PPT。教師在授課過程中，當講到和某一項目相關的知識時，會留出一部分時間讓小組成員一起走上講臺向同學們分享自己小組的PPT內容，分享完後讓同學們對該講課內容進行討論並提出意見，最後由授課老師進行總結點評。教師這樣做，就讓學生成了課堂的主人，既活躍了課堂氣氛，又鍛煉了學生的表達能力，讓本來枯燥的課程變得有趣生動。

表1　　　　　　　　　　項目劃分表

項目名稱	項目主要內容
項目1　地方特色建築	建築類型、建築材料、結構形式、建築特色；分佈地區
項目2　牆面裝飾	牆面裝飾的種類和構造做法
項目3　地面裝飾	地面裝飾的種類和構造做法
項目4　陽臺與雨篷	陽臺、雨篷的種類；陽臺與雨篷的結構布置方式
項目5　樓梯、臺階和坡道	樓梯、臺階和坡道的種類；樓梯的組成和結構形式

表1(續)

項目名稱	項目主要內容
項目6　屋頂	屋頂種類、屋頂排水方式
項目7　門窗	門窗的種類、門窗隔音和遮陽措施

3. 用三維仿真模擬讓學生感知工程實體

房屋建築學教學中使用二維圖形來講授的知識，直觀性差，學生理解起來比較困難。因此，我們在教學中積極運用天正制圖、Revit 等三維技術軟件，將原來用二維圖形很難表達的建築內部情況用三維圖形表達出來，讓學生能夠直觀地從外到內觀察建築模型。這樣，可以用軟件教學來取代課堂參觀教學，以幫助學生更好地理解抽象的內容。課堂上，教師將二維圖形和三維圖形一起使用、對比演示，幫助學生更好地理解。

（三）變革考核方式

首先，靈活設置考試內容。考試中，應該少一些呆板的書本知識，加大主觀題的比重，建築設計繪圖題以及建築構造等案例題增加，注重考查學生創新解決工程實際問題的能力。

其次，變革考核方式。為了全面考核評定學生的綜合能力，應對原有單一閉卷考試形式進行改革，加大過程考核的比重，實行成績綜合評定。課程的考核內容由三個部分組成：第一部分閉卷考試成績，占期末總分數的40%；第二部分平時表現考核成績，占期末總評的10%；第三部分過程考核成績，占期末總評的50%。其中，第一部分著重考核學生理論知識的掌握和應用情況；第二部分重點考核學生的平時出勤和課堂表現；第三部分考查學生在每一個學習項目中的知識和技能的掌握程度。

過程考核比重的加大可以促使學生積極投入整個教學過程並完成各階段的學習任務，可以激發學生持久學習的積極性和主動性，使學生更加專注於對知識的理解、分析、應用，其綜合思維能力和獨立解決問題的能力也能顯著增強。

四、結語

本文從優化課程內容、豐富教學方法、變革考核方式等方面對課程改革進行了探討。本文提倡以工程實際應用為中心引導課堂教學的轉變，通過課程改革提高課程教學質量與效率，促進應用型人才培養質量的提升。

參考文獻：

[1] 董海榮. 房屋建築學 [M]. 北京：北京大學出版社，2014.

[2] 張豔萍，陸志炳，王燕波，等.「房屋建築學」課程教學改革探索與實踐 [J]. 價值工程，2016，67 (16)：181-183.

[3] 俞靜，沈晶晶. 論基於應用型本科人才培養的「房屋建築學」考試模式改革 [J]. 臺州學院學報，2016，38 (3)：85-87.

非統計學專業統計學課程的
教學新模式和新方法探索

劉　穎

摘要：正值二本高等院校轉型升級的關鍵時刻，樂山師範學院提出了「培養職業能力強的高素質人才」的辦學定位。統計學作為一門理論與實踐並重的學科，也應該順應學校轉型的趨勢，根據社會工作對統計學學科的需求，從教學模式和方法方面進行調整和改革，使學生能夠成為滿足社會需要的綜合能力強的應用型人才。

關鍵詞：統計學課程；教學模式；教學方法；非統計學專業

統計學是高等院校經濟和管理類專業學生必修的一門基礎性課程，樂山師範學院經管學院的會計、國際貿易、工程造價和市場營銷四個專業均開設了這門課程。作為一門通過搜集、整理、展示和分析等手段，對數據進行處理，從而推斷研究對象的本質，進而進行預測的一門學科，統計學在社會科學和自然科學領域的作用不可謂不重要。因此，傳授學生統計的基礎理論和方法，培養學生統計的思維，鍛煉其靈活運用所學知識分析和解決社會問題的能力，就成了新形勢下非統計學專業統計學課程教改的主要目的。

一、傳統統計學課程教學中存在的問題

隨著時代的發展和科技的進步，統計學學科的發展也呈現出新的趨勢和特點。一是統計學學科和經管類學科的聯繫日益頻繁。目前經管學科不管是理論領域的研究還是社會熱點問題的分析解決，都需要先進的統計理念和統計學提供的數據分析處理方法與模型。二是統計學學科和計算機科學的結合也愈發緊密。通過計算機科學獲得的統計分析軟件，使過去複雜枯燥的統計計算和分析變得簡單。但是高校統計學的教學思維和方法卻沒能跟上統計學的發展步伐，非統計學專業的學生普遍認為該學科枯燥無味，只是公式的演練和數據的計算。這些學生不是存在畏難情緒，就是提不起興趣。這些問題主要表現在以下幾個方面：

1. 教學內容陳舊

在傳統的統計學教學過程中，教師多偏重描述統計內容的講授，對數據的搜集、圖表的展示、數據的概括性度量等內容進行了詳細的介紹。而由於概率論難度較大、參數估計和假設檢驗等內容相對抽象等原因，教師忽視了推斷統計方法及其應用的教學。某些教師還只注重書本內容的傳授，沒有開設相應的統計學軟件課程，使學生對統計軟件根本不瞭解。同時，教師在考核形式上，注重對基本概念和算法的考查，卻沒有重視學生運用統計方法分析、解決問題的能力的培養和考查。

2. 教學手段單一

大部分教師沿用過去傳統的課堂講授配合板書這種單一的教學模式，教學不能做到生動形象，加之統計學概念和公式較多，因此學生很容易產生厭學的情緒。同時，這種單一的方式也限制了教學內容的發揮和拓展。雖然最近幾年，學校引入了多媒體教學方法，教學手段開始邁入現代化階段，但是機械地運用多媒體而不能讓學生參與課程互動，也會導致學生對所學的知識難以理解和消化。與此同時，偏重於基本理論和算法的教學手段，也難以培養學生的統計思維和統計分析能力。

3. 與各專業的融合度不高

在針對非統計學專業進行統計學內容教學的實踐過程中，要「以不變應萬變」。僅僅是基礎理論的講解，而沒有根據各專業的不同特點和需求設計出有針對性的教學內容，會導致這門基礎性課程和任何專業的融合度都不高。以會計學專業為例，在專業對口的工作中有超過85%的人需要運用統計的基本軟件EXCEL，特別是EXCEL中的表格繪製、函數分析等功能。但這種「流水線、填鴨式」的教學方法，導致各專業的學生都不能感受到統計學知識在今後工作中的重要程度和實用價值，也就不能激發其學習的慾望和興趣。

二、統計學課程教學改革思路

筆者從過去數年的教學經驗和實踐出發，以培養應用型人才為指導思想，對過往的教學模式和方法進行了改革，擬定出了一套新的統計學教學思路，以期學生能夠在該方案的引導下，不僅可以掌握統計學的基本知識和思想，更能夠利用統計理論和軟件分析問題、解決問題，從而達到深化教學改革、增強教學效果的目的。非統計學專業和統計學專業的統計學教學出發點應該是不同的，前者應該著重於統計方法的運用和統計思維的培養。以此為基礎，筆者對統計學課程教學改革的思路構建如下：

1. 教學內容的整合

教改過程中，宜採用信息技術和實踐活動雙管齊下的方法，對傳統統計學教學內容進行改動和提升。主要的思路是將二者與傳統的內容融為一體，借助計算機技術和豐富多彩的實踐實訓，一方面優化升級傳統知識體系，讓學生通過計算機技術和親自調查實踐，變枯燥複雜的公式和繁瑣無味的數字為具體的案例分析，

瞭解推斷統計的相關內容；另一方面利用學生感興趣的信息技術和實踐活動，培養他們自主學習的積極性和檢索信息、展示信息、處理信息的基本統計技能。

2. 教學模式的整合

整合的核心不是怎麼教、如何教好，而是要把信息手段和實踐活動融合到統計學學科中去。課堂教學不僅應該展示基礎知識體系，更應該積極推廣通過調查或者收集實驗數據，經由計算機處理，從而得到數據背後隱藏的規律或結論的模式。換句話講，就是要實現「可視化」教學，將過去學生覺得抽象或者隱形的知識具體化、顯性化，讓學生能夠更直觀、更形象地掌握知識體系。教師可通過仿真、模擬等多種手段讓學生形象地構建出統計的具象世界，提高學生的認知能力。

3. 考試模式的整合

對於新教學模式和方法下的考核模式，不宜再著重考查學生對基本概念的掌握，不宜在考試中設置大量繁瑣的計算，讓學生有畏難情緒，而應該採用由記憶型朝著能力型轉變的考核方式。基本知識和實際應用能力可分別單獨進行考查，再配合學生設計問卷、開展調查、進行最終調查報告的撰寫。具體方式為30%（統計學基本理論與方法的閉卷測試）+30%（統計學軟件上機實踐）+40%（問卷設計調查+案例分析+報告撰寫），重點考查學生在理解和掌握統計學基本內容的基礎上，綜合運用統計學理論、方法與工具分析和解決社會經濟管理領域實際問題的能力。

在該教改思路下構建的統計學課程新體系，能夠實現兩個創新。一是以計算機為媒介，讓傳統知識和信息技術融合，讓實踐實訓變得可能。在繼續重視基礎知識傳授的基礎上，對於抽象、繁瑣和困難的內容，應充分利用信息技術和統計軟件來解決，化繁為簡，使問題可視化、動態化，培養學生具象、量化、處理、解釋數據和問題的能力，提高學生的自主創新能力。二是通過教改，構建豐富的教學資源庫，包括電子教案、案例數據庫、同步練習與解答、軟件操作演示等，讓學生可以通過慕課等方式進行學習，增加學習時間。

三、統計學課程教改效果淺析

2014年3月—2015年12月，筆者在樂山師範學院經濟與管理學院會計專業2013級1~4班、2014級3~4班、國貿專業2013級1班和旅遊管理學院旅遊管理專業2014級1~2班、2015級1~2班一共11個非統計學專業班級開展了統計學課程教學新模式和新方法的試點工作。為了瞭解教改效果，筆者於2015年9—10月對該群體和之前沒有實施教改的若干班級進行了一次問卷調查，面向大一、大二學生發放問卷613份，收回有效問卷578份，其中教改學生和非教改學生各289人。通過問卷調查結果，筆者發現教改前後學生對統計學學科的認識和課堂效果的反饋反應出如下問題：

1. 教學內容評價

教改前後學生對課程內容難點的反饋情況如圖1所示。由圖1可知，在教改前

後，學生對難點的反饋發生了顯著的變化。教改之前，學生普遍反應統計學最難的部分是概念的記憶和公式的應用，這也符合過去教師偏重理論知識的講解，忽略概念和公式等在現實生活中的應用這一現象。由於教改中引入了統計軟件的高級別培訓，相應降低了理論和公式的識記要求，再加上會計、國貿等專業普遍開設了概率論課程作為統計學的先期課程，所以學生學習的重點和難點轉移到了統計軟件的學習和應用上。

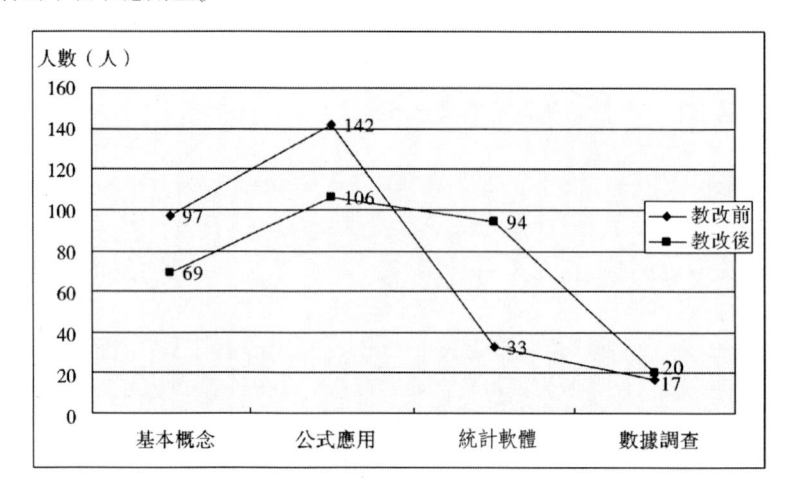

圖1　教改前後學生對課程內容難點的反饋

2. 課程難度評價

教改前後學生對課程難度的反饋情況如圖2所示。由圖2可知，教改之前大多數學生都認為統計學內容偏難，學不懂；而在教改後，由於引進了新的教學案例、方法和更多的實驗實訓課程，學生普遍反應統計學變得簡單了，知識接收起來也更容易。過去統計學偏難的原因主要在於老師在授課過程中只是機械地灌輸內容和公式，沒有考慮學生的基礎和接受程度，也沒有考慮學生來源於不同的專業，應該使用不同的教學案例和模塊。這導致學生認為統計學的理論過於抽象、公式較多、計算量大，把其和概率論、高數等數學類基礎性課程歸為一類，沒有主動學習的積極性。

3. 課堂氣氛評價

教改前後學生對課堂氣氛的反饋情況如圖3所示。由圖3可知，在教改之前，半數學生覺得統計學課堂死氣沉沉，這歸因於過去的課堂中理論內容太多，枯燥的概念和公式讓學生缺乏興趣進行學習。與此同時，老師在授課過程中沒有引入學生感興趣的，或者與學生專業相關的案例的講述，學生不能切身感受所學知識在今後工作生活中的用處，學習的勁頭不高，課堂氣氛沉悶。教改以後，教師通過按照專業進行分模塊教學、引入案例討論、實地調查走訪、進行問卷調查、分析數據、撰寫報告等活動，一方面讓學生體會到了統計學知識在現實生活中的作

用，一方面也加強了教師與學生之間的互動，課堂氣氛也由此轉好，反應課堂氣氛活躍的人群從13%激增至50%。

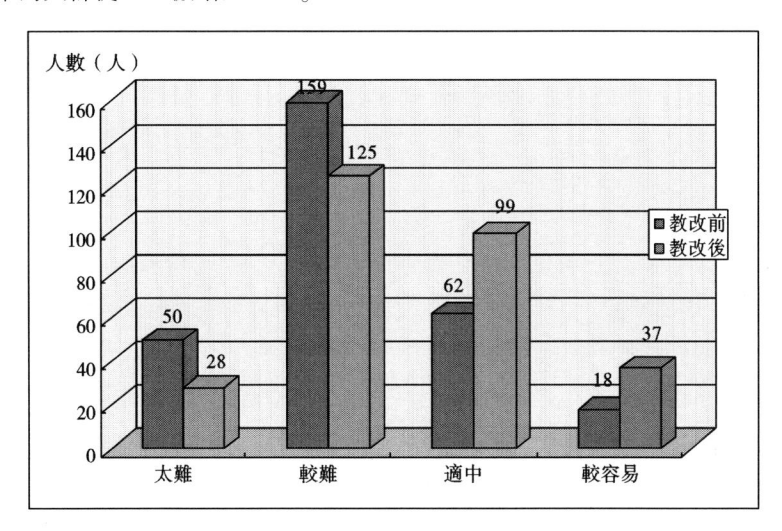

图2 教改前後學生對課程難度的反饋

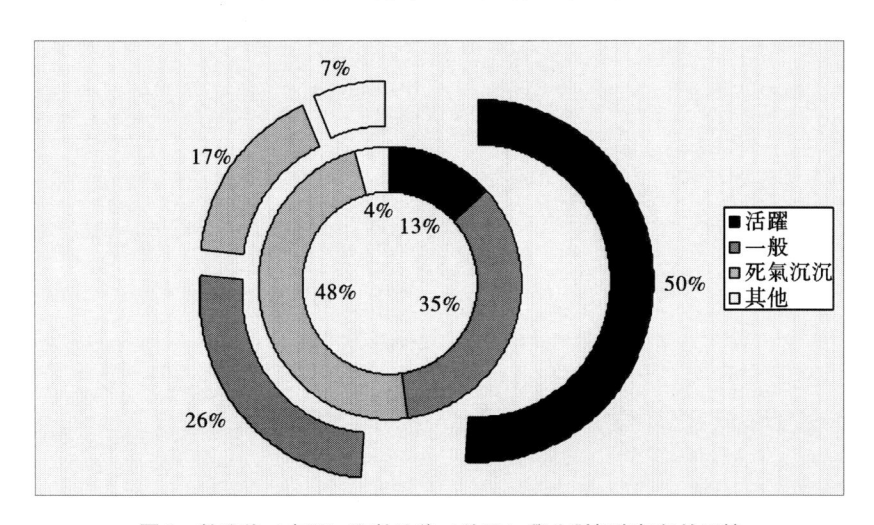

图3 教改前（内環）和教改後（外環）學生對課堂氣氛的反饋

4. 課程效果評價

通過對課程效果評價的反饋，我們可以看出，學生在教改前學習積極性不高。通過一學期的學習，約有1/3的學生對知識的掌握程度只能應付考試，不能做到知識的活學活用；能夠獨立使用統計學知識分析解決問題的人數所占比例僅為10%左右。在教改過程中，隨著教學方式的多樣化和計算機技術的引入，學生更多地接觸了EXCEL、SPSS等統計軟件，並通過軟件培訓較好地掌握了基本的數據處理

和分析的能力。這導致在教改之後，有自信能夠進行案例分析解答的人數，達到了總人數的一半左右。

四、統計學課程教改的思考與展望

順應學校轉型升級提出的「培養職業能力強的高素質人才」的辦學定位，在教改項目實施的這兩年中，針對非統計學專業的統計學課程，筆者進行了教學新模式和新方法的改革。從問卷調查結果和學生反饋的意見來看，教改的基本思路方向是正確的。計算技術和實踐實訓等方法的引入，使學生提高了學習的主動性和興趣，在掌握好統計學基本知識的基礎上強化了自己的操作能力，獲得了比較好的教學效果。應該說，通過教改，學生提升了自己的專業素養和創新能力，這和學校培養具有創新精神的應用型經管類人才的想法是吻合的。根據新的教學思路，未來的統計學課程教學可以在以下兩個方面繼續進行改革。

第一，增加統計實驗實訓環節。在今後的教學過程中，可考慮在第17周實驗實訓周專門開設統計實訓環節，組織學生以團隊的方式進行統計調查和分析。在這個環節中，從確定選題、問卷設計、樣本選擇、實地調研、數據整理匯總分析、統計圖表繪製到最終統計調研報告的撰寫，都全權由學生自己設計和完成，從而鍛煉學生自己思考、處理問題的獨立意識和應用統計方法的動手能力。

第二，引進「慕課」「翻轉課堂」等新的教學方式。教師可對教學內容進行進一步的優化和提升，並錄製成視頻放到網上。學生可以通過網絡突破時間和地域的限制，自主學習，自己思考和推理，然後帶著問題到教室，通過與老師、同學交流討論獲得答案。這樣，可以使教學由單向的「灌輸式」轉變為雙向的「互導式」，極大地提高了學生主動學習的積極性，讓知識的傳授和能力的培養有機地結合起來。

總的來說，非統計學專業統計學課程的教學改革與創新，應該從教學理念、教學內容、教學方法等方面全面展開，並在「教學—作業—實踐—考試」每一個環節全面實施，這樣才能達到更好的教學效果，培養出適應社會需求的專業型人才，也能幫助學生更快地獲得就業機會，更好地滿足工作崗位的需求。

參考文獻：

[1] 陳玉爽.經濟統計學專業實踐教學改革探索［J］.才智，2014 (35).

[2] 胡小文.經管類專業統計學教學改革的探討［J］.教育教學論壇，2015 (43).

基於應用型人才培養的
「工程測量」教學內容重構

陳　松

摘要：本文從對學生應用能力培養的角度出發，針對「工程測量」課程技術性、實踐性、時代性強等特點，從理論教學內容、實踐教學內容、考核方法等方面進行了教學改革探討。

關鍵詞：工程測量；教學內容；應用能力

一、概述

工程測量是工程造價專業的一門專業基礎課，是一門集儀器使用、數據處理、實踐操作為一體的專業課程。其教學目標通常被定位為「培養學生具有測量學方面的基本理論知識和技能，訓練學生具有一定的測量基本計算技能和儀器操作技能，並在測圖、用圖方面得到相應的訓練」。

為貫徹落實教育部、國家發展和改革委員會、財政部發布的《關於引導部分地方普通本科高校向應用型轉變的指導意見》，創新應用型、技術技能型人才培養模式，培養生產服務一線緊缺的應用型、複合型、技術技能型人才，增強地方高校服務區域經濟社會發展的能力，樂山師範學院工程造價專業提出以培養學生綜合運用專業知識和技術技能解決工程實際問題的工程應用能力為目標，重構該課程的教學內容。

二、工程測量教學中存在的問題

（一）教材內容不能適應社會快速發展的要求

目前已經出版的工程測量方面的教材有很多，內容也大同小異，但教材內容往往滯後於現代工程測量技術的發展，無法跟上時代的快速發展腳步。例如水準測量重點介紹的是DS3型微傾式水準儀的構造和使用；角度測量部分著重介紹的是光學經緯儀的操作使用；距離測量部分還在講解鋼尺精密量距。而對於在工程中日益普及的電子水準儀、全站儀、GPS等現代測繪儀器與測繪方法，教材卻少

有提及。一些新出版的教材雖然加入了部分新的內容，但也講得比較粗略，不能滿足實際工程建設的需要。

(二) 實踐教學困難多

工程測量課程的教學分為理論教學和課內實踐教學兩部分。理論教學是基礎，實踐教學是應用。要培養應用型人才，測量課的實踐教學至關重要。而實踐教學中存在以下一些問題：①實踐課時偏少，學生使用儀器的時間短，往往不能熟練掌握儀器的操作；②隨著測量技術的發展，新型儀器正在逐漸取代老儀器，但新型儀器價格昂貴，很多院校由於資金問題不能及時更新儀器，使得某些新的實訓項目無法開展；③課內實踐教學受時間的限制，設置的實訓項目比較單一，與工程實際結合不足，不利於應用型、技能型人才的培養。

(三) 考核方式陳舊

工程測量課程的考核往往是用期末筆試的方式進行的，考試內容主要是基本概念、基本原理，而不對學生的實踐動手能力、解決問題的能力、團隊協作能力進行考核，但這些能力恰恰是應用型人才應具備的。筆試的成績很難反應學生工程測量的真實水平，往往造成高分低能的現象。

三、教改內容

(一) 理論教學內容改革與創新

為了跟上現代工程技術發展的腳步，筆者在工程測量課程的教學過程中，對授課內容進行了優化，去掉了教材中已經落後的知識，加入了新的教學內容，具體見表1。

表1　　　　　　　　　　　新舊知識點對比

舊知識	新知識
DS3型微傾式水準儀的構造與使用	自動安平水準儀的構造與使用、電子水準儀的構造與使用
DJ6光學經緯儀的構造與使用	電子經緯儀的構造與使用
鋼尺精密量距	光電測距
經緯儀、鋼尺導線測量	全站儀導線測量、GPS平面控制測量
碎部測量（經緯儀測繪法）	全站儀坐標測量
傳統距離測設、角度測設、高程測設	全站儀距離測設、角度測設、高程測設、坐標測設

我校工程測量課程的理論教學只有32學時，時間少、內容多。為了更好地利用這有限的教學時間為培養應用型人才服務，筆者重構了工程測量課的教學內容，把教材劃分為三個項目，在不改變原有知識體系的基礎上，將更適用的內容全部反應在項目任務中，在任務驅動下完成教學。項目任務劃分見表2。項目一基本測量原理與方法，讓學生掌握測量的基本知識和各種常規儀器的使用方法。項目二

典型測量任務，精選四個典型工作任務，把四個任務都融入實踐教學，以實踐技能訓練帶動理論知識學習。項目三建築施工測設，根據民用建築的施工測設過程安排任務，並融入工程測量員考試中關於測量放線工職業標準的內容，使課堂教學與職業技能接軌。

表2　　　　　　　　　　　　　　項目任務劃分表

項目名稱	項目任務
項目一 基本測量原理與方法	任務1　建築工程測量基本知識 任務2　水準儀使用方法 任務3　經緯儀使用方法 任務4　全站儀使用方法 任務5　GPS原理與使用方法
項目二 典型測量任務	任務1　高程控制測量 任務2　平面控制測量 任務3　大比例尺地形圖測繪 任務4　地形圖的應用
項目三 建築施工測設	任務1　距離測設、角度測設、高程測設、坐標測設 任務2　施工場地控制測量 任務3　建築物定位與放線 任務4　建築物變形觀測

（二）實踐教學改革

課內實踐教學是工程測量課程的重要組成部分，是對理論教學成果的檢驗和應用，是培養應用型人才不可缺少的一個環節。實踐教學可以培養學生以下綜合能力：①儀器操作能力；②綜合運用測量知識解決工程實際問題的能力；③數據處理能力；④團隊協作能力。為了達成以上培養目標，筆者對實踐教學進行了以下三方面的改革嘗試：

（1）增加實踐課時，改革實踐課教學內容，充分利用現有儀器設置測量項目。新舊實踐項目對比見表3。以往課內測量實踐為每次2學時，因為時間短，只能讓學生輪流練習儀器操作和進行簡單的測量，實踐內容與工程結合不足，學生積極性也不高。現在把實踐課時增加到每次4學時後，就能讓學生圍繞某個工程小項目展開測量工作。每次實踐課都需要學生以小組為單位進行測量方案設計、測量數據獲取、數據誤差處理，每位同學還要完成一份實訓心得報告，這種方式不僅讓學生興趣高漲，而且將書本知識與走上工作崗位後從事的施工測量有機融合，讓學生真正做到學以致用。

（2）某些因儀器缺乏無法開展的實訓項目，可以通過視頻教學的方式讓學生瞭解完整的測量過程。

（3）開放工程測量實驗室。學生可以在課餘時間到實驗室借儀器使用，增加學生自主學習的機會，以此解決實踐學時偏少的困難。

表3　　　　　　　　　　　新舊實踐項目對比

原實踐項目	學時	現實踐項目	學時
項目一 水準儀的認識和使用	2	項目一 小區域閉合水準路線高程測量	4
項目二 經緯儀的認識和使用	2	項目二 小區域閉合導線角度測量與邊長測量	4
項目三 鋼尺量距與視距測量	2	項目三 小區域閉合導線控制點坐標測量	4
項目四 全站儀的認識和使用	2	項目四 小型建築物軸線測設與高程測設	4

（三）變革考核方式

首先，靈活設置考試內容。為了避免高分低能現象的出現，教師在設置考試內容時，應少一些呆板的書本知識，多一些實踐操作內容的考題，注重考查學生創新解決工程實際問題的能力。對工程造價專業的學生而言，考試中還應加大制圖與用圖類型題目的比重，比如利用地形圖進行土方量估算，按限制坡度在地形圖上選定最短路線等。

其次，變革考核方式。為了全面考核評定學生的綜合能力，應對原有單一閉卷的考試形式進行改革，改變「一張考卷定乾坤」的做法，實行成績綜合評定。課程的考核內容由三個部分組成：第一部分閉卷考試成績，占期末總分數的40％；第二部分儀器操作考核成績，占期末總評的30％；第三部分實踐課上交的實訓報告和實訓表現，占期末總評的30％。第一部分著重考核學生理論知識的掌握情況；第二部分重點考核學生的儀器操作能力；第三部分考查學生的數據處理能力、實踐能力、解決問題的能力、團隊協作能力和學習態度。

四、結語

工程測量是技術性和實踐性很強的一門課程，它可以成為學生操作技能、實踐能力和工程綜合應用能力培養的支撐課程，能夠滿足社會發展對應用型、技術技能型人才的需求。本文從理論教學內容、實踐教學內容、考核方式等方面對課程進行了改革探討，以工程實際應用為中心引導課堂教學內容的轉變，實現以期末考核為主向能力考核為主的轉變。希望通過課程改革，學生的技術技能和實踐應用的能力能夠不斷提高。

參考文獻：

[1] 李琦瑋. 高職院校「建築工程測量」教學改革探討 [J]. 江西建材, 2014 (18)：294.

[2] 林清輝. 面向市場經濟的建築工程測量課程教學改革 [J]. 課程教育研究, 2014 (18)：87-88.

[3] 王春林, 王延麗, 王英杰. 應用型人才培養模式下的測量學教改問題研究 [J]. 赤峰學院學報（自然科學版）, 2015, 31 (9)：255-256.

市場營銷專業課程的開發與設計創新探討

郭美斌

摘要： 營銷人才的培養越來越注重應用性、行業適應性和創新能力的獲得，目前許多高校市場營銷專業課程的設置無法達到上述要求。樂山師範學院市場營銷專業新制定的 2010 版人才培養方案在努力地解決工學結合、能力培養等問題，而課程的開發與設計創新是解決問題的關鍵，本文對此進行了深入的探討。

關鍵詞： 課程開發；設計創新；探討；營銷專業

市場營銷專業應用性很強，越來越注重應用性、行業適應性和創新能力的培養，目前許多高校市場營銷專業課程的設置無法達到上述要求。樂山師範學院市場營銷專業新制訂的 2010 版人才培養方案在努力地解決工學結合、能力培養等問題，力求培養出高素質的營銷人才。而在學校實現新的人才培養模式與方式改革過程中，大力推進專業課程的開發與設計創新勢在必行，對此，本文進行了深入的探討。

一、市場營銷專業課程開發與設計創新的原則

1. 目標導向原則

市場營銷專業課程的開發與設計首先要有明確的目標，就是清楚通過課程的開發設計創新，最終要達到什麼目的。而目標的確定應該從社會對營銷人才的需求、學生成功就業和職業發展等方面去考慮，要以提高專業知識的應用率和能力的獲得為目標。

2. 客觀科學原則

學生畢業後在什麼行業工作，主要做哪個層次的工作，這些對課程學習的要求都是不一樣的。市場營銷在課程開發與設計創新中必須根據本學校、本專業的實際情況以及學生就業的主要去向來決定課程體系的設置和具體課程的開發。

3. 系統性原則

市場營銷專業課程的開發與設計必須要從營銷人才培養的全局、長遠角度考慮，建立完整的課程體系和課程內容體系。為適應學生就業的不同需求，課程設計既要突出主幹課程，又要注意課程的完整度和關聯度，才有可能使培養出來的

人才具有較強的社會適應性。

4. 穩定性原則

市場營銷課程開發設計完成後，在強調要不斷適應社會發展對人才的要求的前提下，必須在一段較長的時期內不去做太大的變動，這樣課程的開發設計才有利於在實際的教學過程中具體實施。

二、市場營銷專業課程開發與設計的現狀及存在的問題

本文通過文獻檢索，梳理出了當前高校市場營銷專業課程開發與設計的現狀及存在的一些主要問題。

1. 培養目標的定位

由於地區經濟、文化產業發展的差異，各地區院校師資力量、財政支出等不同，各地普通高校人才培養目標的定位也不盡相同，高校市場營銷專業的培養目標存在較大差異。大體培養目標分為兩類。第一類是以培養市場營銷專業技能應用型人才為目標。其中，培養目標是讓學生具有一定的專業理論基礎，培養重點是讓學生掌握專業技能，能適應營銷行業基礎崗位需求，能勝任高級專業技術應用行業。第二類是以培養高端人才為目標。具體要求是除了要讓學生精通市場營銷專業知識技能外，還需要讓他們學習相關專業知識，重點是要瞭解企業需求，能參與策劃、談判、管理、經營活動，具有組織管理、開拓創新的能力。

由此可以看出，第一類培養目標較為適合處於建設過程中的普通高校，因其師資力量、教育投資等比較薄弱，而第一類培養目標簡單，只要能培養出滿足面向市場營銷行業的專業技術人才即可。這樣的院校會要求學生專注於學習，掌握營銷知識，並能簡單實踐。而第二類培養目標對學生的定位更加「高級」，更加強調綜合素質的提升和培養，尤其是要從企業角度出發，有目的性地針對營銷行業需求進行對學生的培養，強調工學結合。第二類培養目標要求學生不僅能掌握專業知識體系理論，又要熟悉企業需求，瞭解行業動態命脈，把握市場熱點及其發展趨勢。

2. 培養規格與要求

基於以上兩類不同的培養目標，當前普通高校的培養規格和要求同樣存在較大差異。第一類培養目標更注重學生的操作能力，第二類培養目標更注重學生的組織管理、營銷談判能力。

3. 課程結構的配置

本文根據所調查的普通高校市場營銷專業計劃，將所有課程分為職業基礎、能力支撐、職業核心三大類。通過統計分析可知，三類課程占所有課程的比例分別為52%、31%、17%。

對課程設置進行的統計分析的結果說明，中國高校市場營銷專業課的課程設置要分層次、分類別，要適應社會市場需求，建立一種系統、綜合的課程設置體系。

4. 課程學時、學分及課程門數

從對普通高校市場營銷專業教學計劃的統計結果來看，當前市場營銷專業課程的總學時、學分、理論教學與實踐教學課程比例各不相同。許多普通高校的課程層次主要包括思政類、法律類、綜合素質類、經濟類、管理類等理論課程，除此之外還包括營銷實訓等實踐教學類課程。多數院校加大了實踐教學類課程的比重，因為實踐教學類課程的設定是滿足應用性強的市場需求的，但這麼做同時也存在著弊端。這主要是因為實踐類課程的監督、管理、效果評價很難把控，我們在調查中也瞭解到很多畢業實踐已經淪為形式。

此外，我們在調查統計中發現，許多學校存在公共選修課開設不足的現象。一些院校更注重必修課的設置，一些院校的選修課則是以專業選修課為主。而公共選修課是提高學生的綜合素質教育的重要途徑，所以在必修課和選修課的比例中建立一個科學有效的管理機制是非常必要的。

通過對普通高校市場營銷專業課程現狀的分析可知，部分院校仍存在著以下問題：①培養目標定位不明確。當前市場營銷專業培養目標不分行業和領域的不同，培養目標大同小異。學校對營銷人才培養的規格定位不準，對培養的營銷人才適合哪些崗位不是很明確。但實際情況是市場和企業對市場營銷人才的需求是多樣化的。②對市場和企業發展性需求的適應性不足。在教育隨著政治、經濟、科技發展而不斷發展的宏觀前提下，部分院校市場營銷人才的培養計劃仍不能滿足市場和企業的發展性需求。③課程發展相對滯後。一方面，當前普通高校市場營銷專業課程設置仍以傳統學科課程為主，在教材內容中偏重理論知識。這樣，高校人才培養目標在理論與實踐結合、課時安排、教學實施等方面得不到全面滿足。目前，市場營銷課程體系還未能區分行業與領域，忽視市場與企業在行業特色中的差異性。另一方面，適應市場與企業發展需求的專業、行業方向性課程開展較少，行業知識普及非常匱乏。④課程組織結構不合理。實踐環節仍顯薄弱，無論是課程實踐教學課程還是專業綜合實訓設計開發，都是基於專業的實踐教學，處於與職業崗位工作脫節的狀態。同時，實訓課程受限因素較多，如受限於師資水平、實訓基地、實踐設施等，因此難以建立一套科學有效的、覆蓋全面的實訓體系。除此之外，當前的市場營銷專業課程內容與工作嚴重脫節，限制了學生職業素質的培養。營銷專業離不開企業、離不開崗位，而目前多數教學計劃在制訂時都是「紙上談兵」，嚴重缺少對營銷工作崗位的分析，課程與工作過程之間的關聯度不夠。多數課程處於孤立狀態，沒有突出課程與崗位的關係，這樣就導致專業課程與工作過程脫離，不利於培養學生的職業素質和能力。

三、市場營銷專業課程開發內容探討

通過分析中國目前營銷專業課程開發設計存在的問題，我們得知市場營銷專業在課程開發和設計中應滿足以下要求：課程開發要「厚基礎、強能力」；課程開發必須要有利於專業培養整體目標的實現；課程開發在內容上要把握好課程與課

程之間的交叉關聯，要將理論同實踐有機結合，加大實踐教學比重。

基於上述認識，本文從課程開發原則出發，立足於目前市場營銷專業課程開發的現狀及問題，對專業課的開發與設計進行了初步探討，認為市場營銷專業課程體系開發可以做以下構想設計（見圖1）：

市場營銷專業課程開發體系
- 可控因素
  - 目標市場：市場調查、預測和決策，市場統計分析（市場研究）
  - 產品：產品開發、商品學、質量管理、包裝學
  - 價格：市場價格學
  - 促銷：廣告學、公共關系學、談判與推銷、企業形象設計
  - 銷售渠道：物流學、經紀人理論與實務
- 不可控因素
  - 政治：政策學、工商行政管理學、中國外貿政策、財政與金融政策
  - 經濟：國民經濟管理、行業經濟管理、企業管理原理
  - 法律：經濟學、國際商法
  - 文化：社會學、心理學、美學
  - 科技：科技進步學
  - 自然：環境保護、經濟地理學
- 綜合：營銷戰略與規劃、營銷診斷與咨詢、國際市場營銷、風險管理、營銷案例

圖1　市場營銷專業課程開發體系

四、市場營銷專業課程開發的設計創新

1. 市場營銷專業課程設置需要創新

市場營銷專業的課程設置要隨著市場的變化，有針對性地、及時有效地進行實際改革，且必須符合教學特點的發展規律及專業人才自身成長的實際需求。要從市場實際出發，「工學結合」，模擬真實的工作場景，建設實訓基地。要以培養崗位能力為目標設置相關課程，加強課程體系間的聯繫與綜合，注重精選教學內容，更新教學成果，不斷將市場營銷前沿技術與成果融入教學。市場營銷專業課程體系應該秉承口徑寬、基礎厚、模塊活、素質高、能力強的原則，依據普通高校市場營銷專業的培養目標、圍繞市場營銷職業的崗位群，循序漸進地培養學生學習掌握專業基礎理論、專業行業技術背景及學習、運用專業知識的能力，最終培養出能快速有效適應市場環境變化的、有紮實專業基礎知識和實際操作能力的合格學生。

市場營銷專業課程開發創新應圍繞畢業後學生從事的工作進行構建，具體步驟如下：

①確立市場營銷專業學生就業的崗位；
②根據營銷就業崗位界定其實際工作任務；
③選擇典型工作任務作為代表；
④依據典型工作任務規劃學習領域；

⑤將學習領域分解為主題學習情境。

市場營銷專業課程體系構建流程如圖 2 所示：

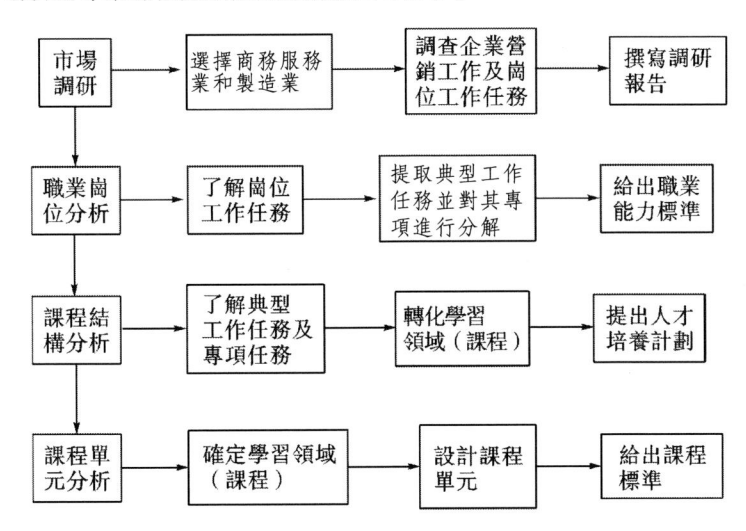

圖 2　市場營銷專業課程體系構建流程圖

應綜合課程開發創新要求，以樂山師範學院市場營銷課程開發設計為例，高校可將學分分佈設計如表 1 所示：

表 1　　　　　　　　　　　高校市場營銷課程設置及學分安排

類別		模塊	學分	建議
通識教育課程（55學分）	必修（43學分）	思想政治理論課	14	
		外語	15	
		信息技術	5	
		體育	6	
		綜合素質	3	
	選修（12學分）	選修課可以依託行業背景按照模塊組織教學，比如可開設服務業營銷模塊、鐵路市場營銷模塊、物流業市場營銷模塊、房地產業營銷模塊等。每個模塊要根據市場、行業的變化及時調整教學內容		
學科專業課程（91~101學分）	必修（65學分）	學科專業基礎課程	≤45.5	必修的專業基礎課除了要向學生傳授必須掌握的有關流通和貿易、管理等基礎知識外，更需加強對其專業能力素質、策劃創新能力的培養
	選修（26~36學分）	專業課程	≥7.5	

95

表1(續)

類別		模塊	學分	建議
實踐教學環節 （34學分）	必修 （34學分）	見習	3	①為提高學生專業素養，可開設市場調查與預測、商務談判、推銷理論與實務、市場營銷策劃等課程； ②「工學結合」，可開設企業管理、財政與金融、社交禮儀電子商務等課程
		專業技能（實務）類	11	
		專業實習	12	
		畢業論文（設計）	6	
		軍事理論與訓練、社會實踐	2	
	選修 （10.5學分）	課程實驗實踐	10.5	
第二課堂學分與創新附加學分	①學生應完成第二課堂規定的任務並得到學分； ②創新與附加學分經認定可沖抵部分通識教育選修學分			

2. 市場營銷專業課程教學模式需要創新

以市場為導向、以能力為核心、多元化的教學模式將是市場營銷專業課改革的發展探索方向。

首先，要考慮教學內容中市場預測、行業調研分析、前沿營銷研究成果等的融入。只有貼合市場的需求，營銷人才的營銷知識應用能力、決策能力和創新能力才有用武之地。要進行專業調研，做好課程分析。市場營銷專業的社會需求調查應立足於專業服務，要以專業服務的區域經濟發展為基礎開展人才需求調研。要確定市場需求數量、層次（學歷、能力）要求等。

當前，市場營銷專業素質培養的研究課題成果之一是將教學課程按照模塊組織，具體包括：為了培養市場營銷專業學生的基本素質而設置的職業通用能力模塊，要求學生具有基本的生活、學習和工作中的素質；為了培養市場營銷專業學生的基本能力而設置的職業基礎能力模塊；為了培養學生的專業動手能力而設置的職業崗位能力課模塊。

其次，在課堂教學實踐中，要增加實訓內容，採用更多的案例，以學生為主體，充分調動學生在教學中的主觀能動性，以啓發式教學、情景模擬教學等教學方式激發學生的學習熱情。同時，要開展課堂討論，充分利用計算機模擬等現代教學技術使課堂教學豐富多彩。要增加師生互動以促進教學效果，用切實可行的教學方式來解決教學中存在的實際問題。

最後，要將學生能力培養貫穿教學過程的始終，用先進的教育教學理念引導教學。要將理論學習同營銷實踐有機結合，適當組織學生到企業營銷現場參觀學習，邀請行業內營銷能手現場示範培訓，對教學中的難點問題進行有針對性的討論，讓學生扮演職業角色，進行感知體驗，以此縮短理論知識學習與實際工作之間的距離。另外，要通過案例情景訓練、營銷策劃、市場調查、銷售實踐等實踐活動來培養學生的團隊精神、需求分析能力、項目實施能力。

為了培養出更加符合當前社會需求的市場營銷專業型人才，筆者將調研文獻進行了匯總分析，歸納出市場營銷專業課程開發的設計原則，找到了當前市場營銷專業課程開發中存在的問題，相信本文必將對專業課程的開發設計和創新有所裨益。

參考文獻：

［1］李紅梅.高職市場營銷課程教學實施創業教育探索［J］.大眾科技，2009（4）：178-179.

［2］楊玲.市場營銷專業課程體系探索［J］.江蘇技術師範學院學報，2003（10）.

［3］高林，鮑潔，王莉方.基於工作過程的課程設計方法及實施條件分析［J］.職業技術教育，2008（13）.

［4］司新雲.基於能力培養的市場營銷專業教學方法探析［J］.對外經貿，2012，2：142-143.

［5］曹印革.市場營銷專業實踐教學體系的構建［J］.石家莊職業技術學院學報，2012，1：60-62.

專題三
教學法探析

交際教學法在商務英語口語教學中的應用

劉 遠

摘要：在全球經濟快速發展的今天，商務英語能力日趨重要。傳統英語教學模式下，商務英語呈現出教學方式單一、教學難度大、學生積極性不高的缺點。交際教學法以多教學模式、多類型方式、團隊合作的教學特點提高了學生商務英語口語的能力，培養了學生在商務環境中的綜合能力。因此，在高校商務英語口語教學中應用交際教學法的效果日益顯著。

關鍵詞：交際教學法；商務英語口語；應用

在全球經濟快速發展的今天，中國的經濟貿易往來日趨頻繁，而商務英語以其極強的專業性、應用性、流通性成了實現世界經濟貿易往來的溝通手段。因此，對具有高素質、高水平的商務英語人才的需求也在不斷增加。高校商務英語口語教學對學生的培養目標高於傳統英語教學對學生的培養目標，新穎的交際教學法在商務英語口語教學中的作用也日益顯著。

一、交際教學法的內涵

（一）概念

交際教學法是一種以社會交際為基本功能，著重於培養學生語言運用能力和交際能力的一種教學方法。其將學生視為課堂的主體，以教師為主導，以培養學生的口語交際與應用能力為教學目標，根據不同的教學內容和學習者不同的需求提供不同的教學方式和設置不同的教學情境，從而達到提高學生口語交際能力的目標。

（二）特徵

1. 注重以學生為主體的交際活動

交際教學法與傳統教學法相比，注重以教師為主導、學生為主體，學生擁有更大的主動權參與教學活動。在達到教學目標的前提下，教師將交際活動融於課堂，由教師設定交際活動情境，主導課堂節奏；學生為課堂交際活動的中心，獨立、自主地完成交際活動的演練，從而在情境中實現口語交際，提升自己的英語口語能力，充分發揮自己的表現能力、鍛煉自己的交際能力，並熟悉、瞭解各類

商務情境和商務業務，為日後從事相關工作奠定實踐基礎。

2. 培養學生的交際能力

交際教學法是一種以培養交際能力為主的教學法，其在教學過程中注重提高學生的交際能力和提升學生的交際水平。在課堂教學中使用交際教學法的教師根據教學內容與教學目的設置真實、具體的商務情境，讓學生進行具體的口語交流和實際演練，以高度實踐的形式，達到鍛煉學生語言表達能力和交際能力的目標，極大限度地提升了學生的實際交際能力。

3. 提高學生的語言應用能力和技巧

傳統的課堂教學模式中，教師著重於教授課本基礎知識、語法、理論知識等，很少有機會讓學生自行表達，所以學生普遍存在「聽得懂，說不出」的現象，導致「啞巴」英語現象。在課堂中導入交際教學法，不僅能使學生掌握語言使用規則，更重要的是能夠使學生學會在不同的場合正確運用語言，提高學生的語言應用能力和使用技巧，真正意義上實現「學以致用」，讓學生將書本上的知識轉化為自身知識，並熟練、靈活運用於今後的工作中。

4. 在交際教學中建立和融入商務文化情境

高等院校開設商務英語課程的最終目的是要培養一批具有英語和經貿專業知識且能在不同國際商務環境下熟練運用英語並以此解決各類國際商務事宜的綜合性專業人才。因此，交際教學中，要建立和融入商務文化情境，注重培養學生跨文化交際的意識，要讓學生不僅掌握商務活動相關知識，更要讓他們瞭解其他國家的經濟狀況、商務環境、社會文化、風土人情或是其他企業的品牌戰略、企業文化等。基於此開展的交際活動，既豐富了學生的知識儲備，也提高了學生語言學習與運用的準確性。

二、商務英語的教學現狀

（一）教學方式單一、枯燥

目前，大多數商務英語教學使用傳統教學方式，以教師為主體，根據課本進行語法解析、商務基礎知識講解，課堂氣氛沉悶，缺乏靈活性，很難激發學生的學習興趣。時間久了，學生便產生厭煩情緒，只是機械地記筆記、完成課後作業。在這種教學方式下，教師一味地進行教授，忽略了對學生口語能力的培養。

（二）對學習者語言交際能力、運用能力的重視不夠

商務英語教學中，教師一直著重於語法的講解、閱讀寫作能力的培養，將大部分注意力集中在了語言的準確性上，但對學生語言交際能力和運用能力的重視卻不夠。課堂教學中，教師很少有機會對學生進行口語訓練、語言運用訓練，導致學生口語水平低下、知識運用能力弱，在實際商務交際中與人交流的能力也薄弱。

（三）課程綜合性強致使教學困難

商務英語是一門英語與經貿專業知識相結合的學科，其綜合性強、涵蓋面廣、

使用範圍廣，不僅要求學生具備熟練的英語運用能力，還需要他們熟知涉及金融、文化、經濟、外事、營銷、企業管理等多方面的商務專業知識。然而，學生基礎知識儲備不足，對教師所教授的知識不能融會貫通，增加了教師的教學難度，致使大部分的商務英語教學停留在表面，無法結合實際情況綜合分析、深入探討，教師也就無法傳授更好的語言運用技巧和方法。

（四）學生英語水平不一、積極性低

一個班級裡的學生英語水平參差不齊，有的學生英語基礎較好，閱讀和寫作能力較好，能對教師教授的知識快速吸收並加以運用；而有一部分學生英語基礎較弱，對英語的常用基礎會話理解存在一定的困難，對專業性和綜合性更強的商務英語的理解更是困難。這類學生對知識不僅吸收慢，而且由於底子弱，更是無法將所學知識加以運用。雖然商務英語具有很強的專業性和綜合性，但其理論性也強，需要學生不斷加強記憶、練習，才能更好地掌握所學的知識。學生需要具有很強的毅力和很高的積極性，而在目前的商務英語教學中，存在著學生積極性低的現象，原因在於：第一，學生不願意花時間去練習或是在一段時間的練習後未取得進步就放棄；第二，學生對這門學科缺乏興趣；第三，教師的教學方式不具有吸引力，不能激發學生的學習興趣。

三、交際教學法在商務英語口語教學中的有效應用

（一）豐富交際教學法在課堂中的運用形式，加強教學形式設計

教師在課堂上引入交際教學法，應豐富其運用形式，而非單一地重複一種形式或一種交際活動。這就需要教師以提高學生口語交際能力為教學目標提前做好教學設計和規劃，交際教學的具體設計、每個章節的重難點、重點詞彙句型、重點案例等都要涉及並融於各環節；根據不同教學內容的性質選取適合的交際活動、交際話題，話題要能夠充分貼近學生將來工作的需求，從而激發學生的興趣；教師定期進行教學法使用總結，根據實際情況調整和改進未來的教學設計，昇華交際教學法在課堂中的運用。

（二）創建多類型交際教學活動，提高學生口語交際能力

在商務英語的課堂上，創建多類型的交際教學活動，讓學生進行真實的商務情景模擬，進行具體的口語交流。

（1）設計商務展示活動。要求學生獨立調查、分析、得出結論、做出決策、製作PPT、進行個人陳訴等，通過此過程調動學生自主學習的積極性，培養學生的表現力，激發學生的創新意識，實現對學生自主學習能力和口語能力的鍛煉，讓其熟悉在各類商務場景中語言的運用技巧，比如企業分析、品牌建設、產品分析等。

（2）設定真實、具體的商務情景，讓學生在情景中扮演不同的角色，參與情景演練。學生不僅需要瞭解、熟悉情景和情景中相關的背景和專業知識，還需要一定的口語表達能力，才能很好地完成情景演練。學生通過相互交流、配合、演

練，能夠深化自己對專業知識的理解，掌握相關的語言知識，同時提前體驗未來在工作中會遇到的情景，從而提高對此學科的學習興趣。教師可設定商務談判、企業面試、進出口貿易流程、商務合作等情景，讓學生參與演練。

（3）開展小組活動。教師在教授理論性較強的專業知識時，可以在理論知識講解完畢時，提出相關問題，而後將學生分成若干小組，每個小組就此問題進行交流、討論，進而得出本組的看法、見解等。教師從各小組隨機選取同學表達本組看法。小組活動可以在一定程度上綜合學生對知識的理解，並將這些理解進一步加深，同時也可以讓本組積極發言的同學帶動較為靦腆的同學，以此解決部分學生「不敢說、怕說錯」的問題。

（三）實行團隊合作模式，彌補學生知識缺口

交際活動發生在人與人之間，因此，教師可實行團隊合作模式，以團隊形式考核學生，包括考核學生的團隊協作能力、口語能力、交際能力等。學生通過團隊協作的形式，完成教師交派的商務交際任務。在此過程中，學生能夠相互彌補知識上的缺口，互相激發創造性和積極性，明白團隊合作的重要性，進而提升自己的綜合素質，培養自己良好的口語交際能力。

（四）增強師生互動，提升學生學習興趣

在實際的商務英語課堂教學中，教師常常照本宣科，而忽略了與學生的互動，導致學生認為課程太死板而失去學習興趣。交際與互動是相輔相成、互相依賴的，要想更好地運用交際教學法，應在課堂中運用互動式教學。運用交際教學法進行的課堂活動本身就是一種交際活動，教師與學生都是這其中的交際對象。增強教師與學生、學生與學生之間的互動，可以拉近大家的距離，提高交際活動開展的質量，從而營造更為輕鬆、和諧的課堂氛圍，激發學生的學習興趣和主動性。

綜上所述，在商務英語口語教學中應用交際教學法是提高教學質量的可行方法。

參考文獻：

［1］徐強. 交際法英語教學與考試評估［M］. 上海：上海外語教育出版社，2000.

［2］李俠. 交際法在高職英語口語教學過程中的應用［J］. 西南農業大學學報，2012（3）.

［3］黃毅. 淺談情境交際法在商務英語中的應用［J］. 科技創新導報，2009（28）.

案例教學法在應用型地方本科院校市場營銷教學中的應用

劉 遠

摘要：地方高校在市場營銷專業人才培養目標上，注重的是理論與實踐並重。案例教學法很好地契合了這一目標。在應用型地方本科院校的商學院或者經濟管理學院營銷專業中實行案例教學法，能夠增強當代大學生的學習主動性、促進學生對理論知識的吸收、提升學生的實踐能力。但是，當前也存在著營銷教學案例陳舊、更新不足、不完善，部分學生參與意識不強，案例教學師資隊伍不夠強大等問題。在此，筆者希望通過轉變教學觀念，優化教學授課過程，加強案例系統開發、建設、投入，豐富專任教師的營銷實踐經驗等來確立案例教學法在地方本科院校的市場營銷專業教學中的優勢。

關鍵詞：案例教學法；市場營銷教學；應用

目前，中國大多數院校都開設了市場營銷專業。與高職院校培養應用型人才和研究型院校培養研究型人才不同，地方本科院校市場營銷專業人才的培養目標要求理論與實踐並重。因此，如何有效提高學生的綜合應用能力是營銷課程教學需要解決的重要命題。

案例教學法規避了傳統授課方式無法有效激勵學生自主學習的短板，能引導學生置身於真實的營銷情景中，激發學生進行啓發式思考並進一步提高學生在面臨複雜營銷環境時的應對和決策能力。基於此，本文試圖探討案例教學法在地方本科院校市場營銷專業教學中的應用。

一、市場營銷教學中的案例教學法

案例教學法最早起源於哈佛大學的法學教育，並獲得了顯著的教學效果。營銷教學中的案例教學法，是一種將企業營銷實際情景引入課堂，指導學生進行討論、分析、交流，帶動學生開展頭腦風暴，從而提高學生應對和處理實際問題的能力，並鍛煉學生的溝通能力和培養團隊意識的教學方法。傳統教學是以教師為中心的理論灌輸式教學，而案例教學是以學生為中心的發散理論交流式教學，強

調對複雜情境的體驗和互動。其特點是綜合運用歸納、抽象、推理、演繹等方法，對來源於實際的企業營銷活動進行分析、判斷、總結，並找出相關規律，鼓勵學生勤於思考，並能致力於將得出的結論和規律運用於實際的營銷活動中。案例教學法的運用，要求對企業營銷活動或是商業環境進行真實模擬，讓學生身處其中，通過團隊分工、角色配合，通過分析企業的內部環境和外部環境，研究企業面臨的問題，從而提出有效的解決方案和改進建議，最終做出決策。

1. 培養學生主動學習的興趣

在市場營銷教學中，案例教學法得到了廣泛的應用，其最顯著的特徵是能夠最大限度地調動學生的主觀能動性，激發學生的創造性，促使學生積極參與課堂教學。為達到教學目標，學生需要在課前將教師指定的案例材料認真閱讀，查閱相關資料，思考商業情景，分析問題，並通過自己的判斷和決策，獲得結論。在教學過程中，學生要積極回答問題，大膽地表達出自己的思考及結論，並進行討論爭辯。在這樣一個思考、討論的過程中，學生不僅能夠掌握理論知識，其實踐綜合能力也能得到提高。教師在此課堂上不再是教學的主導者，而是引導者。教師讓學生成為課堂的主體，引導他們暢所欲言，增強他們的信心。在問題的討論中，教師增加了與學生進行交流的機會，激發了學生學習市場營銷學的積極性，活躍了課堂氣氛。這樣的課堂教學實現了雙方的參與、互動，實現了學生從「要我學」到「我要學」的轉變。

2. 增強對理論知識的吸收

傳統的課堂教學中，知識主要來源於教師一對多的教授。而在案例教學中，學生為課堂主體，教師從旁輔助，學生在課堂上討論、交流各自在課外學習的知識，教師就此過程中出現的知識紕漏、知識準確度進行一定的糾正、幫助以及評判，實現理論知識「多點對多點」的傳輸、學習。案例教學打破了傳統課堂教學單一的模式，使得學生能夠從教師對案例的分析思路與點評中學到知識，也可以從其他同學的分析角度、思考方式及團隊協作中學到知識，還可以通過對案例的研究以及在與他人的互動交流中得到同學的啟發而「頓悟」獲得知識。另外，傳統教學中學生難以從文字方面理解抽象難懂的理論，而在市場營銷理論教學過程中，教師通過案例將理論知識融入實際問題，引導學生明白市場影響理論知識的內涵，提高學生對理論知識的認知水平。同時，通過案例討論的過程，學生能夠發現自己的不足，更好地學習相關知識。可以說案例教學法在市場營銷理論知識教授方面比傳統教學更易於讓學生吸收、理解，明顯提高了他們對知識的感知度。

3. 提高學生實踐能力

市場營銷學應用性強、注重實踐，需要學生學以致用，將理論轉化為實際技能，解決營銷實踐中的實際問題。在市場營銷教學中使用案例教學法，能夠滿足教學需求和教學目標。在此過程中，學生需要運用相對應的營銷理論知識來分析案例中所反應的現象，從而研究其本質，創造性地進行獨立探討並提出解決實際問題的方案和建議。案例教學可以說是學生正式進入營銷工作實踐前的預演，縮

短了營銷理論知識與營銷實踐之間的距離。同時在案例教學過程中，教師對學生是否得出統一答案並不看重，注重的是學生得出結論的過程，同時注重學生思考過程中運用的創新思維，引導學生從多個角度出發提出解決實際問題的辦法。這將使學生提前瞭解營銷環境的複雜性，提高他們處理營銷活動中實際問題的能力。

二、存在的問題

1. 營銷案例庫不夠全、不夠新

市場營銷教科書上的一些案例都千篇一律，且有的引用的都是幾十年前的老例子了，案例過於陳舊，不能適應時代發展的要求。在現有的市場營銷案例教學中，各類營銷理論所對應的案例範圍過於狹窄，所講授案例絕大多數是知名跨國企業案例或國外的營銷案例，傑出的本土案例或是國內中小型企業的案例很少。然而，企業營銷活動面臨的營銷環境、客戶行為等或多或少會受到一些本土化因素的影響，加之學生對國外的營銷環境也不熟悉，導致國外的案例不能很好地滿足國內案例教學的需要。

2. 部分學生參與度和積極性不夠

傳統教學普遍採用純理論、填鴨式的教授方式，而我們的學生，尤其是地方本科院校的很多學生卻「習慣」這樣的傳統教學，對新穎的案例教學或多或少有抵觸情緒。並且，部分學生對此新穎的教學方式不認可，認為教學案例陳舊不能跟隨時代發展，對自身意義不大；抑或是教師使用千篇一律的案例教學方式，使得課堂氣氛沉悶，不能滿足學生較高的心理期望，學生的參與度和積極性都不高。

3. 案例教學知識教授穩定性不夠強

案例教學法的主體是學生，主要的知識傳輸原則是多點傳輸，因此課堂上交流的自由度很高，老師主要起輔助、引導作用。但是如果過於注重自由，那課堂教學很可能出現「雜亂地各抒己見」的狀況。另外，案例教學有時過於形式化，部分老師「為案例教學而案例教學」，光講「故事」，不得出結論，而學生也被動地成為「聽故事」「講故事」的人，案例中的知識點、理論點得不到有效提煉。因此，案例教學在遵循教學過程中的高自由度的同時，也帶來了知識點教授的穩定性減弱。

4. 教師營銷實踐經驗累積不足

實行營銷案例教學的教師需要營銷專業理論知識和營銷實際工作經驗，大量充分的營銷實踐是對營銷專業教師的基本要求。但目前在中國高校中，大多數市場營銷專業教師都沒有一線營銷實踐經驗的累積，教師理論知識與營銷實踐無法更好地對接，造成課堂教學中案例教學與實際脫軌的局面。有的高校雖然加強了對教師營銷實踐的要求，鼓勵教師與社會、企業結合，但是由於教師自身角色定位的問題，其很難真正深入營銷實踐，營銷實踐往往流於形式。而有一些高校將市場營銷模擬軟件投入使用，這在某種程度上掩蓋了教師實踐經驗不足的問題，但同時也阻礙了教師主動參與營銷實踐，這對教師營銷實踐經驗的累積是不利的。

三、案例教學法的應用建議

1. 加強案例開發建設，完善案例庫，實行案例更新機制

開展成功的案例教學，需要以充足的案例數量為基礎，案例的質量則是案例教學的關鍵。但從目前的情況來看，部分高校，尤其是地方本科高校在案例系統建設方面投資力度不夠，不能提供高質量、本土化的案例庫。因此，應該加大對案例庫開發和建設的投資，設立專項資金，積極借鑑和汲取其他地區案例庫建設的成功經驗，以開發本土案例、完善案例庫、實行案例更新機制為目標，盡快改變案例庫資源少，精品案例、本土化案例不多的局面。另外，要積極推動校企合作，鼓勵教師參與企業實踐，到企業兼職，為案例素材的採集和案例開發編寫提供有力保障。

2. 轉變教學理念，增強學生的參與意識，提高其積極性

案例教學對剛入高校的學生是種新穎的教學方式，學生需要付出更多熱情。要想讓初次接觸案例教學法的學生接受這種新穎的教學方法，就要從觀念上對學生進行轉變。教師要改善課堂氣氛，增強知識點和實際的結合，讓初次教學的案例更「平民化」「校園化」。教師不必過分追求國際化、大企業的案例，應讓學生感覺到就是在討論大家周圍的事，對大家有幫助，讓他們想參與課堂學習、討論。

3. 優化案例教學過程

在營銷教學中使用案例教學法，教師需因材施教，應根據內容、教學目標靈活安排教學。教師要以實現教學目標、培養學生決策能力為前提，注重教學過程的優化及案例教學形式的多樣化。要想有效優化營銷案例探討過程，首先需要糾正和改變學生在討論中「事不關己」的態度以及「搭便車」現象。教師可通過小組成員內部分工和成員逐一發言並評分的方式，激發學生在案例討論中的參與意識。教師採用多樣化、靈活的案例教學形式，既可以將案例融入理論知識，將理論知識與真實的營銷實踐結合起來，使學生更好地掌握和駕馭所學的理論知識，也可以以案例教學為主，將理論融於案例，通過對案例進行討論和分析，歸納相關營銷理論。教師還可以在理論課程之後單設實踐教學環節，專門解決理論與實踐的結合問題。在實際教學中，教師應根據不同的教學內容需要，靈活地採用對應的教學形式，改變那種程序化的案例教學方法，提高學生的學習興趣，實現營銷教學的目標。

4. 打造和培養案例教學師資隊伍

高校可以培養和打造一支既有理論基礎，又有豐富案例教學經驗，同時還有實際營銷經驗的案例教學師資隊伍。高校可以聯合同類高校，組織市場營銷專業教師參與案例教學的進修、研習和觀摩，鼓勵優秀教師相互分享、傳授案例教學經驗。地方本科院校可進一步與企業開展校企合作，高校既可以指派市場營銷教師深入企業開展考察、諮詢活動，或是到合作企業兼職從事市場營銷相關工作，也可以邀請企業中具有豐富營銷經驗的人員到高校為學生分享實際工作中遇到的

營銷案例。如此，高校教師有了更多機會接觸現代營銷活動並累積了大量與時俱進的營銷案例，為編寫營銷案例庫奠定了基礎。

總的來說，地方高校在市場營銷專業教學目標上，注重的是理論與實踐並重，而合理的案例教學法的應用能很好地契合這一需求。

參考文獻：

［1］楊光富，張宏菊.案例教學：從哈佛走向世界——案例教學發展歷史研究［J］.外國中小學教育，2008（6）.

［2］趙文松，鄭豔紅.案例教學法在市場營銷教學中的應用［J］.天津職業院校聯合學報，2011，13（6）.

［3］徐其東.案例教學在高校市場營銷教學中的應用思考［J］.教育與職業，2010，1.

［4］劉剛.哈佛商學院案例教學作用機制及其啟示［J］.中國高教研究，2008，5.

淺談項目教學法在高校稅法教學中的運用

廖曉莉　宋　芳

項目教學法起源於美國，盛行於德國，具體是指通過進行一個完整的「項目」工作而進行的實踐教學活動的培訓方法。在教學實踐中，所有具有整體特性並有可見成果的工作都可以作為項目（如商業、財會和服務行業項目），因此在高校稅法教學過程中，採用項目教學法可提高學生的學習積極性，提高其學習效率。

一、當前高校稅法教學存在的問題

現在大多數高校都比較重視稅法的教學工作，但效果不是很明顯，很多學生到了工作崗位上後，動手能力很差，有些甚至連基本的納稅申報都不會。當前高校稅法教學存在的問題主要有以下幾個方面：

1. 稅法教材不盡人意，教材內容存在滯後性

隨著市場經濟的發展，中國的稅收制度發生了較大的變化，而高校的稅法教材一般只是修改大標題，忽略了一些具體知識的變化，使得教材的內容滯後。如2011年9月1日起個稅起徵點由原來的2,000元調整為3,500元，稅率由9級超額累進稅率改為7級超額累進個人所得稅稅率，這些變化應及時地寫入2012年的稅法教材。但是，大量的教材都沒有進行更新，這就給學生的學習帶來了一定的困擾。還有就是現在的稅法教材更多偏重於理論的闡述，都是對稅收知識進行羅列，分析案例很少，這也降低了學生的學習興趣。

2. 缺乏「雙師型」教師

現代高等教學需要教師在專業理論知識和專業實踐能力上實現整合。「雙師型」教師是高等教育對專業課教師的一種特殊要求，即要求專業課教師具備兩方面的素質和能力：一要具備良好的教師職業道德，較高的文化和專業理論水平，有較強的教學、科研能力和素質；二要有廣博的專業基礎知識，熟練的專業實踐技能，能指導技能訓練和實習，具備完成基於工作過程體系專業課程的教學能力。近年來，各高校努力造就一支高質量的稅法教師隊伍，雖然取得了一定的成效，但「雙師型」的稅法教師還是數量較少，不能完全適應當前形勢發展的要求。

3. 稅法教學方式單一，實踐教學太少

當前大多數高校稅法教學多以「粉筆+教案」的講授為主，這種教學模式重理

論、輕實踐，缺乏實用性和互動性，「填鴨式」地灌輸和一味地被動接受使學生失去了學習的興趣，不能積極地參與教學活動，這必將影響學生學習的效果。相關統計數據表明，大部分高校稅法的前期課程開得很少，稅法課程開在本科三、四年級，這樣開設課程的結果便是，等到上稅法課時，有些學生的前期基礎知識幾乎空白，這種境況給稅法教學帶來了更大的困難。

二、在高校稅法教學中實施項目教學法的必要性

1. 將以教師為中心轉為以學生為中心，提高學生的參與度

傳統的教學方式是，教師在講臺上授課，學生在下面記筆記。在這種教學方式中，教師的授課時間占據了課堂時間的90%以上，留給學生思考的時間非常有限。課堂完全以教師為中心，客觀上限制了學生潛在能力的發揮，使學生處於被動的狀態。而在項目教學的過程中，教師把學生作為教學中心，強調學生在教學中的主觀能動作用，注重調動學生的學習自覺性和主動性。而教師主要是起指導的作用，按照「確定項目任務→制訂項目計劃→項目實施→項目檢查評估」的項目教學過程，實現教師和學生之間的互動。

2. 將以課堂為中心轉變為以實踐為中心，提高學生的學習興趣

傳統的教學過程中，教師給學生講授的是理論知識，學生偶爾也參加實驗或者實踐活動。因為學生的參與度很低，學習興趣不容易被調動起來，教師就等於是通過「填鴨式」的方式，將學習內容都灌輸到學生的腦子裡。因為興趣不高，要想記住相關的知識點，學生只能是通過記憶的方式掌握知識。但這樣做的結果是，剛學的那段時間能記住知識，但過了一段時間後，就什麼都忘記了，這也是為什麼許多用人單位看學生的成績單的分數都不錯，但一做工作就什麼都不會的原因。在實施項目教學的過程中，學生的理論知識是在教師的幫助和指導下通過自己的探索活動獲得的，並通過實踐來鞏固。通過手和腦的實踐，學生大大地提高了學習的效率。在稅法教學過程中，進行項目教學可以幫助學生記住各稅種的知識要點，然後將各知識點融會貫通，在理解的基礎上加強記憶。

3. 將以課本為中心轉變為以項目為中心，提升學生的動手能力

傳統的教學方式都是以課本為中心的，教師的教學內容完全圍繞課本展開，強調學生通過聽課和記憶的方式進行學習，學生在課堂上幾乎沒有實踐的機會。調查資料顯示，學生在學完稅法這門課程之後，就連如何填報稅單這種基本的工作都不會做。在稅法教學中實行項目教學法，學生是認知的主體，直接參與項目。這樣做一方面提升了學生的動手能力，讓他們知道以後在工作中遇到稅務方面的問題應如何應對；另一方面也讓學生認清了教學目標，同時教師還可以培養學生之間的團隊合作精神。

綜上所述，在項目教學法中，教師的作用不再是一個單純的知識庫，而成為了一名指導學生解決問題的向導。在這個過程中，教師開闊了視野，提高了專業水平。而學生作為學習的主體，通過獨立或合作完成項目，把理論與實踐有機地

結合起來，不僅提高了自己的理論水平和實操技能，還培養了自己合作解決問題的綜合能力。可以說，項目教學法是師生共同完成項目，共同取得進步的教學方法。

三、項目教學法的具體實施步驟

項目教學法的大致內容是學生在教師的指導下親自處理一個項目的全過程，在這一過程中學習掌握教學計劃內的教學內容。學生全部或部分獨立組織、安排學習行為，解決在處理項目中遇到的困難。根據項目教學的教法思路和教學設計原則，項目教學法的教學步驟分為「確定項目任務→制訂項目計劃→項目實施→項目檢查評估」四步。現在我們以模擬一般納稅人增值稅納稅申報為例，對項目教學法的步驟進行講解：

1. 確定項目任務

通常由教師提出一個或幾個項目任務同學生一起討論，最終大家一起確定項目的目標和任務。項目任務的確定合理與否在項目教學法中是很重要的，其對項目教學法成功與否起著決定性的作用。需要注意的是，不是所有的稅法教學內容都適合採用項目教學法，稅法教學中的項目應該滿足下面的條件：該項目過程可用於學習一定的教學內容，具有一定的應用價值；能將某一教學理論知識和實踐技能結合在一起；學生有獨立或共同進行計劃項目的機會；有明確而具體的成果展示。同時，教學中需要模擬納稅場景，相關的納稅申報表、會計憑證、會計帳簿、發票等材料要準備妥當。在「一般納稅人增值稅納稅申報」項目中，要讓學生以團隊的形式完成相關財務資料準備、稅額計算以及報表填製全過程的工作。

2. 制訂項目計劃

根據項目的需要，同時在全面瞭解學生特點的基礎上，將學生進行分組。一般應先將學生分為兩大組，一組擔任一般納稅人中財務人員的角色，另一組擔任稅務局辦稅人員（如果學生人數較多，則可按上述方法，將學生分為四大組或六大組）。然後，對大組再進行細分，將企業小組的學生再分為材料準備、填表以及復核組，稅務小組的學生再分為管理和稽查組。分配完畢後，各小組人員根據自己的職責完成各自的任務。

3. 項目實施

學員按項目計劃確定各自分工，以單獨或合作的形式並按照已確立的工作步驟和程序工作。在這個過程中，學生肯定要遇到困難並提出各種問題，教師應啓發、引導和幫助學生解決問題。學生在實施項目的過程中可以鞏固理論知識，鍛煉自己的實踐動手能力。

4. 項目檢查評估

學習結束時，不是由教師或者學生單獨評價項目的工作成果，而是由師生共同參與評價。一般的做法是，先由學生自己評價，找出存在的問題，然後再由教師對項目工作成績進行檢查評分。在整個評價過程中，師生共同參與討論、評判

項目中問題的解決方法，最後總結本次項目的成果與存在的問題，讓學生在評價中又對知識加以鞏固學習。

四、在高校稅法教學中實施項目教學法應注意的事項

通過前面的分析可以看出，項目教學法最顯著的特點是「以項目為主線、教師為引導、學生為主體」，即它強調學生主動參與、自主協作、探索創新。在高校稅法教學中實施項目教學法應注意以下事項：

1. 教師角色的轉換

在實施項目教學的過程中，教師的主要任務是確定項目內容、任務要求、工作計劃，設想在教學過程中可能發生的情況以及學生對項目的承受能力，把學生引入項目工作後自己退居到次要的位置，時刻準備幫助學生解決困難問題。也就是說，教師以指導員、諮詢師、夥伴的角色出現在學生中，教學的重心由教師轉為學生。教師通過對學生的指導，轉變教育觀念和教學方式，從單純的知識傳遞者變為學生學習的促進者、組織者和指導者。這就對教師提出了更高的要求，即教師應為「雙師型」教師，必須具備較強的理論知識掌握和實踐動手能力。教師要充分地瞭解學生，在學生遇到困難時，主動引導其解決問題；在學生學習主動性不強時，引導其去探究，並在學生完成任務後及時做好評價工作。

2. 項目教學過程中應重視學生的參與度

項目教學法由學生與教師共同參與，學生在教師的全程指導下進行活動，教學方法由注重「教法」轉變為注重「學法」。項目教學以學生為中心，通過轉變學生的學習方式，讓學生在主動積極的學習環境中，集中精力練習技能，激發好奇心和創造力，提高分析和解決實際問題的能力。項目教學法還重視學生的參與度，致力於培養學生的動手操作能力和創新觀念。課堂上，教師應注重精講多練，也可開展課堂討論，培養學生的思維表達能力；重視學生的參與度，使其親自動手進行項目操作；激發學生的學習興趣，讓學生主動學習，提高學習效率，達到良好的學習效果。

參考文獻：

［1］陳玫. 項目教學法在高職教學中的應用［J］. 中國教育技術裝備，2011（21）.

［2］劉力濤. 由企業工程項目實踐談高職項目教學法［J］. 鄭州鐵路職業技術學院學報，2011（2）.

［3］於蘭婷，劉東寶. 項目教學法在市場調查課程教學中的應用［J］. 經濟師，2008（2）.

［4］白蕾. 房地產估價課程項目教學法研究［J］. 河南教育，2011（1）.

對「統計學」理論教學改革的幾點思考
——以經濟管理專業為例

張仁萍

摘要：本文對旅經學院 2009 級及 2010 級經管專業本科學生進行了全面調查，並對 2009 級學生進行了試卷分析，旨在發現統計學教與學過程中存在的問題。針對這些問題，本文提出了相應的改進建議，為提升統計學教學效果提供參考。

關鍵詞：統計學；教學；改革

一、引言

統計學是一門重要的學科。目前，權威統計部門在各國經濟發展中扮演著越來越重要的角色。統計數字不僅真實再現了經濟發展的狀況，而且也成為影響經濟發展的一個重要因素。每到公布經濟數據之際，萬眾矚目，參與各種經濟活動的人們都要根據這些數據來進行判斷與決策。因此，統計學被教育部列為經濟和管理類大學本科教育的核心基礎課程。

統計學包括理論統計學與應用統計學。其中，理論統計學具有通用方法論的理學性質；應用統計學具有邊緣交叉和複合型學科的性質。統計學的理學性，要求統計學需要把研究對象一般化、抽象化，以數學中的概率論為基礎，從純理論的角度，對統計方法加以推導論證，以歸納方法研究隨機變量的一般規律。應用統計學既包括一般統計方法的應用，又包括各自領域實質性科學理論的應用，不僅要進行定量分析，還需要進行定性分析，同時需要有關的專業實質性科學的理論做指導。綜上，統計學課程需要投入教師與學生的大量時間與精力進行鑽研學習，同時在教學過程中需要教師將傳統與創新的教學方法結合起來，最大限度地激發學生的學習熱情以及開發學生學習的潛能。

二、統計學教與學難點分析

為了更加準確地瞭解學生在實際學習統計學過程中存在的問題，筆者設計了統計學教學情況調查問卷，採用全面調查的方式，將問卷發放給旅經學院 2009 級與 2010 級本科各專業學生，並結合 2009 級學生期末試卷分析及 2010 級學生課堂

表現，對統計學教與學難點做了如下分析：

(一) 主觀畏難情緒普遍存在

所謂主觀畏難情緒是指學生在系統學習該門課程前，主觀認為該課程學習難度較大，從而給自己心理上設置一道無形的學習障礙。我們在調查中發現，有52%的學生認為統計學「太難」和「較難」。其中文科生認為課程「太難」和「較難」的占66%，理科生占32%。可以看出，文科學生在看待統計學課程的難易程度上遠遠高於理科學生，而旅經學院文理科學生比為11：9。

這種畏難情緒會對學生的學習熱情、積極性造成極大影響，從而直接影響學生的學習效果。

(二) 課堂學習氣氛不濃厚

在針對統計學課堂氣氛的調查中，73%的學生表示課堂氣氛一般，12%的學生認為課堂氣氛死氣沉沉，僅有14%的學生認為課堂氣氛活躍。

教師在課堂上欠缺對學生學習熱情的調動，容易讓教學流於填鴨式的教學方式。這對學生學習效果的影響也頗大，如有32%的學生表示對課堂內容不能及時消化，有24%的學生認為老師每節課的信息量太大，跟不上老師的思路。

由此可見，調動課堂氣氛、提高學生學習熱情、改善學生學習效果已迫在眉睫。

(三) 專用名詞較多，學生記憶困難

在統計工作中會使用大量的專用名詞，因此課程中所涉及的專用名詞有很多，如標誌、頻數分佈、數據計量尺度、統計量、置信度、小概率事件等。對初次接觸統計學的學生來說，有些定義本身是比較空洞和拗口的，如標誌的定義，是指總體各單位普遍具有的屬性或特徵。對此類定義，大部分學生往往不能理解屬性和特徵的含義，或者很難有具體的事物與之相聯繫。有些定義理解相對容易一些，但在實際應用時卻又常常出現問題。如小概率事件，統計學上將其定義為在一次試驗中實際上不可能出現的事件，又稱為實際不可能事件。小概率原理通常用於假設檢驗，即設定原假設、備選假設、接受域與拒絕域，其中拒絕域即小概率區域，當檢驗統計量落入該小概率區域時，則拒絕原假設，接受備選假設。學生在理解將小概率區域作為拒絕域時常常會感到困惑。

統計學中類似上述兩種類型的名詞不勝枚舉。從期末試卷分析情況來看，名詞解釋以及跟名詞解釋相關的題目失分率是比較高的，失分的主要原因有類似名詞混淆、解釋不完全準確以及完全錯誤等。

(四) 部分內容抽象，講解存在難度

統計學中的理論統計學是將研究對象一般化、抽象化，以概率論為基礎，從純理論的角度，對統計方法加以推導論證，以歸納方法研究隨機變量的一般規律。如統計估計與假設檢驗理論、相關與迴歸分析、方差分析、時間序列分析等內容，教師在講解這部分抽象內容時，因缺少現實案例，故很容易出現照本宣科的現象，學生理解起來也存在較大困難。

（五）公式太多，對公式的記憶及運用難度較大

調查中發現，有77%的學生認為公式記憶及運用是學習中最困難的部分。統計學的理學性質，使得統計學課程中不得不涉及大量的數學公式。由於經濟管理專業中有55%的學生在中學時學習的是文科，這部分同學中有很多同學對數學符號及公式不太敏感，甚至還有些抵觸情緒。這導致學生在學習時對學好這門課程自信心不足，甚至放棄對公式的理解，只將希望寄托在文字背誦部分。在對期末試卷的統計分析中發現，分析計算題失分率相當高，完全正確率不足10%。可見，統計學中的計算部分，對學生而言是很難理解與應用的。

三、對統計學課程教學改革的幾點建議

（一）調動課堂氣氛，激發學生學習興趣

要讓學生投入學習，興趣是最好的老師。建議在開始這門課程之前，教師要先調動起學生學習的積極性，激發其學習興趣。激發學生學習興趣時，可選擇引入與課程相關的案例。在選擇案例時，可以選擇學生感興趣的生活中的案例，也可以結合學生的專業進行舉例。如在第一堂課時，可向學生提問：你認為什麼是統計學？能否舉出現實生活中涉及統計學的例子？用問題吸引學生們的注意力，然後盡量舉出與學生生活貼近的涉及統計的例子，讓學生們減少或消除對統計學的陌生感，逐漸接受這門課程並引發學習興趣。

（二）推導公式，講清應用

雖然調查中有54%的學生認為公式推導只需要粗略講一下就好，但筆者認為，在課堂中講清公式推導是很有必要的。例如，在講解求解連續型隨機變量的期望值時，大多數同學只知道應該使用積分的方法，但卻不知道為什麼要用積分。因此，在題型變換之後，學生經常會出現將積分上下限弄錯的情況。在教師詳細為學生分解了積分的定義之後，絕大部分學生能夠熟練掌握該類題型的求解方式。

知道公式的來龍去脈能夠幫助學生更好地認識公式的意義，並能夠讓學生進行理解記憶。當然，在進行公式推導後，教師更多地應該詳細介紹該公式的經濟應用。

（三）盡量用文字描述公式

考慮到無法完全消除學生對數學公式的恐懼心理，筆者建議在講解公式時，用文字將公式進行分解。現以大數定理為例，大數定理的數學表達方式為：$\lim_{n\to\infty} P\left\{\left|\frac{1}{n}\sum_{i=1}^{n}X_i - \mu\right| < \varepsilon\right\} = 1$，該表達方式涉及的字母和符號較多，對初次接觸「大數定理」這個名詞的學生來說，在接受該公式及理解其含義上存在一定的困難。因此，教師在講解時更多地應側重其統計意義，而不是單純地要學生去記住這個公式。

首先介紹各個字母及表達方式的含義：lim 為極限，P 為概率，$\frac{1}{n}\sum_{i=1}^{n}X_i$ 為樣本

均值，μ 為總體均值，ε 為一個任意小的正數。用文字解釋該公式，即當抽樣調查的樣本量趨於無窮大時，我們可以有很大的把握將樣本均值與總體均值的誤差控制在一個任意小的範圍內，這就是我們用樣本均值代替總體均值的理論依據。用類似上述的方式將複雜的公式進行分解，不僅可以最大限度地降低學生對公式的恐懼感，還能加深學生對該公式的理解。

統計學上類似的公式較多，如概率、中心極限定理、區間估計、方差分析等。在提出規範的數學表達式之後，教師最好能引入相關的案例，用文字將公式進行分解，加深學生對公式的印象，完成對公式的理解、記憶及應用。

（四）課堂中引入不同形式教學手段，提升學生學習興趣

調查數據顯示，有44%的學生希望老師在授課時採用邏輯思維新法訓練，有33%的學生希望老師在授課時穿插一些放鬆小游戲。這說明，目前統計學課堂教學手段較為單一，可以考慮引入不同形式的教學手段，提升學生的學習興趣，改善學習效果。

本文以小概率事件為例。小概率事件是進行統計假設檢驗的原理，假設檢驗又是統計核心內容之一，因此，我們要想讓學生熟練掌握該知識點，就需要對小概率原理進行細緻的分析。在介紹小概率事件的定義之前，可以給學生觀看一段「小概率事件」的視頻，一方面可以緩解課堂上緊張的氣氛，另一方面可以先讓學生對小概率的概念有一個感性的認識。緊接著，可以舉出一系列與生活緊密相關的小概率事件的例子，如買彩票中大獎、飛機失事等均屬於小概率事件。在學生完全掌握了小概率事件概念之後，教師可以設計一些放鬆的小游戲，讓學生進一步瞭解小概率原理，即假設檢驗的原理。

通過不同的教學方式及教學手段的引入，可以讓學生對所要學習的知識點有一個感性的認識，並且能夠讓學生親身體會到該知識點在生活當中的應用，能夠很好地輔助學生學習。

（五）在課堂上留出時間啓發學生思考

統計學課程內容多、教學任務緊，這就不可避免地會出現「滿堂灌」的現象，即老師一直不停地講解知識點，而不留出時間讓學生思考、消化，也就出現了有部分學生認為由於老師每節課的信息量太大，思路跟不上老師的情況。俗話說得好，磨刀不誤砍柴工，在課堂上留出一定的時間啓發學生思考，有助於教會學生如何去學習，能起到事半功倍的教學效果。本文以間隔抽樣為例。間隔抽樣的步驟為：①將各單位按一定標誌排列編號；②用總體單位數除以樣本單位數求得抽樣間隔，並在第一抽樣間隔內隨機抽取一個號碼作為第一個樣本；③按抽樣間隔等距抽樣，直到抽取最後一個樣本為止。該抽樣方式的步驟不難，很容易被學生理解，但在進行間隔抽樣時，成功的關鍵是應注意避免抽樣間隔與調查對象的週期性節奏相重合，否則抽到的樣本就是不準確的。在講解過程中，學生反應「避免與現象的週期性相重合」較難理解，因此，教師應留出時間啓發學生，讓學生舉例來說明這個概念。經過啓發，有不少同學能夠舉出非常精彩的說明該概念的

例子。

課堂上的思維啓發，能夠讓老師做到「授之以漁」，學生也能夠做到「舉一反三」，能夠很好地提升教學效果。

四、結論

「教學相長」是指教與學相輔相成，互相促進。對經管專業已經學習過和正在學習統計學的學生進行全面教學情況調查，旨在詳細分析學生在學習統計學過程中存在的問題，同時發現教學過程中存在的不足。針對這些問題，教師應該改進教學方法；引入多種形式且學生更容易接受的教學手段；在課堂中舉出貼近生活且跟統計密切相關的案例；在課堂上留出時間對學生進行思維的啓發。如此，可以提升學生學習效果，並能教會學生學以致用。當然，在老師改進教學方法的同時，學生也要發揮主觀能動性，如做到課前預習、課後復習，有不懂的問題要及時跟老師或同學討論等。只有教與學雙方相互促進、相互改進，才能真正做到「教學相長」。

專題四
虛擬教學與模擬操作

對外貿易模擬操作課程教學改革研究

王曉輝

摘要：近幾年國際經濟形勢的變化影響了中國對外貿易的快速發展，中國外貿需要向縱深發展，市場對國際貿易專業人才也提出了新的要求。傳統的對外貿易模擬操作課程教學由於模式單一、仿真度不夠、教材資源匱乏、考核方式不合理等問題而需要進行改革。把競爭引入教學來豐富教學模式、提高模擬操作的仿真度、建設實驗教材、進行考核方式改革可以有效增強對外貿易模擬操作課程的教學效果。

關鍵詞：對外貿易；模擬操作；教學模式；教學改革

在經濟全球化浪潮的推動下，世界各國的經濟交往日益緊密，國家間的貿易規模也不斷加大。雖然金融危機和新貿易保護主義在一定程度上阻礙了國際貿易的快速發展，但是國際貿易不斷發展的趨勢仍未改變。自加入世界貿易組織以來，中國的對外貿易一直保持著極快的增長速度，中國對國際貿易專業人才的需求也逐年增加。近幾年國際經濟形勢的變換影響了中國對外貿易的快速發展，中國外貿需要向縱深發展，市場對國際貿易專業人才也提出了新的要求。新形勢下的外貿人才不僅需要熟練掌握外貿專業基礎技能，而且需要以國際貿易業務為主線將國際貿易實務中的很多知識都系統地囊括起來，將從尋找貿易機會到簽訂貿易合同再到貿易合同履行完的整個過程中所涉及的知識組成一個相對完備的知識體系，並且利用各種方式爭取訂單、控制成本，以達到利潤最大化。但是，目前對外貿易模擬操作課程的教學還不能滿足這一新要求，在教學過程中還存在諸多的問題。因此，對外貿易模擬操作課程教學模式與方法的改革以及對此進行研究就迫在眉睫了。

一、對外貿易模擬操作課程教學改革的背景

（一）對外貿易模擬操作課程的定位

為了滿足市場對國際貿易人才的新需求，對外貿易模擬操作課程應該定位於國際貿易專業實務課程體系中的統領性課程，統攬國際貿易實務知識體系。

國際貿易專業的實務類課程是以國際貿易業務為主線串聯在一起的，但是其

由於業務環節眾多、涉及面廣而分為了多門課程進行教學，比如商務談判、外貿函電、外貿跟單、單證製作、報關報檢、國際結算、國際貨物運輸與保險等課程。這些課程的教學一般分散在兩年的時間裡完成，雖然每一門課程的知識在教學中都能讓學生掌握得很好，但是由於時間跨度較大，學生很可能學了後面的忘了前面的，而且掌握的知識比較零散，且各門課程知識內容缺乏聯繫、統籌和協調。單獨學習這些課程，學生很難系統地掌握國際貿易實務知識體系，對各門課程的理解程度也不深，接觸到實際工作後會很難適應。

對外貿易模擬操作課程以國際貿易業務為主線將國際貿易實務中的很多知識串聯在一起，能讓學生把以前單獨學習的各門實務課程的知識融合為一個整體，使學生對國際貿易業務知識體系的理解再上一個臺階。對外貿易模擬操作課程把從尋找貿易機會到簽訂貿易合同再到貿易合同履行完的整個過程中所涉及的大量複雜零散知識組成完備的國際貿易業務知識體系，把這些原來分散的知識有機地結合在一起。另外，對外貿易模擬操作課程能讓學生在模擬操作的過程中大量運用以前所學的國際貿易實務知識，這不僅是一個再次熟悉和鞏固的過程，也是一個查漏補缺的過程。學生為了完成模擬操作實驗，會主動重新學習原來掌握得不太好的知識點。通過對外貿易模擬操作，學生對國際貿易業務知識體系的掌握更好了，有利於學生參與後續的仿真場景實訓和就業後能夠勝任更廣泛的工作種類。

(二) 對外貿易模擬操作課程教學改革的必要性

目前對外貿易模擬操作課程的教學基本上採用專門的國際貿易模擬教學軟件，先由老師講解和演示然後學生操作。當學生熟練掌握軟件操作後，老師布置相關貿易任務讓學生完成。學生通過在軟件系統上的具體操作，能較快掌握對外貿易各個環節的知識。為了滿足市場對國際貿易人才的需求，對外貿易模擬操作課程教學改革勢在必行。目前，對外貿易模擬操作課程的教學模式還存在以下問題：

1. 教學模式單一

很多學校對外貿易模擬操作課程的課堂教學主要借助軟件幫助功能完成整個實習過程，以學生自主操作為主，教師講授為輔，缺少互動環節。這樣的教學模式不能充分調動學生的積極性，使得本來應該充滿了趣味性和挑戰性的實踐課程變得枯燥乏味。目前，教師雖然在教學過程中利用了先進的教育媒體，但卻仍然施行傳統的教育觀念和方法，僅僅是從原來的「教師灌輸」變為「電腦軟件灌輸」。

2. 模擬操作的仿真程度不夠

首先，傳統的教學模式中，老師重點講解如何操作模擬軟件、如何順利完成貿易流程和如何正確填製單據，學生在一開始學習的時候會覺得很機械，模擬貿易的代入感不強，不能有效激發學習積極性。其次，傳統教學模式中，學生進行模擬操作時的主要目的是順利走完貿易流程，買賣雙方缺少競爭，報價和填寫各種單據比較隨意。再次，模擬操作中國際貿易環境比較固定，商品成本和價格、匯率、業務費用、海運費、保險費率等幾乎不變，不利於學生瞭解供求平衡、競

爭等宏觀經濟現象，也不利於學生學會利用各種方式爭取訂單和控制成本以達到利潤最大化。最後，國際貿易模擬教學軟件更新速度較慢，有的甚至一直不更新。國際貿易形勢和政策規則隨著時間的推移在不斷變化，國際貿易模擬教學軟件就應該緊跟現實不斷更新，同時還應根據使用學校的反饋不斷改進軟件設置。但是，由於資金問題，很多院校一直使用原有軟件，並沒有進行適時的更新和維護，這在一定程度上影響了學生的學習效率和效果。

3. 實驗教材資源匱乏

對外貿易模擬操作課程主要採用模擬教學軟件進行教學，在教材的建設方面力度不夠，而且由於不同教學軟件的操作有較大差異，教師很難找到與教學軟件相對應的教材。教材資源的匱乏導致教師在教學過程中不停地重複回答學生在操作中出現的各種大小問題，這使得教師在教學中把重點放在基礎知識、技能的講解上，很難有效組織互動實驗。

4. 考核方式不合理

傳統教學模式中，考核採用集中實驗的方式，要求學生在規定時間內完成規定的對外貿易業務，這種方式很難真正檢驗學生的學習效果和水平。對外貿易模擬操作涉及進口商、出口商、生產商、進口銀行、出口銀行、海關、商檢等多個角色的配合操作，某個角色的操作失誤會導致別的角色難以繼續，因而用一次集中實驗的方式不能有效檢驗學生的學習效果和水平。

二、對外貿易模擬操作課程教學改革的創新思路

（一）豐富教學模式，引入競爭機制

很多學校在本課程的教學中以學生獨立地利用模擬教學軟件自主操作為主，學生大部分時間是在和計算機軟件進行互動操作，這種教學模式缺少學生之間以及學生和老師之間的互動，學生的學習積極性會很快在枯燥的操作中被磨滅。因此，在對外貿易模擬操作課程教學中，可以採用多種教學模式並存的方式，在學生自主操作的基礎上引入競爭機制，學生之間甚至老師和學生之間可以通過完成貿易合同的筆數、履行貿易合同的質量和貿易利潤的多少進行競爭。

在實踐中，可以把一學期的教學分為三個階段，第一階段是講授和練習操作階段，第二階段是完成貿易合同數量的競爭階段，第三階段是在開放的自由國際貿易競爭環境中獲取訂單和貿易利潤的競爭階段。在第一階段中，通過老師的講授和演示操作，學生要能熟練掌握註冊公司、發布廣告和供求信息、在貿易網站中獲取貿易機會、簽訂貿易合同、完整履行貿易合同的全流程、正確填寫各種單證等內容。學生必須在規定的時間內完全掌握上述操作，如果課堂上的時間不夠，可以通過校園網登錄模擬教學軟件進行練習。在第二階段中，老師根據學生模擬操作的掌握程度布置適量的貿易任務，按照學生貿易合同的完成數量和質量排序並給出平時考核成績，利用任務驅動法和學生間的競爭激發學生的學習積極性。在第三階段中，授課老師預先設定一個開放的自由競爭的國際貿易環境，將全班

學生分為買賣雙方，讓他們在貿易網站中通過多種方式聯繫貿易夥伴並完成的貿易訂單以獲取貿易利潤，最後按完成的貿易合同數量和貿易利潤量排序並給出平時考核成績。這樣，買賣雙方之間存在競爭，買方之間和賣方之間也會存在競爭。另外，授課老師還可以註冊一個學生帳號參與競爭，如果時間充足，學生還可以互換買賣方的角色再進行一輪競爭性貿易操作。

教師通過三個階段的豐富的教學，引入競爭機制，加上採用任務驅動法和目標驅動法，可以讓學生在整個學期中一直保持很高的學習積極性，能更好地做到「做中學」，從而取得良好的學習效果。

(二) 全方位提高模擬操作的仿真度

首先，教師在第一階段的教學中，採用案例教學法，用一個完整詳盡的國際貿易操作案例引導學生註冊自己的公司，發布廣告和供求信息，尋找貿易夥伴，簽訂合同並完整履行合同。公司註冊信息不必照搬案例，可以自由填寫，而且在今後的貿易操作中一直不變。這樣，學生就會感覺是自己在經營一個貿易公司，學生會有很強的代入感從而認真經營公司。隨著實驗的進行，看著自己的公司一步一步成長，學生還會有一種成就感。這些方法極大地提高了模擬操作的仿真度，學生的學習積極性也會大大提高。其次，教師在第二和第三階段的教學中引入競爭機制，讓學生不再是枯燥地走流程和填單證，而是帶領自己的公司和別的公司進行激烈的競爭，模擬操作的仿真度大大提高。不管競爭的結果是成功還是失敗，是盈利還是虧損，學生都會積極參與。最後，授課教師預先設定好開放的國際貿易環境，讓商品成本和價格、匯率、業務費用、海運費、保險費率等和現實接軌，並且根據學生交易情況保持一定的浮動。這樣，不僅提高了模擬操作的仿真度，而且有利於學生瞭解供求平衡、競爭等宏觀經濟現象，也有利於學生學會利用各種方式爭取訂單和控制成本以達到利潤最大化。

(三) 加強實驗教材資源建設

實驗教材的匱乏嚴重地影響了學生自主操作模擬實驗的效率，使學生第一階段的學習占用過多的課時，從而影響第二和第三階段教學的開展。因此，應該激勵教師積極進行教學模式與方法改革，並編寫相對應的教材。在教材建設的初期，授課教師可以準備一定的教學資料，比如實驗指導書、實驗任務書、實驗大綱等，這也是為實驗教材的編寫打下基礎。

(四) 進行考核方式的改革

由於本課程的特殊性，考核不能沿用傳統方式，應進行改革，將平時形成性考核和期終考核相結合，同時考慮出勤記錄的方式。改革後的課程成績構成如表1所示：

表 1　　　　　　　　　　對外貿易模擬操作課程最終成績構成表

出勤（10%）	形成性考核（40%）	期終考核（50%）
由於缺席將影響國際貿易買賣中其他當事人的進度和效率，故出勤應作為課程最終成績的重要組成部分。出勤分按 100 分記，占總成績的 10%。第一次缺席扣 5 分，第二次缺席扣 10 分，第三次缺席扣 20 分，以此類推，每多一次缺席扣分翻倍	學生通過固定分組形式完成十筆貿易，占總成績的 20%；第十周在給定時間內完成 CIF+L/C 方式的貿易，占總成績的 20%	期終考核以全班自由競爭模擬國際貿易的方式進行。全班分為買賣兩方，在限定時間內，在設定的國際貿易宏觀環境中通過廣告宣傳信息吸引交易夥伴，通過發盤、還盤來確定交易具體細節和簽訂國際貿易合同，然後買賣雙方履行國際貿易合同完成交易。考核結束後，根據學生經營成果、完成交易筆數、參與態度等評分，占總成績的 50%

三、對外貿易模擬操作課程教學改革中可能存在的問題與對策

（一）學生模擬操作時間上的不匹配問題與對策

在對外貿易模擬操作實驗中，學生對知識的熟練程度、模擬操作速度和認真程度都不同，這是老師授課面臨的一大問題。老師講授和演示的時候，學習進度快的學生希望老師快點講，學習進度慢的學生希望老師慢點講。在學生之間互動配合完成貿易合同的時候，進度快的學生希望貿易夥伴加快速度，進度慢的學生希望貿易夥伴放慢速度。這樣，必定會出現某些學生跟不上進度或者某些學生提前完成任務沒事做的情況。

針對此問題，授課老師一定要選擇好授課時間點，以保證大多數學生能夠在規定時間內完成不能自己獨立操作的部分。如果仍然存在進度不一的問題，教師可以要求進度慢的學生在下次上課前利用課餘時間登錄服務器完成實踐操作，要求進度快的同學輔導進度慢的學生並兼職完成生產商和輔助角色的任務。

（二）全班自由競爭交易中貿易夥伴的不匹配問題與對策

在全班自由競爭交易中，有的學生可能一直不能聯繫到貿易夥伴，從而不能完成貿易。針對這一問題，授課老師在分配買賣雙方角色的時候應盡量使買賣雙方人數相同，同時允許學生同時進行多筆貿易，這樣就能解決學生落單找不到貿易夥伴的問題。

參考文獻：

［1］王洪岩. 國際貿易專業模擬實習課程教學改革研究［J］. 遼寧經濟管理幹部學院（遼寧經濟職業技術學院）學報，2012（4）.

［2］原玲玲. 國際貿易實務模擬實驗課教學改革的思考［J］. 實驗室研究與探索，2011（4）.

［3］程潔. 論國際貿易實踐課程的能力培養［J］. 中國成人教育，2009（17）.

［4］李健. 高校國際貿易實務模擬實驗教學探索與實踐［J］. 科學管理（決策諮詢），2010（5）.

基於企業模擬營運的「管理學」課程教學改革研究

任文舉

摘要：「管理學」課程是高等院校經濟類、管理類專業最重要的專業基礎課程之一，因此，在中國當前社會、經濟新形勢下，「管理學」課程教學改革顯得迫切且意義重大。本文對研究管理學課程教學改革的相關文獻的主要脈絡和要點進行了初步的梳理。

關鍵詞：管理學課程；教學改革；文獻研究；綜述

一、關於管理學課程教學改革的研究概況

關於管理學課程教學改革，一些學者主要從管理學的課程性質及其教學目標的再定位、課程開設及內容方面的改革、在教師引導及角色定位方面的改革、教學實踐、課程考核改革、教學方法改革等幾個方面進行了研究。

（一）關於課程性質及其教學目標的再定位研究

1. 關於管理學課程特點的研究

管理學是一門實踐性很強的學科，是一門軟科學，是一門綜合性學科，是一門發展中的學科（周裕全，2005）。管理是對客觀規律進行總結，但管理又具有很強的實踐性（於雲波，2006）。管理學課程是經濟管理類各專業的專業基礎課，是一門啓蒙、奠基性的課程；也是一門實踐性很強的科學，在管理中沒有放之四海而皆準的普遍適用的定理，必須具體問題具體分析（霍彬，2008）。

2. 關於管理學課程教學目標再定位的研究

霍彬（2008）指出要通過管理學課程教學建立有關管理的基本知識體系，為今後學生學習各門專業課程奠定學科基礎。周裕全（2005）指出要改變傳統的以「教」為中心的教學理念，徹底改變傳統的教學模式，確立以學生為中心的教學新模式；要明確培養目標，合理進行教學目標定位。樊建民（2004）指出要針對不同專業學生的需要，重新明確教學目的和教學要求，規劃教學內容。劉傳宏（2006）指出管理學課程建設要在遵循教學規律、把握課程內容和認知學生個性的

基礎上，強化學生主體地位，給學生搭建自主學習的大舞臺，把學生推向前臺。

(二) 在課程開設及內容方面的改革研究

管理學課程的教學內容應當動態地、及時地反應科學技術和經濟社會迅速發展變化對管理帶來的影響，以及預測管理未來的發展趨勢。目前的管理學課程內容設置不夠合理和科學，已經不能適應經濟社會迅速發展變化的需要，急需進行更新（王華強，2007）。要根據管理學的國內外發展趨勢和用人單位的需求適時調整教學計劃，補充新內容，同時在教學時數上進行修改，重新修訂教學大綱和培養方案（劉傳宏，2006）。管理學課程的開設缺乏專業針對性，在不同專業課程設置中的地位和作用應該不同，講授的理論深度和內容必然應針對不同專業的要求區別對待（霍彬，2008）。

(三) 在教師引導、角色定位方面的改革研究

在管理學課程開設之初，教師應引導學生清楚地認識課程的性質，認識該課程應該達到的教學目的以及該課程在我們日常生活中的主要作用（霍彬，2008）。管理學沿用傳統的教學觀，只強調教師傳授知識的作用，把學生視為被動接受知識的對象、盛放知識的容器，忽視學生在整個教學過程中主動性、積極性和創造性的發揮，不能提供給學生較多的培養實踐能力和創新精神的機會，不能激發學生的創新意識、培養學生的創新能力（周裕全，2005）。大多數高校教師扮演了科學知識的「傳播者」角色，要努力向「幫助者、引導者」的角色轉換，進一步認識教學目的，實施角色轉換。教師的角色要由被動轉為主動，由單一走向全面（楊少梅，2007）。

(四) 關於管理學課程教學方法的改革研究

管理學教學方法必須改革創新，教師必須更新教學觀念，改變以往單向「灌輸」的教學方法，樹立以教為導、以學為主的教學思想，著重培養學生的實踐能力（郭麗芳，2001）。教師要選擇多渠道的教學方式，豐富實踐性教學環境，做到管理理論與實踐的有機結合（霍彬，2008）。教師要採用靈活的方式、方法，注重理論聯繫實際，密切聯繫中國市場經濟改革的實際和轉軌經濟特徵。在教學過程中，要充分發揮教師的指導作用與學生的主體作用，採用「討論式」「研究式」「問題式」等多種能夠啓發學生思維的教學方式（劉傳宏，2006）。目前在管理學教學過程中，案例教學是一種普遍採用的形式。但從各高校的具體實施情況來看，案例教學的效果並不理想（霍彬，2008）。李小蔓（2008）等人還對企業經營沙盤模擬方法進行了探索，但其更傾向於非基礎課程和高年級學生。

(五) 關於管理學課程教學實踐的改革研究

學生在現有的知識基礎上，基本都能看懂並理解管理學的基本原理，但學生普遍不知道如何將所學理論與實踐有效地結合，做到融會貫通、活學活用（樊建民，2008）。教學缺少必要的實踐性環節，學生不能更深層次地領會管理的本質，過多的理論學習也削弱了學生的學習積極性。只有通過各種類型的社會實踐活動，學生才能真正領悟和掌握所學管理理論的精神所在，也才能做到理論與實踐的融

會貫通（樊建民，2004）。現有管理學課程主要以課堂教學為主，偏重於理論講授，案例和現場實踐教學較少，這種教學方法很難把學生的理論知識轉化為實踐應用能力，不利於提高學生分析問題和解決問題的能力，導致其難以適應市場經濟發展的需要（霍彬，2008）。

(六) 關於管理學課程考核的改革研究

考核與評估體系不夠系統和全面，缺乏靈活性，這使得學生競爭的意識逐漸淡化，參與意識與動手能力不斷減弱（王華強，2007）。考試不改，課程難改，針對管理學課程應注重實踐性、創造性和實際管理技能培養的要求，應全面改革「期末一張卷」的傳統考核方法，實行以能力為中心的開放式、全程化考核（周裕全，2005）。管理學教學強調的是靈活性和創造性，讓學生形成一定的管理理念，能分析問題和解決問題。實踐中應採用形式多樣的考核方式，如開卷考試形式、撰寫小論文方式、增加答辯環節、強化平時成績的考核（包括課堂提問、平時作業、案例討論等方面的考核）等，有利於學生利用課餘時間有意識地參加管理實踐活動，增加感性認識，鞏固所學理論知識（於雲波，2006）。

二、基於企業模擬營運的管理學課程教學改革的意義和實踐價值

(一) 引導學生對企業及其營運有初步的感性認識，有利於提高學生學習管理學的積極性和自覺性

管理學這門課程一般在大學一年級的時候開設，對於剛從高中升入大學就讀經濟、管理專業的學生來說，他們對所要學習的知識、學習的環境、學習的方法非常陌生。讓學生瞭解公司的一些基本知識後，結合學生比較熟悉或知名的公司的案例，讓學生模仿這些公司的組織架構、職位設置和活動開展，組建自己的公司，並把理論學習、討論、游戲和課內外實踐活動融入自己的公司，這樣可以讓學生對公司及其營運有一個初步的感性認識。同時，學生全程參與，且參與過程與課程考核結合起來，這就讓學生既有動力也有壓力，讓他們的理論學習和參與課內外實踐活動的積極性和自覺性不斷高漲。

(二) 為高年級階段學習其他相關課程打基礎、做準備

管理學是經濟、管理類專業必修的核心基礎課，這門課程學習的好壞與否，直接影響到後續經濟、管理類專業主幹課程如市場營銷、財務管理、人力資源管理、生產營運管理等的學習和教學效果。學生對公司及其營運的感性認識越深，學習後續專業主幹課程的興趣就會越濃，積極性就會越高。同時，還為高年級階段的企業經營沙盤模擬的教學和參賽打下了堅實的基礎。

(三) 有利於管理學課程考核全面、全程展開

傳統的以閉卷考試為主的考核方式抹殺了學生學習管理學課程的積極性，必然導致學生死記硬背枯燥理論知識和眼高手低的情況。基於公司模擬營運的管理學課程教學模式，充分利用公司模擬營運形式，結合各種考核方式，全方面、全過程考查學生的學習、思考、實踐、團隊合作等能力。

（四）有利於對教學實踐活動和學生課外各種實踐活動進行整合和引導

基於公司模擬營運的管理學課程教學模式，讓各種教學實踐活動和學生課外實踐活動緊密結合公司運行的實際情況，全真模擬公司運行的社會經濟、政治、文化環境，讓學生在觀察和思考問題、解決問題的時候身臨其境。經濟、管理類專業學生參與各種實踐活動、兼職工作的積極性很高，故讓其在參與的過程中緊密結合公司模擬營運的形式，不但能夠獲得極大的收穫，而且緊密地把理論和實踐聯繫起來了。

三、基於企業模擬營運的管理學課程教學改革的基本內容

（一）公司模擬營運的管理學課程教學模式的形式研究

公司模擬營運的形式包括初級階段和高級階段。初級階段主要是公司組織架構和職位設置及其運行，適合於大一、大二階段的學生；高級階段主要是企業經營沙盤實況模擬，綜合了經濟、管理類相關學科，適合於大三、大四階段的學生。本項目針對的管理學課程教學主要側重於初級階段的形式研究，包括公司組建形式、公司組織架構形式、公司職位職責設計形式和基於管理學理論的活動開展形式。

（二）公司模擬營運的管理學課程教學模式的內容研究

這部分主要研究怎樣把管理學的重要知識點融入公司組建形式、公司組織架構形式和公司職位職責設計形式的計劃安排；怎樣把管理學的重要知識點，尤其是決策、計劃、組織、領導、控制、創新等職能活動設計成教學、討論、游戲等具體活動事項來組織開展教學。

（三）公司模擬營運的管理學課程教學模式的操作研究

在公司模擬運行的過程中，應在公司組建、公司組織架構、公司職位職責設計和基於管理學理論的活動開展等方面，讓學生覺得既在形式上活潑有趣，又在內容上學得扎紮實實。當然，教師要做好事前準備、事中現場控制和事後總結。

（四）公司模擬營運的管理學課程教學和其他相關課程的聯結研究

教師要通過公司模擬營運把管理學與市場營銷、財務管理、人力資源管理、生產營運管理等相關專業主幹課程聯繫起來。這主要涉及兩個方面：一是公司要在模擬營運的形式和內容上為相關課程預留「接口」；二是要和相關課程的主任老師協調做好教學方法上的對接。

（五）公司模擬營運的管理學課程教學模式的考核研究

這部分主要研究怎麼樣才能通過公司模擬營運這種教學方式全面、全程考核學生從事經濟、管理工作所必須具備的能力，如自我學習能力、思考與決策能力、籌備與計劃能力、組織協調能力、領導能力、團隊合作能力、創新能力等。考核的設計主要包括兩個方面：一是考核內容的設計要能全面、全程考核各種能力；二是考核方式的設計要能全面、全程考核各種能力。

四、基於企業模擬營運的管理學課程教學改革的創新

（一）教學方式和手段的創新

目前中國管理類課程的教學方式和手段急需改革。傳統的灌輸方式對學生的桎梏越來越明顯；一些新的教學方式如案例教學方法、小組討論方法、情景模擬方法等雖然用得越來越多，但比較零散；企業模擬經營也主要是採用沙盤模擬的高級形式，在高年級學生中採用。本研究項目全面採取企業模擬經營的初級和高級形式，整合各種教學方法，以期提高教學質量。

（二）教學組織形式的創新

教學組織形式決定了學生上課的積極性和興趣的高低。本研究項目在管理學課程教學的過程中自始至終採取企業架構的形式，讓學生組建自己的企業，所有的教學預習、課堂講授、課堂討論、課內外作業、復習和考試等教學環節和內容都採取企業形式來進行，讓學生每時每刻都能感受到企業的氣氛。

（三）學生學習形式的創新

現在學生學習的積極性和自覺性越來越低，個人獨自學習更是枯燥。本研究項目在給學生布置學習任務如課堂討論、課內外作業及其他活動的時候，始終讓學生必須以企業團隊的形式進行。學生除了個人學習之外，還要進行團隊學習。團隊在一起學習，氣氛活躍，大家相互鼓勵和監督，學習的效果遠遠超過個人學習效果，極大地提高了學生的學習能力和團隊合作能力。

（四）課程考核形式的創新

管理學課程傳統的以閉卷考試為主的考核方式，根本考查不出來學生已經具備了哪些必須具備的能力，還需要在哪些方面進行加強；而且考核時間也是在期末，最多再加上期中，當學生發現問題需要解決時，往往時間上又不允許了。本研究項目考核方式多種多樣，筆試、表演、講話、游戲、討論等，不一而足；考核的時間除了在期中、期末之外，在課堂內外也隨時都在進行；通過這些考核能夠辨識學生是否具備自我學習能力、決策計劃能力、組織協調能力、團隊合作能力等管理必備能力。

（五）教學實踐形式的創新

管理學課程的教學實踐形式單一，往往由院系統一組織學生出去參加實踐活動，不能夠滿足學生獲得更多實踐機會的願望。本研究項目全面拓展學生實踐的空間，可以通過老師或學生自己組建的企業團隊去聯繫有意向的企業或組織，把問題帶到實踐中去思考，或把他們的案例帶回課堂進行分析研究。另外，學生在課外的各種兼職、創業實踐活動也以自己組建企業團隊的方式進行。這些都對學生的實踐很有幫助。

五、基於企業模擬營運的管理學課程教學改革的難題

（一）課程內容和企業形式如何協調和融合

管理學課程內容，尤其是關於管理的職能內容的重要知識點怎樣和企業組建、職位職責以及活動開展等形式結合起來，使學生達到知識的融會貫通，使課堂氣氛活躍，是一個有待深入研究和突破的難點。

（二）課程內容及進度、學生活動控制的問題

因為基本上採用企業的形式來安排和設置課程內容，教師和學生必然在課前準備、課堂現場控制、課後總結方面花費大量時間，課程內容和進度的控制問題必然是一個難點。另外，對學生課堂外、課前和課後的學習的控制，對課堂現場學生活動和情緒的控制也是一個難點。

（三）和企業形式融合的考核方法及標準的問題

對學生在企業中的表現和成績的考核是本研究項目的難點。一方面，考核的方式比以前更加豐富了，哪些方法最好，最能夠和企業的經營形式結合起來，是需要我們深入研究的；另一方面，學生在企業的經營活動中表現好壞的評價標準，既需要結合企業的實際，也需要結合學生的實際，這也是一大難點。

（四）和後續專業主幹課程的連接問題

管理學課程是一門專業基礎課，這門課程學得好不好，對後續的市場營銷、人力資源管理、財務管理、生產營運管理等課程有著直接而重要的影響。這些課程的教學方法也是相通的。但是，如何在管理學的基礎上，促進企業模擬經營從初級到高級形式發展，讓教師和學生都能更加嫻熟地運用企業模擬經營這種方法，而且不斷完善，更好地為經濟、管理類專業教學服務，也是我們需要思考的問題。

參考文獻：

[1] 霍彬. 管理學課程教學改革措施探討 [J]. 考試周刊, 2008（10）: 7-9.

[2] 郭麗芳. 管理學課程教學改革的探討 [J]. 山西高等學校社會科學學報, 2001（11）: 92-94.

[3] 劉傳宏. 高校管理學課程教學的改革與建設 [J]. 河南教育（高校版）, 2006（4）: 12-13.

[4] 王華強, 高映紅. 新形勢下的管理學課程教學改革探討 [J]. 高教論壇, 2007（6）: 137-138.

[5] 李小蔓. 以學生職業能力為目標的管理學課程教學改革 [J]. 科教文匯, 2008（7）: 61-62.

基於企業培訓模式的「市場營銷」課程教學改革研究

任文舉　陳向紅

摘要： 在中國經濟轉型背景和全新的市場環境下，管理人才和營銷人才供需的結構性矛盾更加突出，結構性的「人才慌」和「就業難」問題依然存在。市場營銷課程作為高等院校工商管理類專業最重要的專業基礎課程之一，亟須適應當前中國經濟環境和市場環境的變化，不斷進行課程教學改革研究，以滿足企業日益多樣化、差異化、職業化的需求。

關鍵詞： 市場營銷課程；企業培訓模式；教學改革

一、研究背景

近年來，在中國經濟轉型的背景下，隨著數字科技和網絡技術的深入、迅猛發展，中國市場的總體情況發生了深刻的變化。市場環境從信息具有不對稱性轉變為信息共享化，交易雙方之間信息不對稱的局面和市場力量的失衡狀態得到了很大程度上的改善。信息的透明化讓客戶更加難以溝通，購買的決定權越來越集中於客戶。中國市場開始從大眾市場轉變為個性化市場；市場營銷從「替產品尋找客戶」轉變為「替客戶尋找產品」；傳統的「一對多營銷」逐漸轉變為「一對一營銷」；「先產後銷」轉變為「先感應後回應」；大規模產銷逐漸轉變為小規模、個性化產銷；大規模生產和個性化需求滿足日益有效地得到統一。

在全新的經濟背景和市場環境下，企業對各類管理人才和營銷人才在規模和質量上的要求不斷提高，而且要求日趨多樣化、差異化、職業化，很多企業反應並不能招募到合適的、需要的管理人才和營銷人才，結構性的「人才慌」問題依然存在。與此同時，市場營銷專業本科、研究生招生規模還在增大，畢業生就業競爭壓力越來越大，情況不容樂觀。畢業生難以找到感興趣的、與自己職業性格和專業方向相匹配的工作，頻繁跳槽，形成「跳槽熱」，結構性的「就業難」問題依然存在。管理人才和營銷人才供需的結構性矛盾更加突出。

正是在上述背景下，筆者立足於中國大型現代企業的人才培訓及其模式，借

鑑國內外優秀企業的人才培訓經驗，樹立知識、能力、素質協調發展的現代工商管理教育質量觀，堅持「時代化、信息化、職業化、匹配化」的原則，力圖構建一套全新的高校工商管理類專業市場營銷課程教學體系，與企業需求全面銜接，讓學生的性格和能力與職位高度匹配，以「職位分析—能力素質—培訓開發—職位驗證—績效評估」為核心流程，以「學生—教師—企業」為框架，以「模擬實訓—多元實踐—企業實習」為平臺，為解決中國經濟領域普遍存在的管理人才和營銷人才供需的結構性矛盾提供一種全新的視角和思路。

二、研究思路

基於企業培訓模式的市場營銷課程教學改革在研究和實驗的過程中，每一個循環（一學期）和每一輪（一學年）的教改試驗都遵循這樣的思路進行：職位分析（包括職業性格測試、職位描述規範）→能力素質界定（包括職位和工作界定、性格和能力界定）→培訓開發（包括知識性培訓、技能性培訓、態度性培訓）→職位驗證（包括知識匹配性、技能匹配性）→績效評估（包括知識勝任度、能力勝任度）。課題研究思路如圖1所示：

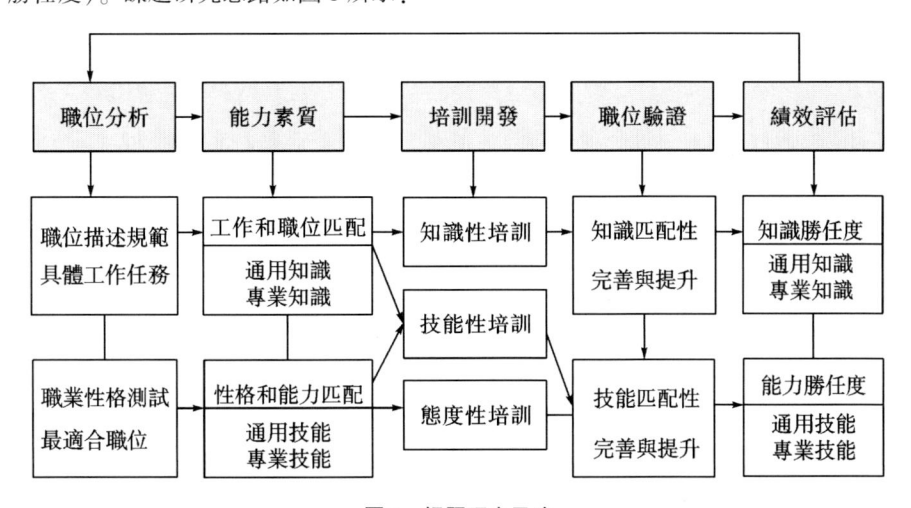

圖1　課題研究思路

三、研究目標

1. 整合高校市場營銷課程實踐實訓資源

與企業相比，地方高校工商管理類專業市場營銷課程實踐實訓資源並不是十分豐富，針對性和個性化不強，往往使學生在與職位匹配的能力素質方面達不到企業的初始要求。針對此現象，本研究將企業豐富的員工培訓資源和工具充分整合進地方高校工商管理類專業市場營銷課程實踐實訓平臺和課程系統。

2. 增強高校市場營銷課程的社會適應性

基於企業培訓模式的地方高校市場營銷課程教學改革研究，突出人才培養模式與社會經濟發展和企業發展轉型的互動性，準確把握國內外經濟發展趨勢、企業發展轉型趨勢、企業培訓教育發展趨勢，面向未來、面向社會、面向實際，培養適應社會經濟發展和企業發展轉型的管理人才和營銷人才；結合學校的層次和定位，發揮學校的專業特色優勢，打破實踐教學課程體系壁壘，拓寬專業口徑，突出對學生創新精神和社會適應能力的特色培養，使學生在就業中具有多維優勢。

3. 加快高校市場營銷等工商管理類專業學生的職業化進程

市場營銷等工商管理類專業的本科教育階段是企業員工職業化的前期階段，這一階段職業化水平的高低將會直接影響企業各職位員工的職業生涯總體規劃。本課題的設計基於企業培訓模式的市場營銷課程教學改革體系，通過把職業化正式階段的職位分析和能力素質匹配前移到大學課堂，讓學生提前進入職業化正式階段，充分地感知職業進程中的角色、任務和責任，大大加速了職業化的進程和質量。

4. 促進高校市場營銷課程教師教學水平的全面提升

在全球化、信息化時代，環境變化迅速而劇烈，技術創新日新月異，企業轉型升級如火如荼，地方高校工商管理類專業市場營銷課程教師亟須進行信息更新、理論創新、教學手段和方法創新。本研究設計的市場營銷課程教學改革體系通過設置雙導師，即校內導師和企業導師，讓高校市場營銷課程教師參與企業職位分析、設計、管理工作，實踐能力得到較大提升，理論和實踐結合得更加緊密。企業導師由營銷相關職位工作人員或主管構成，而不是高級管理人員，理論素質得到較大提升，實踐有了較好的理論依託。

5. 提高企業市場營銷人才招募的效率和利用的水平

企業「人才荒」與學生「就業難」的結構性矛盾，使得企業投入了大量的資源在人才招募上，但當面對大量的求職學生時，企業人才招募的效果並不明顯，效率也不高。本課題通過設計一個整合了地方高校和企業的平臺，通過雙導師的親自實施，極大地解決了企業「人才荒」與學生「就業難」的結構性矛盾，提高了企業人才招募的效率。

四、研究內容

1. 企業培訓及其模式研究

本教改課題是從企業培訓及其模式的視角來進行研究的，因此，首先要對中國大型現代企業和國內外優秀企業的培訓及其模式進行全面系統的研究。主要應對企業培訓目標和培訓規格、針對性課程體系設計和培訓內容、豐富的培訓手段和方法、嚴格的培訓管理過程、科學的培訓管理制度等進行研究。

2. 基於企業培訓模式的市場營銷課程及內容體系研究

根據大型現代企業成熟的培訓模式，基於企業培訓模式的市場營銷課程內容

體系應設計兩個維度：知識和能力。每個維度包括兩個方面：通用的和專業的。因此，形成了通用知識、專業知識、通用技能、專業技能四個模塊。在既有的市場營銷課程體系和教學內容中，四個模塊中的通用知識模塊相對來說比較完善，專業知識、通用技能、專業技能三個模塊都表現出職業適應性和匹配性差的特點。因此，本課題研究的重點應放在專業知識、通用技能、專業技能三個模塊的課程體系和教學內容設計研究上，尤其是要關注每個職位所需的專業知識和專業技能的教學內容的設計應如何體現出差異性和針對性。

3. 基於企業培訓模式的市場營銷課程教學過程研究

本課題重點放在基於企業培訓模式的市場營銷課程教學過程的科學化、程序化與制度化上，具體應研究職位分析、匹配能力素質形成、師資力量引導、職位驗證、績效評估等方面的流程與具體實施步驟。一是職位分析（包括職業性格測試、職位描述規範）流程與具體實施步驟。二是匹配能力素質形成過程與具體的步驟。三是師資力量引導流程與具體實施步驟，包括將師資設置為兩類，即課程導師和職位導師，課程導師由高校市場營銷課程教師擔任，職位導師由企業營銷相關職位操作人員或基層管理人員擔任。四是職位驗證（包括知識匹配性、技能匹配性）流程與具體實施步驟。五是績效評估流程與具體實施步驟，包括學生和教師的成績認定過程和績效評估結果形成過程。

4. 基於企業培訓模式的市場營銷課程教學手段研究

企業培訓手段綜合利用程度高，針對目標群體不一樣，本課題主要研究其在移植到本課題設計的市場營銷課程教學體系中的時候，我們怎樣針對不同的對象對其進行適應性改進？課程導師怎樣在資源受限的情況下開發新的培訓手段？怎樣在新的信息網絡環境下開發新的培訓手段？怎樣整合地方高校和企業的資源建構高效的市場營銷課程理論和實踐教學手段？

5. 基於企業培訓模式的市場營銷課程教學管理制度研究

本課題研究的基於企業培訓模式的市場營銷課程教學管理制度主要包括五個。一是職位分析管理制度，二是能力素質形成匹配管理制度，三是師資力量引導管理制度，四是職位驗證管理制度，五是績效評估管理制度。

6. 基於企業培訓模式的市場營銷課程教學績效評估研究

本課題研究的基於企業培訓模式的市場營銷課程教學績效評估主要包括兩個方面。一方面是學生知識和能力素質的匹配性和勝任度評估（包括知識匹配性評估、能力匹配性評估）；另一方面是師資力量的匹配性和勝任度評估。在這兩方面評估的基礎上，本教改課題計劃開發一種控制和警示系統，能夠隨時、全面控制學生和教師所處狀態，並在必要的時候發出警示。

五、擬採取的方法和主要措施

本教改課題研究結合高校市場營銷專業本科學生校內培養和企業培訓的各種方法，博採眾長，密切聯繫高校和企業、教師和學生、教學和實踐、課堂和社會、

課內和課外等。具體採用的方法主要有拓展訓練方法、職位分析方法、企業模擬經營方法、情景模擬方法、文獻研究法、比較分析法、實驗驗證法、數理模型分析法、調查問卷法、觀察法等科學研究方法。結合這些方法，擬採取的主要措施有：

（1）選定樂山師範學院經濟與管理學院學習市場營銷課程的本科學生進行試驗，進行職業性格測試，瞭解每個學生基於性格最適合的職位族和具體職位。

（2）設置雙導師，即校內導師和企業導師。校內導師由市場營銷課程教師擔任，企業導師由營銷相關職位工作人員或主管擔任。雙導師進行職位分析、職位描述和職位規範工作，並向學生發布。

（3）學生結合自己的性格、興趣、風格選定營銷類工作具體職位，學校集合選擇同類職位的學生，形成科學規模的職位族。然後，確定和設計每個職位（族）需要掌握的兩個維度（通用和專業維度）和四個方面（通用知識、專業知識、通用技能、專業技能）的能力素質的範圍和重點。

（4）通用知識是傳統市場營銷課程教育的重點，各種培養體系也比較完善。在通用知識的基礎上，由校內導師帶領，進行主要針對通用技能的能力素質強化模擬實踐訓練。

（5）由企業導師帶領，進行主要針對專業知識、專業技能的能力素質匹配性實踐訓練。

（6）由評估系統進行全面評估，鑒定學生的知識和素質能力與職位的匹配程度和學生在這個職位上的勝任程度。雙導師和學生一起，根據評估結果，發現問題，總結經驗，開啓下一個循環。

（7）在經過兩個學年的實驗、驗證與完善後，應把改革對象擴展到省內外同類高校學習市場營銷課程的本科學生，開始新的循環，建立起完善的、全面的、系統的、科學的、創新的市場營銷課程教學體系。

參考文獻：

[1] 崔玉華. 基於職業能力培養的市場營銷課程教學改革 [J]. 北京工業職業技術學院學報, 2012 (7).

[2] 宋豔萍. 應用型本科院校市場營銷課程課堂教學改革研究 [J]. 人才資源開發, 2015 (6).

[3] 任文舉. 基於企業模擬管運的管理學課程教學改革研究 [J]. 樂山師範學院學報, 2010 (11).

[4] 張炳信, 宋良杰. 行動導向教學法在房地產市場營銷課程教學中的應用 [J]. 廣州職業教育論壇, 2013 (1).

[5] 任文舉, 邵文霞, 夏玉林. 市場營銷學實訓教程 [M]. 成都：西南財經大學出版社, 2015 (1).

[6] 王慧茹, 李曉華. 基於工作過程的市場營銷課程改革的探索 [J]. 現代營銷（學苑

版），2013（5）.

［7］任文舉. 基於企業模擬的市場營銷專業實訓平臺建設研究［J］. 河北企業，2016（6）.

［8］趙夏明，王建榮. 淺述以能力為核心的市場營銷課程教學改革［J］. 價值工程，2014（3）.

財務管理實驗教學新模式
——沙盤模擬教學初探

羅 潔

摘要： 近年來，各高校對財務管理實驗教學越來越重視，而財務管理沙盤模擬教學這種新的教學模式正能夠適應新形勢下培養人才的需要。本文從財務管理沙盤模擬教學產生的效應出發，對沙盤模擬教學的內容進行了全面介紹，同時指出了實施財務管理沙盤模擬教學應注意的問題，為高校實驗教學提供了一種新途徑。

關鍵詞： 財務管理；實驗教學；沙盤模擬

為了適應經濟業務不斷呈現市場化、國際化的新趨勢，近年來各高校對財務管理實驗教學越來越重視，而財務管理沙盤模擬教學這種新的教學模式正能夠適應新形勢下培養高素質、具有實踐創新能力的人才的需要。

一、財務管理沙盤模擬教學產生的效應

1. 提高學生的學習興趣

財務管理課程一般都以理論傳授和案例講解為主，比較枯燥，而且很難讓學生把這些理論迅速掌握並應用到實際工作中。而通過沙盤演示進行的教學增強了娛樂性，使枯燥的理論變得生動有趣，並且通過游戲進行模擬可以激發學生參與的熱情，調動學生學習的積極性和創造性。

2. 讓學生親身體驗實戰

沙盤模擬教學能讓學生通過「做」來「學」，真正感受企業財務管理整個流程及具體運作。沙盤模擬教學讓學生在虛擬的市場競爭環境中進行籌資、投資、分配等一系列財務活動，訓練學生的全局財務決策思想，讓學生學會從公司整體運作角度審視經營，並在各種決策成功和失敗的親身體驗中，學習財務管理知識，掌握財務管理技巧，形成對財務管理工作的感性認識，進而形成理性的財務思維習慣。此教學方式可以培養學生綜合運用專業知識的能力，提高其分析問題、解決問題、進行科學決策的能力。

3. 培養學生的團隊協作精神

沙盤教學是以小組為單位組建模擬公司來進行各項財務管理實驗的。當學生在實驗過程中產生不同觀點並進行分析時，小組成員之間需要不停地進行對話、商議。故此，學生除了可以學習財務理論和財務語言外，還能提升自己的溝通技能，親身體驗職能部門間溝通合作的重要性，培養自己的團隊精神，為今後走向社會做好充分準備。

4. 讓學生獲得持續創新的能力

沙盤模擬教學把學生平時學習中尚存疑問的決策帶到實驗中來印證，在實驗中模擬企業的全面經營管理。學生有充足的自由來嘗試企業財務管理的重大決策，並且能夠直接看到結果，全面檢驗自己的決策能力。在模擬實驗中犯錯不會給現實的企業和個人帶來任何傷害，「從錯誤中學習」的真諦在這裡得到充分展現，從而學生獲得了持續創新的能力。

二、財務管理沙盤模擬教學的內容

1. 財務管理沙盤模擬教學的含義

財務管理沙盤模擬借鑑沙盤推演在軍事上的成功經驗，把企業經營狀況和財務管理操作全部展示在模擬沙盤上，將複雜、抽象的財務管理理論以最直觀的方式讓學生體驗、學習。

2. 財務管理模擬實驗的基本內容

由於實驗教學課時本身的限制和現實的財務管理環境的複雜多變，這種模仿性實驗操作不可能包含實際工作中全部財務管理的工作內容。實驗的總體設想是仿照實際財務管理工作中的基本工作項目和一般工作程序，提供一套簡練但相對完整的實際財務管理資料（基本情況、基本數據）和操作資料（實驗用具及表格）交給學生動手操作。因此，如果要準確地概括該實驗的本質和內容，則它是一種有關財務管理基本工作及一般程序的模擬實驗。

開展這種模擬實驗，要假設一個實際單位（例如假設一家已經經營若干年、擁有上億元資產、銷售勢頭良好、資金充裕的生產型公司制企業）作為模擬實驗對象，提供模擬公司初始財務狀況、經營成果及未來市場預測資料，提出模擬公司年度工作任務，對模擬公司經營過程的規範性進行控制，制定模擬公司績效考核標準，然後讓學生憑藉基本情況、基本數據資料和模擬公司年度工作任務清單，按照供應、生產、銷售過程，完成籌資、投資、分配等系列財務活動。

3. 組建模擬公司，建立管理團隊

以小組為單位組建模擬公司，註冊公司名稱，建立管理團隊（每組6人），組建的多個模擬公司是同行業的競爭對手。首先，推選公司總裁；然後，由總裁根據公司生產經營管理的需要進行職能分工，確定財務總監、市場總監、銷售總監、供應總監、信息總監等崗位人選，並明確各自的具體職責。

4. 規劃公司經營，編製財務預算

在熟悉模擬公司市場競爭規則的前提下，各公司召開年度財務計劃工作會議，對公司目前所處的外部經營環境和內部營運條件進行分析，研究生產經營管理過程中蘊藏著的有利機會和主要威脅，確立公司經營戰略和財務管理目標，編製年度財務預算。公司經營戰略包括新產品開發戰略、新市場進入戰略、投資戰略、競爭戰略等。財務管理目標可選擇利潤最大化、股東財富最大化、企業價值最大化等。年度財務預算包括現金預算、生產預算、綜合費用預算、銷售預算、廣告費預算、經營預算、投資預算、管理費用預算、財務費用預算等。

5. 經營模擬公司，開展財務活動

各小組要根據公司對市場的分析，依據廣告費預算，參加產品訂貨會、支付廣告費、登記銷售定單；根據上年度財務成果，支付應交稅費、應付股利。每季度，要根據公司短期融資需要，申請（或償還）短期借款、投資（變賣或轉產）生產線、訂購原材料、支付應付帳款、將原材料登記入庫、生產產品、按訂單交貨、收回應收帳款、研發投資新產品、支付公司行政管理費等。每年年末，要根據公司長期資金需求，確定具體籌資方式，包括申請（或歸還）長期貸款、發行（或償還）債券、發行股票等。另外，還有新市場開拓投資、ISO 資格認證投資、支付設備維修費、購建或融資租入廠房、計提固定資產折舊、進行股利分配等活動。

6. 編製財務決算，進行財務分析

每期經營結束，財務總監要編製財務報表，包括資產負債表和利潤表，然後根據財務報表及公司實際運作情況，分工開展淨利潤和股東權益變動情況分析以及償債能力、營運能力、盈利能力、發展能力分析。

7. 盤點經營業績，評價工作績效

要圍繞公司一年的生產經營管理情況，召開期末財務工作總結會議。公司各職能部門要盤點經營業績，由公司總裁進行年度工作述職，認真反思本期各個經營環節的管理工作以及公司各職能部門間溝通合作的情況，總結經驗、吸取教訓、改進管理，增強小組成員對公司財務管理整個流程的認識，學會從公司整體運作角度審視經營，培養全面的財務思維能力和財務管理能力，以利於後期創造性地開展工作。

總裁進行內部診斷後，市場總監要做好換牌工作（包括市場開發、ISO 認證、產品研發）；信息總監要將盤面有關費用及支出項目的現金上交給現金管理員（包括管理費用、營業費用、財務費用、綜合費用、稅金、股利）。要整理好盤面，準備下一年的經營。

教師將各公司經營績效予以公示，並對各公司本期經營管理和財務管理中存在的問題進行分析、講評，對下一年度的工作提出指導性的意見。最後一年要評選出經營業績最佳的公司，推選出最佳合作團隊和最善於經營的總裁（經營之星），並給予獎勵。

三、實施財務管理沙盤模擬教學應注意的問題

財務管理沙盤模擬教學雖然有很多優點,但在實施過程中,如果操作不當,就不能達到預期的目的。因此,在實施沙盤模擬教學時應注意以下問題:

1. 沙盤模擬教學中教師的作用

在這種體驗式的實驗教學過程中,教師的作用是十分獨特的,他(她)不再單單是講解者,而是在不同階段扮演著不同的角色:調動者、觀察家、引導者、業務顧問、分析評論員等。

(1)調動者。為了讓學生能充分投入,並在模擬操作過程中加深體驗,教師應在實驗中擔任多個角色,為學生創造逼真的模擬環境。例如,教師代表董事會提出發展目標;代表客戶洽談供貨合同;代表銀行提供各項貸款服務;代表政府發布各項經濟政策等。

(2)觀察家。在實驗進行過程中,教師通過觀察每個學生在模擬過程中的表現,判斷哪些知識是學生最欠缺的,並根據學生的特點選擇最有利於學生快速吸收並應用的講授方法。

(3)引導者。由於實驗過程中一半以上時間是學生在進行模擬操作,大多數學生都會把模擬過程與實際工作聯繫起來,並且會把實際工作中的一些方法、思維方式展現出來。教師要充分利用這些機會,幫助學生進行知識整理,引導學生進行更深入的思考。

(4)業務顧問。由於每個學生的特點不同,興趣、愛好不一,沙盤模擬教學摒棄了按照固定的程序灌輸特定理論的教學方式,教師的角色更傾向於顧問。教師不僅要在實驗中激發學生的學習興趣,還要為學生提供必要的建議,並根據其需要,幫助其系統整理已掌握的知識,解答實驗引發的實際工作中可能會遇到的問題。

(5)分析評論員。每個經營期末,教師都要對各公司本期經營管理和財務管理中存在的問題進行分析、講評,對下一年度的工作提出指導性的意見,以便讓學生順利開展實驗。在這裡,教師又扮演了分析評論員的角色。

2. 沙盤演示教學對學生素質的要求

在財務管理模擬實驗教學中採用沙盤模擬教學,要求學生積極參與實驗教學過程,從而達到掌握知識的目的。教師可以在學生學習成績的考核方面,把學生上課與否以及課堂上的表現納入考核範圍,使之占學生學習成績比例的20%~30%,使學生能按時上課,不遲到、早退,實驗過程中積極參與,從而使團隊能順利開展各項財務活動,使沙盤模擬教學的最終目標得以實現。實驗過程中,教師要十分注重培養學生實事求是的科學態度,嚴格按事先擬定的規程操作,使實驗能有序進行。

3. 要正確處理沙盤模擬教學與其他教學手段的關係

產盌沙盤模擬教學是財務管理模擬實驗教學中的重要方法,但絕不是唯一的

一種實驗教學方法，絕不能替代其他形式的實驗教學活動，因為培養學生素質、提高學生能力、增長學生知識的教學手段有很多，如組織學生進行會計模擬實驗、組織學生做一定數量的習題、進行必要的測驗和考試、組織學生到企事業單位進行業務實習等，這些都是重要的教學手段。這些教學環節各有各的用途，不能完全依賴「盤」上談兵，否則，實驗教學將陷入誤區。

參考文獻：

［1］陳靜. 淺談財務管理教學的現狀及改進措施［J］. 高教論壇，2005（5）：102-104.

［2］陳冰. ERP沙盤實戰［M］. 北京：經濟科學出版社，2006，5.

［3］徐晶. 財務管理專業創新人才培養的實現途徑［J］. 黑龍江高教研究，2005（8）：124-125.

［4］李煒. 應用型本科財務管理課堂教學研究［J］. 中國鄉鎮企業會計，2004(5)：174-175.

基於企業模擬的市場營銷
專業實訓平臺建設研究

任文舉

摘要：經過教改研究和實踐建立的實踐實訓系統平臺由初級、中級和高級平臺構成。作為初級平臺的企業模擬營運形式主要包括：企業組建形式、企業組織架構形式、企業職位職責設計形式和基於市場營銷理論的活動開展形式。企業模擬營運形式是基本形式，是作為中級平臺 ERP 沙盤模擬形式和作為高級平臺創業企業營運形式的基礎和依託。

關鍵詞：市場營銷專業；實踐實訓平臺；企業模擬

一、市場營銷專業實踐實訓存在的問題

（1）實訓教學地位仍然不夠突出，學校對其的重視程度僅僅體現在觀念上。在實際操作中，實踐教學學時數在總學時數中所占比重明顯偏小。

（2）實訓教學平臺缺乏。實訓課程缺乏一個和企業營運密切相關的、全面統一的、各學科所有課程都可以通用的一個平臺，導致老師在課堂上只能採取一些隨意的組織方式和表達方式進行訓練。

（3）實訓教學設施無法合理配置，軟硬件設施都難以滿足實訓教學的需要，因此，很多課程的實訓教學只好「以演代練」甚至「以講代練」。

（4）實訓教學師資依然短缺，缺乏大量的對市場和企業有著全面、系統的瞭解且有一定實踐經驗的專業教師，同時從行業引進的兼職教師數量過少，一些實訓課程甚至無法找到合適的教師進行教學。

（5）實訓教學教材建設明顯滯後，不能及時將行業、企業的新規範、新方法、新標準編入專業教材，導致學生畢業後很難具備直接從事生產一線技術工作和管理工作的能力。

（6）實訓教學質量評價體系無法科學建立，缺乏專門針對實訓教學的全面、規範的質量評價體系。監督手段和方法不完備，導致對靈活多樣、形式多變的實訓教學的管理存在困難。

(7) 實踐實訓教學的企業參與程度有待提高。大多數老師在實踐實訓課堂上沒有採取和企業契合的組織和表達形式來對學生進行訓練；同時由於各種各樣的原因，很多企業不太願意接受學生進入企業實訓、實習，或者不讓學生接觸其核心部門和有關的管理事務，使學生即使在實習崗位上也接觸不到本崗位的實質工作，學不到從事實際工作需要的各種技能。

二、基於企業模擬的市場營銷專業實訓平臺建設的意義

(1) 建立了市場營銷專業實訓教學系統化平臺。目前市場營銷專業實訓側重於軟件沙盤模擬，強調通過訓練讓學生對企業營銷部門的營運流程深入理解。但由於場地和課程設置的問題，學生對企業的感性認識和接觸明顯不夠。經過教改研究和試驗，筆者研究設計了市場營銷專業實訓教學系統化平臺，該平臺包括初級、中級和高級形式，能讓學生對企業營銷部門的營運既有感性認識，又有理性認識，更能親身接觸。

(2) 提高了學生實訓的積極性和自覺性。在讓學生瞭解企業的一些基本知識後，教師可以結合學生比較熟悉的或知名的企業的案例，模擬企業營銷部門營運的形式讓學生模仿這些企業的組織架構、職位設置和活動開展，讓他們組建自己的模擬企業，並把理論學習、課堂討論、經營游戲和課內外實踐活動融入自己組建的企業，使其對企業及其營運有一個初步的感性認識。同時，學生全程參與，且參與過程與課程考核是結合起來的，學生會既有動力又有壓力，其參與理論學習和課內外實訓活動的積極性和自覺性也會不斷高漲。

(3) 為相關課程的學習和實訓打下了系統化的基礎。學生對企業及其營運的感性認識深化後，基本上瞭解了企業的基本面貌，基本上熟悉了企業運行的主要流程，對學習後續相關市場營銷專業主幹課程及其實踐實訓的興趣很濃，積極性很高；同時，還為後來的企業虛擬經營沙盤模擬的教學和參賽以及組建自己的創業實體企業打下了堅實的基礎。

(4) 構建了學生學習和實訓的全過程、全方位、多層面的考核體系。傳統的以閉卷考試為主的考核方式抹殺了學生學習管理學課程的積極性，必然導致學生死記硬背枯燥理論的現象。基於企業模擬的市場營銷專業實訓平臺能夠充分利用企業營運形式和模擬企業開展的各種經營活動，結合各種考核方式，隨時隨地、全過程、全方位、多層面地考核學生的學習、思考、實踐、團隊合作等能力。

(5) 能夠對課內外實踐活動進行整合和引導。基於企業模擬的市場營銷專業實訓平臺的搭建，讓各種教學實踐活動和學生課外實踐活動緊密結合企業運行的實際情況，全真模擬企業運行的經濟、政治、文化環境，讓學生在觀察和思考問題、解決問題時身臨其境。

三、基於企業模擬的市場營銷專業實訓平臺的形式

1. 市場營銷專業實訓系統平臺構建

經過教改研究和實踐，筆者初步建立了市場營銷專業實踐實訓系統平臺（見圖1）。該實踐實訓系統平臺由初級、中級和高級平臺構成。初級平臺進行企業模擬營運，適用於大一和大二上學期的學生，該平臺能讓他們對企業總體架構和營運有一個框架性的瞭解和認識。中級平臺進行 ERP 沙盤模擬，適用於大二下學期和大三的學生，該平臺能讓他們對企業的營銷及財務、人力資源、生產等營運的細節有深入的瞭解和認識。高級平臺進行真實的由學生組建的創業企業的營運，適用於大三、大四的學生，該平臺能讓他們通過企業模擬營運和 ERP 沙盤模擬學習和實踐投入創業，並把前面學到的東西用來指導創業實踐。作為初級平臺的企業模擬營運形式主要包括企業組建形式、企業組織架構形式、企業職位職責設計形式和基於管理學理論的活動開展形式。作為初級平臺的企業模擬營運形式是一種基本形式，是作為中級平臺的 ERP 沙盤模擬形式和作為高級平臺的創業企業營運形式的基礎和依託。

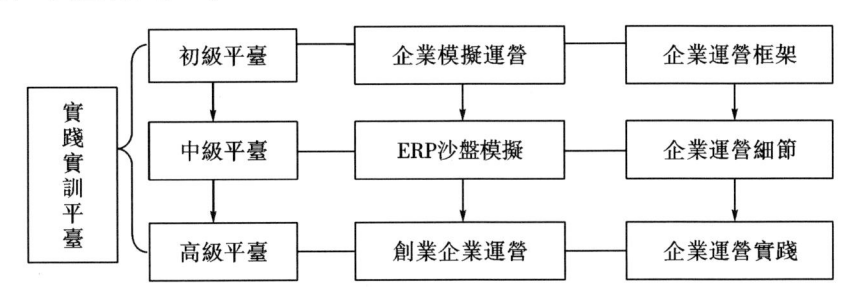

圖1　市場營銷專業實踐實訓系統平臺

2. 企業模擬營運基本形式的構建

筆者經過教改研究和實踐，根據企業模擬營運的基本形式（見圖2），初步構建了市場營銷專業企業模擬營運實踐實訓的基本形式（見圖3）。在讓學生瞭解企業的一些基本知識後，教師可以結合學生比較熟悉的或知名的企業的案例，和學生一起模仿這些企業的組織架構、職位設置和活動開展，在課堂組建學生自己的虛擬企業。虛擬企業組建基本形式包括企業組建形式、企業組織架構形式、企業職位職責設計形式和基於管理學理論的活動開展形式。這是一個基礎形式，相應專業和課程具體運用時需要將這個基礎形式做相應改變，如在職能部門下面的設置需要更加具體一些，和課程結合得更緊一些。

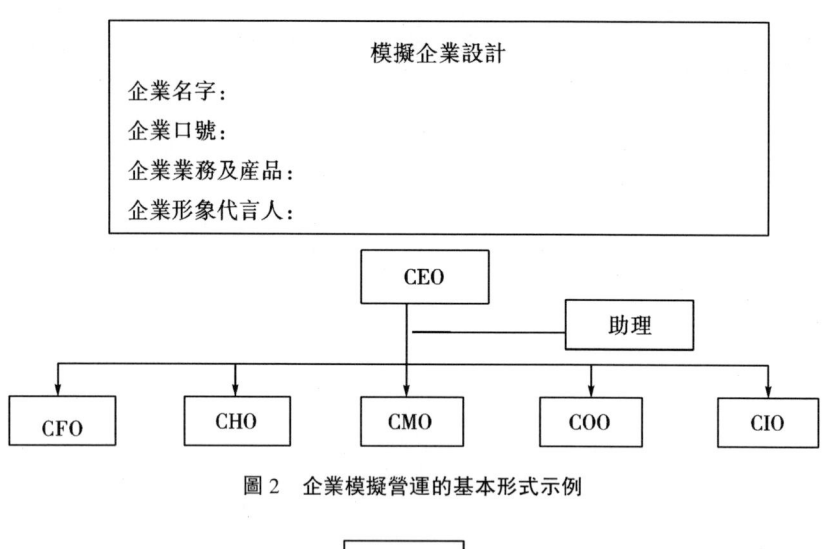

```
┌─────────────────────────────────────┐
│           模擬企業設計                │
│   企業名字：                         │
│   企業口號：                         │
│   企業業務及產品：                    │
│   企業形象代言人：                    │
└─────────────────────────────────────┘
```

```
                    CEO ── 助理
        ┌────┬──────┼──────┬────┐
       CFO  CHO   CMO    COO  CIO
```

圖 2　企業模擬營運的基本形式示例

```
                CMO ── 助理
    ┌──────┬─────┼──────┬──────┐
  綜合部  市場部  銷售部  客服部  技術部
                  │
          ┌───────┼───────┐
        業務經理  片區經理  客戶經理
```

圖 3　市場營銷專業企業模擬營運形式示例

四、結合企業模擬營運實訓基本形式的內容楔入

經過教改研究和實踐，應科學地把市場營銷專業的理論知識模塊和實踐能力模塊有機融入企業的組織架構和活動。要把理論知識模塊的重要知識點和實踐能力模塊的重要技能訓練點，設計成教學、討論、游戲等具體活動事項來組織開展，融入企業組建形式、企業組織架構形式和企業職位職責設計形式的計劃安排。相應課程在實踐實訓中需要根據企業模擬營運的基本形式進行相應修改和調整，在職能部門下面的具體職位設置需要更加具體一些，體現出部門和職位的差異。實訓課程及內容設置與具體的部門及職位應該結合得更緊一些，經營游戲、情景模擬、案例分析等實訓形式和企業實際情況應更加貼合一點。

市場營銷課程應根據企業模擬營運的基本實訓進行相應改變。我們可以在營銷部門下面設置更加具體的廣告部門、市場部門和戰略部門。

廣告學課程實訓應根據企業模擬營運基本實訓形式進行相應改變，在一般廣

告公司組織結構的基礎上設置更加具體的財務部門、行政部門、營銷部門、設計部門和後勤部門。實訓內容設置應以廣告設計、廣告傳播及廣告管理為核心，經營游戲、情景模擬、案例分析等實訓形式和企業廣告活動及廣告市場的實際情況應更加貼近一點。基於廣告公司架構的廣告學課程企業模擬營運形式示例見圖4：

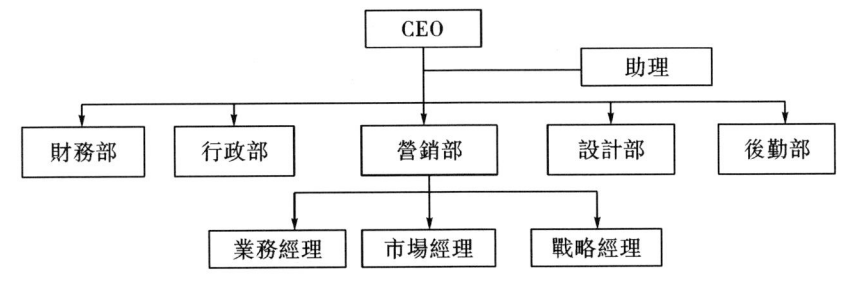

圖4　基於廣告公司架構的廣告學課程企業模擬營運形式示例

品牌管理課程實訓應根據企業模擬營運的基本實訓形式進行相應改變，可以根據一般公司的組織結構的實際情況在品牌主管下面設置一些品牌經理。實訓內容設置以品牌戰略、品牌策略、品牌管理、品牌營銷為核心，經營游戲、情景模擬、案例分析等實訓形式和企業品牌經營活動的實際情況應更加貼近一點。品牌管理實訓課程模擬營運企業形式示例見圖5：

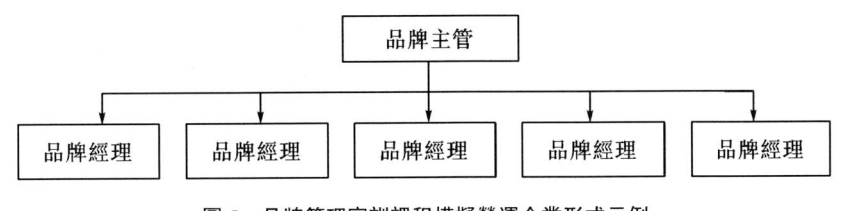

圖5　品牌管理實訓課程模擬營運企業形式示例

五、基於企業模擬營運形式的市場營銷專業實訓考核評價

經過教改研究和實踐，筆者設計了市場營銷專業實踐實訓全過程、全方位、多層面的考核模式。通過企業模擬營運這種教學和實訓方式，可以全過程、全方位、多層面地考核學生從事管理、營銷類工作所必須具備的能力，如自我學習能力、思考與決策能力、籌備與計劃能力、組織協調能力、領導能力、團隊合作能力、創新能力等。考核方式的設計有兩種形式，一是定性的隨堂表現評價方式，二是定量的財務收支評價方式。

1. 定性的隨堂表現評價方式

教師將公司營運績效表現分為A、B、C、D、E五個等級，並根據總體模擬企業和個體學生的表現情況，進行科學合理的評價。公司營運績效的內容包括經營游戲、課堂討論、角色扮演、案例分析、課外作業、課外實踐等。績效表現加分

情況包括公司團隊團結一致、公司組建形式有趣活潑、有廣告宣傳、公司運作周到等。

2. 定量的財務收支評價方式

教師和學生組成委員會，統一發行虛擬貨幣，給每一個公司發放起步資金，把每個項目和每筆交易都設置為一定的貨幣單位，設定具體項目、具體活動和交易的貨幣支付標準，即時交易、現金交割，最後在約定期限結束時核查每個公司的現金情況，掌握每個公司的盈虧情況和經營表現。貨幣支付標準僅僅是作為績效衡量的一個記錄，並不同於 ERP 沙盤模擬的精確化衡量標準。

參考文獻：

［1］張家明. 地方高校市場營銷專業實踐教學改革的若干思考［J］. 對外經貿，2012（1）.

［2］任文舉. 基於企業模擬營運的管理學課程教學改革研究［J］. 樂山師範學院學報，2010（11）.

［3］王娜，崔宏秀. 企業模擬經營的實踐教學探索［J］. 產業與科技論壇，2013（10）.

［4］毛鳳麟. 基於工作過程模式下的實踐教學［J］. 天津職業院校聯合學報，2011（4）.

［5］鄧英劍，劉忠偉. 高等職業教育實踐教學存在的問題及其對策［J］. 中國電力教育，2008（5）.

［6］趙紅燕. 關於市場營銷教學改革的思考［J］. 科技信息，2011（5）.

［7］劉淑麗.「企業模擬」本科教學體系的構建［J］. 河南科技學院學報，2011（4）.

淺談 ERP 沙盤模擬
企業經營實訓課程教學改革

薛 軍

摘要：本文從教改模式出發，闡述了 ERP 沙盤模擬課程的特點，分析了目前高校中該課程開設的現狀及問題，並結合我校該課程的教學改革，對該課程的教學設計心得進行了相關總結。

關鍵詞：ERP 沙盤模擬；課程特點；教改經驗

目前，ERP 沙盤模擬企業經營實戰訓練被廣泛運用於企業的經營培訓和高校的模擬教學。自我校 2008 年購入並安裝 ERP 實訓軟件以來，該課程就在我校各工商管理類專業中開設了。該課程的開設極大地提高了我校工商管理類專業學生的實踐能力，也讓學生取得了一些成績，包括參加全國大學生 ERP 沙盤模擬經營大賽獲得四川賽區冠軍、一等獎，全國比賽優勝獎等。但由於本課程的一些特點，再加上該課程在中國各高校中是一門新興課程，如何對該課程進行教學設計，包括教學內容、教學方法、教學手段、課程組織方式等方面的設計，已經成為中國高校在教學改革過程中需要深入研究的一個問題。本文結合我校該課程的教學改革，對該課程的設計提出了一些建議。

一、ERP 沙盤模擬的概念及課程特點

（一）概念

ERP 沙盤模擬按照製造企業的職能部門劃分了職能中心，包括營銷與規劃中心、生產中心、物流中心和財務中心。各職能中心涵蓋了企業營運的所有關鍵環節。實訓中，將戰略規劃、資金籌集、市場營銷、產品研發、生產組織、物資採購、設備投資與改造、財務核算與管理等幾個部分作為設計主線，把企業營運所處的內外環境抽象為一系列的規則，由受訓者組成若干個相互競爭的模擬企業，進行 6 年的經營。通過學生參與→模擬經營→對抗演練→講師評析→學生感悟這一系列實驗環節，依據融理論與實踐於一體、集角色扮演與崗位體驗於一身的設計思想，受訓者能在分析市場、制定戰略、營銷策劃、組織生產、財務管理等一系

列活動中參悟科學的管理規律，培養團隊精神，全面提升管理能力。

（二）課程特點

通過以上概念的闡述，我們可以看到該課程是一種集知識性、趣味性於一體的對抗活動。該課程具有以下特點：

1. 實踐性

實踐性是該課程最大的一個特點。學生利用 ERP 沙盤軟件進行操作，模擬一個企業六年的經營過程。通過模擬經營，學生樹立了科學管理、科學決策的理念，培養了綜合運用各學科知識的能力和一定的創新能力。

2. 綜合性

企業的經營過程是一個複雜的過程，ERP 沙盤較為真實地模擬出了一個企業的經營環境。企業模擬經營會涉及如何進行預測、如何進行戰略規劃決策、如何進行投資決策、如何進行融資決策、如何對經營成果和問題進行分析等問題，操作流程也包括了融資、採購、生產、銷售、編製財務報表等環節。該過程涉及了很多工商管理類專業課程的相關知識，因此，該課程在知識理論體系上具有較強的綜合性。

3. 對抗性

在整個經營過程中，學生會分為若干個小組，每個小組獨立地經營一個企業，每個企業之間是競爭關係。如何更好地發展本企業、有效地打壓其他競爭對手，是每個企業都會面臨的一個問題，因而，該課程具有較強的對抗性。

4. 創新性

該實訓課程同時也屬於一項創新性實驗。老師在上課過程中，可以在系統中改變一些參數，從而改變企業的經營環境。另外，隨著學生實訓技能的提高，在模擬的經營環境中，競爭會變得越來越激烈。這就要求學生能夠不斷提高團隊的應變能力，能夠適應不同的經營環境，制訂出最優的經營方案。

二、目前各高校 ERP 沙盤課程開設現狀及問題

近年來，整個社會對高校畢業生實踐技能的要求越來越高，高校也越來越重視應用型人才的培養。對工商管理類專業而言，ERP 沙盤實訓課程就是一門重要的培養學生決策能力的實訓課程。據統計，目前中國開設了工商管理類專業的高校，70%以上都開設了該課程，全國每年參加大學生 ERP 模擬企業經營大賽的高校也達到了上千所。所以，該課程已成為工商管理類專業的一項重要的實訓課程。但同時，我們也要看到，由於很多高校近幾年才開設了該課程，因而課程設置經驗明顯不足，主要表現在：

（一）該課程開設的硬件條件不足

該課程的開設，在硬件條件上存在的不足主要表現在兩個方面。一是師資力量的不足。由於這門實訓課程產生的時間還不長，高校中很多老師以前都沒有接觸過該課程。很多高校基本上都是這幾年通過培訓學習來培養師資，有的高校由

實驗人員來組織教學，有的高校由專任老師來組織教學。不管哪種方式，都表現出一方面培訓老師不多，另一方面培訓教師師資經驗不足，而師資力量的不足嚴重影響到了該課程的實訓效果。二是目前市場上該課程的培訓教材質量參差不齊。目前，一些出版社出版的培訓教材要麼注重實驗流程的介紹，而忽略決策分析的內容，不能滿足該課程培養目標的要求；要麼對企業經營中的決策分析理論內容進行堆砌，沒有更好地將這些內容融合在 ERP 模擬的經營環境中。

（二）對該課程的組織設計經驗不足

對於如何對該課程的開設進行設計，國內高校普遍存在著經驗不足的問題，主要表現在對於該課程培養目標的設計、課程內容的設計、教學方式的設計、教學課時的設計、課程考核方式的設計等，各高校都還處在一個探索階段。

（三）與其他課程的聯繫不密切

通過前面對該課程特點的闡述，我們可以看到，該實訓課程中涉及企業經營管理內容的理論都融在了一些專業課程的內容當中，ERP 實訓是一個對這些相關專業課程進行綜合實訓的項目。因而，該實訓課程完全可以和相關專業課的一些實訓項目相結合。但目前據筆者瞭解，各高校基本都是獨立開設該課程，該課程與其他相關課程的實訓內容基本沒有聯繫。

三、我校 ERP 課程設置的經驗淺談

通過這幾年的教學，我們對該課程的教學設計不斷進行總結，初步形成了一套適合本校的課程體系，現總結如下，以便和國內各兄弟院校進行經驗交流。

（一）不斷加強該課程的師資力量

我校一方面不斷加強工商管理類專業虛擬仿真實驗室的建設，另一方面不斷加強師資力量的培訓。在政策上，我院要求所有中青年教師必須掌握一到兩種針對本專業的實訓軟件。同時，我院每年都要組織相關教師進行培訓、參加進修、參加各種實訓研討會、到各兄弟院校進行考察交流，以增強我院培養應用型人才的師資力量。因而，我院針對該課程已經建立了一支以專任老師為主、實驗人員參與的師資隊伍。

（二）不斷探索該課程的教學設計

經過多年的實踐探索，目前，對於該課程的教學設計，我院已經具備一套較為成熟的教學體系。

1. 課程目標的設計

對於任何一門課程的教學設計，首先是要確定課程的教學目標。對於 ERP 沙盤實訓課程，我們的培養目標是：通過該課程的實訓，加強對學生在企業經營管理中決策分析能力、團隊協作能力和應變能力的培養。其中，決策能力的培養是該課程最主要的一個目標，其要求學生在模擬經營中分析各種影響因素，制定出企業最優的經營方案；同時，實訓中以小組為單位，讓學生充當不同的角色，這也能加強學生的團隊協作能力。另外，在模擬經營中，每個小組都要不斷地分析

市場變化的情況和競爭者的情況，這也有利於學生應變能力的培養。

2. 實訓內容設計

該課程模擬一個製造業企業經營的全過程，包括企業的籌資過程、企業的籌建過程，以及完整的生產經營過程。該過程涉及企業經營的採購、生產、銷售等業務。因而，本課程的實訓內容就涉及企業的戰略規劃，企業的經營預算，企業的融資、投資決策和完整的企業經營過程。要讓學生在對抗中去體驗一個企業完整的經營過程，瞭解企業的經營思路和管理決策理念。

3. 實訓流程設計

目前，我校 ERP 沙盤模擬實戰實訓流程大體可以分為五個階段：

第一階段，模擬企業經營環境介紹。在課程開設初期，要先對整個企業經營環境進行介紹，包括融資貸款、廠房生產設備的購買、產品的研發、市場的開拓、材料的採購、產品的生產、市場的開拓、銷售會議、訂單的爭取，以及其他一些相關模擬參數的介紹。同時，要向學生介紹企業經營過程中涉及的管理知識體系。

第二階段，操作流程展示。該階段，教師要向學生展示整個操作流程，具體包括如何結合市場預測制定企業的經營規劃，如何根據企業的戰略規劃制定投資決策，如何根據企業的投資計劃對資金進行預算，如何根據企業的資金預算進行融資決策，以及具體的融資、採購、生產、銷售等環節的操作流程展示。

第三階段，實戰演練。這一階段，讓學生進行第一輪實戰演練。每個企業在 CEO 的領導下開展競爭經營，制定企業的經營決策，決策的結果會體現在企業的經營成果中。教師要讓學生在兩天的時間內完成企業六年的經營過程，最後將各企業的經營狀況進行比較，效益優異者獲勝。

第四階段，點評分析。教師要對第一輪經營過程中每一個企業的經營狀況進行點評，評價每一個企業在各種經營決策中的不足，和這些不良決策對企業後續經營的影響。教師還要告訴學生出現各種決策失誤後，應如何進行補救。

第五階段，重複上述過程，模擬經營三到四輪。學生在每一輪經營過程中，要不斷進行學習總結，回顧以往專業課程學習中相關理論知識的具體運用。

4. 課程組織方式設計

目前，我校該課程的組織方式採用三種模式，以便讓學生有更多的機會體驗該課程。

第一種模式，選修課模式。我校工商管理類專業學生在學完相關專業課程後，在第七學期選修該課程。選修課一般開設在每個週末。

第二種模式，第二課堂模式。第二課堂是我校在學生課餘時間開設的一些實訓，學生可以利用課餘時間，進行相關培訓。目前，我校在學生中組織成立了 ERP 實訓協會，該協會進行第二課堂實訓的安排，老師從旁指導。

第三種模式，短學期集中培訓模式。為了適應社會對學生實踐能力的要求，我校自 2011 年以來，特別安排了一個短學期。在短學期，教師著重對學生的相關實訓能力進行培訓，而實踐性較強的 ERP 實訓課程，正好符合短學期的要求。

5. 課程考核方式設計

課程的考核方式應結合課程開設目的來設計。我們在對該課程進行考核時，要求學生結合每個企業的經營結果做出經營分析，讓學生明白他們所做的每一個決策對企業的影響。所以，我們一方面結合每個組實際的經營結果，另一方面結合每一組的經營分析報告來鑒定本課程的成績。

（三）不斷加強該課程的實訓應用

ERP沙盤實訓課程涉及很多經營管理專業知識，因而，完全可以將該實訓融入其他一些專業課程的實驗，比如「財務管理」「管理會計」「成本會計」「企業管理」等相關實驗。目前，我們已經在「財務管理」「管理會計」課程中增加了ERP實訓的實驗項目。當然，以上教學設計還只是我們的一個初步總結，如何更有效地利用好這門課程，以滿足應用型人才培養的需要，還需要我們不斷地探索和借鑒其他高校的經驗。

參考文獻：

[1] 王海紅. 增設ERP訓練課程 提高管理實務能力 [J]. 中國職業技術教育，2004（27）.

[2] 福英. 加強會計模擬實驗教學，培養應用型人才 [J]. 會計之友，2006（10）.

[3] 趙連靜，吳先忠. 基於沙盤平臺的ERP軟件教學模式設計 [J]. 北京農學院學報，2007（9）.

[4] 王文銘. ERP實驗教學模式研究 [J]. 中國管理信息化（綜合版），2007（10）：110.

專題五
試驗實訓實踐教學改革

地方高校「西方經濟學」實踐教學改革探討

熊 豔

摘要：西方經濟學作為全國高校經管類專業核心課程，其龐大的邏輯體系、枯燥的基本原理讓教師難教、學生難學，教學效果不理想。對以培養應用型人才為辦學宗旨的地方高校來說，在西方經濟學教學過程中，教師必須在全面把握西方經濟學內容的基礎上，針對學生的實際情況不斷改進教學方法，進行實踐教學探討，以解決西方經濟學教學中存在的問題。本文著重從教材選取、專題調研、案例教學、網絡教學等方面探討地方高校如何進行西方經濟學的實踐教學改革。

關鍵詞：應用型人才；西方經濟學；實踐教學

地方高校大多注重學生的實踐能力，致力於培養應用型人才，而教育部推進的改革也將強化這類本科院校的應用性。當前，社會對經管類專業人才的需求量很大，因此絕大多數的應用型本科高校都開設了經濟管理專業。在成人教育和在職培訓中，選擇經管類專業的人數也是最多的。應用型本科的特色在於「應用」，要求各專業特別是經管類專業，結合地方特色，適應市場需求，為地方經濟培養適用人才，這也是應用型高校實現長遠發展的根本保障和有效途徑。然而，作為經管類專業最重要的核心課之一的西方經濟學，在教學中卻存在著很多問題，使我們不得不反思應該如何進行地方高校西方經濟學的教學改革，使培養的學生能夠更好地適應社會的需要。

一、地方高校西方經濟學實踐教學現狀

（一）注重理論教學，各校學時安排各異

全國所有高校經管類專業都開設了西方經濟學，它是國家教育部規定的高等院校經管類專業的核心基礎課程。就研究內容而言，其包括微觀經濟學和宏觀經濟學。因為後續專業課程所占比重較大，地方高校開設的西方經濟學的學時普遍少於綜合性大學西方經濟學的學時。雖然教學學時具體安排不同，但各高校的西方經濟學基本上都只進行理論教學。

（二）實踐教學內容很少涉及

目前，地方高校很少在教學計劃中安排西方經濟學實踐教學內容，更缺乏對

實踐教學模式的系統構建，基本傾向於經濟理論的介紹和解題思路的講解，學生普遍反應理解比較吃力，這顯然不利於對學生應用能力的培養，也不符合西方經濟學課程的特殊性：它一方面涉及大量的概念和理論模型，比較枯燥，另一方面又是一門實踐性很強的課程，是分析經濟領域內具體現象和事物的工具。教師如果能培養學生的學習興趣，可以大大提高學生運用經濟理論觀察、分析和解決現實經濟問題的能力。

(三) 經濟學實驗教學嶄露頭角

近兩年，全國高校中已經有少數綜合性大學利用其自身的資金實力和平臺優勢，開設了西方經濟學的實驗課程，在實踐教學方面做出了大膽的嘗試，形成了一定的影響力。而地方高校由於受到資金和觀念的制約，經濟學實驗教學幾乎還是一片空白，只有極個別具備條件的地方高校進行了經濟學實驗的初步嘗試。

二、地方高校西方經濟學實踐教學中存在的問題

相較於綜合性大學，地方高校更應該強調人才培養的應用性。應用和創新能力的培養是經管類專業教育的目標導向，因此西方經濟學課程加強實踐教學是必然趨勢，但是目前在地方高校的西方經濟學實踐教學中，仍然普遍存在著不符合此指導思想的問題，主要表現在：

(一) 教師對教材和內容的把握水平不一

目前西方經濟學教材有很多版本，但是大部分教材都只注重理論和邏輯體系，再加上各種經濟模型的引入，很多學生覺得經濟學教材晦澀難懂。教師如果不對學生的實際情況進行較為徹底的摸底，很難選擇適合學生學習狀況的西方經濟學教材。特別是西方經濟學的微觀經濟部分在彈性、消費者均衡和生產者均衡中廣泛涉及邊際效用、邊際產量、邊際成本等眾多的邊際概念，這需要學生具備較為紮實的微積分基礎，而很多教師在教學中要麼忽略了學生的數學基礎，要麼在形式上過於強調數學模型，導致學生對更深層次的經濟學理念認識不到位，在一大堆數學公式和模型中失去了學習思考的興趣。另外，教師在教學過程中對經濟學的整體內容把握不一，而對理論和模型的講解究竟應該到什麼程度，怎麼結合實際，又全憑教師自身的素養和經驗累積。目前，大部分教師是「重理論、輕實踐」。

(二) 學生學習興趣低，教學效果較差

目前地方高校經濟學教學中仍然注重理論教學，以教師為中心的「滿堂灌」現象嚴重，教師很少結合社會生活的實際情況，也很少充分結合學生的自身特點來實施有針對性的教學，導致教學中學生理論聯繫實際的能力沒有得到較好的培養，學生學習的興趣很低。經濟學是一門應用性很強的學科，來源於生活實際，我們的經濟學教學如果脫離了實際生活，經濟學也就成了無本之木。

(三) 教學改革流於形式

近幾年各地方高校在西方經濟學的實踐教學模式上做了較為積極的改革和探

索，但多數仍停留在教學計劃的修訂、教學內容的增減等方面，很大程度上仍表現出重理論、輕實踐，重形式、輕過程，幾乎沒有實質性的針對課堂內外學生實踐教學的改革，這樣培養出來的學生在分析和解決經濟學問題時的能力相對會較差。

三、地方高校西方經濟學實踐教學改革探討

「慕課」的興起，給我們帶來了教學的新思考。網絡課程資源如此方便快捷，將來學生的學習將不再受制於時空和人物，可以盡情地在網上欣賞自己感興趣的名家講課的風采。如果我們地方高校的教師故步自封，不積極轉變思維，將來可能沒有學生願意再來聽我們授課。目前教育部醞釀啓動高校轉型改革，中國一千二百所國家普通高等院校，將有六百多所轉向職業教育，培養技能型人才。對地方高校來說，將辦學指導方針設定為「培養應用型人才」已經刻不容緩。地方高校轉型改革的路徑主要是課改，要提高學生的動手能力。作為經管類專業核心課程的西方經濟學，在教學過程中必須探討如何增強實踐教學部分，將實踐與理論有機結合，用實踐來驗證和補充理論的不足，這樣才能適應地方高校的改革。綜上，構建以應用能力培養為主要目標的西方經濟學實踐教學模式具有很強的理論和現實意義。

（一）選取適合學生實際的經濟學教材

教材是學生學習的基礎，對學生來說，教材的難易程度和實用性是很重要的。經濟學以數學為基礎，內容晦澀，如果教材難度過大，學生就不易接受。目前國內各大高校使用的經濟學教材有很多，常見的有薩繆爾森、斯蒂格利茨、克魯格曼、曼昆、平狄克等國外經濟學家編著的教材，也有很多國內經濟學家如高鴻業、尹伯成、梁小民、袁志剛等人主編的各種版本的經濟學教材。我們在經濟學教學改革中對比採用過的不同教材，薩繆爾森、曼昆、高鴻業、袁志剛等人的教材效果都不錯，不過也有不足之處。國外經濟學教材注重實例的引入，沒有那麼枯燥，但是由於例子都是國外的，我們的很多學生無法切身體會；而國內學者編寫的經濟學教材更加注重邏輯體系的構建，便於學生對知識的系統掌握，但是由於缺乏相關案例或經濟資料，國內教材難以激發學生的學習興趣。由武漢大學出版社2014年出版的、北京大學王志偉教授主編的《西方經濟學》一書較好地兼顧了這兩方面的問題。它既秉承了經濟學的邏輯體系和基本原理，又引入了很多中國的實例，解決了西方經濟學的本土化問題。書中深入淺出的講解讓學生在學習過程中收穫很大，故此書比較適合作為應用性很強的西方經濟學課程的教材。

（二）採取分小組專題調研匯報形式調動學生積極性

在經濟學的教學過程中，為了充分調動學生的積極性，讓學生以主人翁的角色參與學習，我們將微觀經濟學和宏觀經濟學按照主要內容分別割分成不同的專題，比如微觀經濟學部分可以割分為供求理論、彈性知識、消費者效用最大化、成本理論與運用、市場結構等專題，讓學生事先按照自己的興趣自由組合成學習

小組，每個小組選擇一個專題，以專題調研的方式進行實地調研，並收集案例，由小組選派的代表在教師講解該專題之前先在全班做小組匯報，教師再根據各個小組的匯報情況進行打分，作為該小組成員平時成績的重要依據。此教學方式下，學生參與學習的興趣很高，深化了認識，課下反饋的信息非常好。學生普遍反應這種模式既提高了大家學習經濟學的興趣，提高了自己動手動腦的能力，也提升了大家團隊協作的能力，同時還在一定程度上鍛煉了大家的語言表達能力和在眾人面前展示自己的能力。

（三）加強案例教學

在我們的經濟學教學中，每一章節都以幾個主要的經典案例為主線，引入經濟學的理論教學。由於案例源於生活，學生學習的興趣很高。教師在學生有了一定的感性認識之後再給他們講解相關的經濟學理論，他們的理解會極大程度上地加深，教學效果也能增強。案例教學可以參考以下幾種具體方式：

（1）案例討論式。這種方式可以與小組專題調研方式相結合，由教師根據實際難度情況在理論講解之前或者之後提出一個經典案例，限定時間讓學生自由討論，然後讓學生主動上臺在規定時間內闡明觀點，最後由教師總結評價。如在講述顯性成本和隱性成本之前，讓學生討論自己創業的成本，由於將學生的實際和經濟學理論結合了，學生的興趣和參與度都會很高，教師的點評和理論的引入就易於被學生接受。

（2）案例穿插式。這種教學方式對教師本身的專業素養和經驗累積要求較高，要求教師在課堂上能信手拈來可能僅僅是一時「靈感閃動」而想到的案例。例如教師可在引入「稀缺」這個關鍵概念時，以師範院校女多男少的實際情況來區分「稀缺」與「短缺」；講授「機會成本」的時候，舉例說明學生來上課的機會成本是什麼。學生在捧腹之餘，也理解了這些枯燥的經濟學術語。

（3）辯論式教學。教師可以選擇一些熱點案例，把學生分為正反兩組，以辯論會的形式進行案例教學。通過辯論式教學在西方經濟學中的應用，教師和學生共同探討西方經濟學的本土化問題，達到為中國經濟服務的目的。比如，「壟斷對經濟生活的影響是利大於弊還是弊大於利」「地方債究竟應不應該廣泛推行」「中國的貨幣泡沫與房地產泡沫」等，我們可以選取這些有現實針對性的選題，讓學生通過查閱大量資料，自己整理思路，與別人進行針鋒相對的辯論，深化對相關知識點的認識，提高解決問題的能力。

（4）組織專題講座。教師可以通過向學校申請或者利用自身的社會資源邀請一些相關行業的企業家，圍繞實際經濟問題，開展一些專題講座。這樣做可以讓學生感受企業家的思想，加深他們對實際經濟問題的理解，開闊其視野，活躍其思維。同時，講座的開展也為學生提供了一個與行家直接對話和交流的機會。據瞭解，很多企業家樂意到高校去做類似的講座，這對學校和企業來說，可以實現「雙贏」。

不過，在案例教學中要注意避免走入一些誤區。比如，有的教師在實施案例教

學時，只是拋出問題給學生討論，而不注重過程管理和最終的總結，最後學生收效甚微；還有的教師片面強調案例教學，忽視傳統理論教學，雖然課堂生動形象，但由於學生沒有系統的理論知識作基礎，他們對案例的分析、材料的判斷必然會浮在問題表面。對於作為經管類專業基礎課程的西方經濟學，我們還是要以系統的理論知識教授為主，案例教學只是為了輔助學生理解經濟學原理。

（四）在地方高校開展西方經濟學的實驗教學

學校可以引入目前國內比較先進的經濟學實驗軟件，逐步開展經濟學實驗教學模擬平臺課程，通過籌碼推演和角色扮演模擬微觀經濟和宏觀經濟營運過程，營造真實的經濟環境，讓學生體會現實生活中企業、消費者和政府之間的經濟行為。這樣，經濟學的教學將理論、實戰、操作融為一體，能使每個學生都有針對性的收穫。當然，經濟學實驗的推廣對任課教師也是一大挑戰，教師自己首先要花功夫學會軟件的應用，才能更好地指導學生。

（五）借助學校網絡教學平臺推廣網上在線答疑

一些地方高校已經引入了網絡課程資源，比如我們目前引進的是爾雅通識課程，教師和學生的反響都比較好。在今後的經濟學教學中，我們可以利用網絡系統對學生所提的各種問題進行不受時間與空間限制的網絡答疑，在網絡上同學生討論各種學術問題與實際問題，向學生公布最新的重大理論進展，吸引全校乃至社會上對經濟學有興趣的人加入學習討論，形成一定的影響力。在討論和答疑的過程中，教師要始終掌握主動權，把握討論的主流方向，不能讓一些別有用心的言論擾亂了學生的視聽。

總之，為了更好地推進地方高校的西方經濟學實踐教學改革，學校要在政策、資金、設備等方面大力支持。教師要積極轉變思維，運用多種方式進行教學過程改革，同時配套進行期末考核方式的改革，加大平時考核的力度，這樣才能最大限度地調動學生參與教學改革的積極性，使學生付出努力的程度與其課程成績高度正相關，從而更好地實現實踐教學改革的終極目標。

參考文獻：

[1] 張本飛.西方經濟學教學現狀與反思 [J].合作經濟與科技，2012（1）：118-119.

[2] 王志偉.西方經濟學 [M].武漢：武漢大學出版社，2014.

[3] 牛鴻蕾.西方經濟學實踐教學模式的構建——基於應用能力培養視角 [J].安徽商貿職業技術學院學報，2009（3）：73-76.

[4] 王兆萍.西方經濟學案例教學的誤區與反思 [J].吉林工商學院學報，2011（1）：105-111.

非中心城市院校學生職業能力培養的課程實踐教學改革探索
——以「市場調查與預測」為例

高文香

摘要： 職業能力是現代社會對應用型人才培養的要求，尤其是在非中心城市院校學生素質、畢業學生流向等方面與中心城市院校有顯著區別的情況下，要體現學校辦學特色和增強學校競爭力，非中心城市院校在課程教學中就必須注重實踐性課程教學和學生職業能力的培養。「市場調查與預測」是市場營銷專業的主幹課程，擔負著培養學生市場調查能力的重要使命。本文以「市場調查與預測」為例，對非中心城市院校學生職業能力培養的課程實踐教學改革進行探討，旨在提高非中心城市院校學生的職業能力和就業率。

關鍵詞： 非中心城市；實踐教學；課程改革；職業能力

一、問題的提出

（一）社會職業需求

隨著社會的進步，職業能力是現代企業對應用型人才培養的要求。我們在調查中發現，目前大學生的職業能力普遍較差，就業率也較低，這就要求高等院校的人才培養模式必須從傳統的理論型、通用型向應用型、職業型轉變，尤其是對一些實踐性較強的專業來說更是如此。而職業型、應用型的人才培養離不開實踐教學的支撐，實踐教學是「教、學、做」三位一體的教學模式，也是提高學生學習積極性、綜合能力和職業素養的重要途徑。實踐教學是實現專業培養目標的一個關鍵環節，該環節讓學生去「再次發現」和「重新組合」已有的知識，並把這些知識應用到專業的職業實踐中去，從而提高他們的綜合能力。實踐教學的效果關係到一個大學生的綜合素質和就業能力，也會影響他們是否能夠盡快適應新的工作崗位。雖然很多高等院校開始注重實踐課程教學，但受傳統教學模式的影響，目前在實踐教學中還存在重理論、輕實踐的思想，所謂的課程實踐教學僅僅是理論與實踐的簡單結合，不僅學生缺乏真實的體驗和感受，教師也難以提高大學生的職業能力，致使目前有較大部分的學生走上工作崗位後不善於做人和做事，實

非中心城市院校學生職業能力培養的課程實踐教學改革探索——以「市場調查與預測」為例

際動手能力差。

(二) 非中心城市院校的發展方向

非中心城市是指空間或區位上處於非省會或重要區域經濟中心的城市，一般是地級市。非中心城市院校無論是在教學經費、人才政策、國際合作資源、國家質量工程資源還是學生素質、畢業學生流向上，與中心城市的院校有很大的區別。其中，非中心城市院校畢業學生的流向與中心城市院校畢業生的流向有很大的區別，非中心城市院校中出國留學、考研深造的學生是比較少的，約90%的學生選擇直接就業。非中心城市院校與中心城市院校其他方面的差異決定了非中心城市院校培養目標的不同，其重點在於培養學生的職業能力，通過突出學生職業能力的培養來彰顯非中心城市院校的辦學特色，提高該類院校的競爭力。課程實踐教學可以重點培養學生的綜合實踐能力和職業能力，使他們具備一定的專業知識和職業素養，瞭解職業工作流程，有利於提升學生的就業水平，有效縮短學生畢業後適應工作崗位的時間。

(三) 課程特點

市場調查與預測是市場營銷專業的核心主幹課程，它擔負著培養營銷專業學生市場調查能力的重要使命。它也是一門理論與實踐密切結合的課程，內容主要涉及市場營銷、統計學、心理學等學科的知識。課程性質決定了在市場調查與預測教學過程中，不能按照傳統的教學模式進行簡單的課堂講授，而應該更加注重實踐操作技能的訓練，增強學生的職業角色體驗感。學生的市場調查能力在實踐教學中得到了提高和完善。

二、市場調查職業能力目標

通過對職業崗位能力的調查，我們得知市場調查職業崗位有市場調查員、高級市場調查員、助理市場調查師、市場調查師、高級市場調查師等。在校的課程實踐教學為學生以後的就業提供了一種必要的基礎準備，因此在學校的課程實踐教學中應強調培養學生比較基礎的職業能力。由於目前市場調查公司或大公司的市場調查部門往往由兩班人馬來做市場調查與市場預測，而我們培養的學生畢業以後也主要從事基礎的市場調查工作，因此本課程的實踐教學主要應培養學生的市場調查能力。具體的市場調查職業能力目標見表1：

表1　　　　　　　　　　市場調查職業能力目標

項目序號	能力要求
1	能熟悉市場調查的全流程
2	能選擇準確的語言與技巧與被訪者進行交流、開展各種調查，具有很強的關係處理能力
3	能夠主持和組織開展較大規模或較系統的調查項目，能夠系統、合理地進行市場調查設計，能熟練選擇、使用各種適宜的調查方法進行市場調查

表1(續)

項目序號	能力要求
4	能全面、深入、準確地對市場調查結果進行數據處理並進行分析說明，撰寫調查分析與趨勢分析報告
5	能獨立進行各種調查工具和手段的設計
6	能準確發現市場調查中的問題並做出正確分析，能夠控制整個調查過程
7	具有比較強的管理、協調能力
8	能夠預測市場發展趨勢
9	其他的能力：團結協作能力、創新能力、自學能力

三、學生職業能力提升的策略

為了能更好地實現學生市場調查能力培養的目標，讓學生的職業能力有較大的提升，教師和學校需要共同努力。

（一）圍繞社會和職業崗位需求，優化教學內容

市場調查的內容比較廣泛且比較深奧，教師需要根據社會的需要和職業崗位能力的要求對教學內容進行優化。一方面，要以培養學生各項職業能力為主線，堅持「必須、夠用」的原則，將市場調查與預測的教學內容進行優化；另一方面，在對市場調查崗位職業能力進行分析後，要根據各項能力之間的邏輯關係及教學規律，對教學內容實踐順序進行優化，將市場調查各項職業能力體現在工作情景中，以確保職場調查職業中的各種能力有序地得到鍛煉。由於非中心城市院校的畢業生以後主要從事市場調查工作，故本課程的實踐教學以職業工作過程為導向，重點培養學生的市場調查職業能力。優化後的實踐內容分為八部分：文案調查、調查方案設計與製作、抽樣設計技術、問卷設計技術、實地調查、數據處理、調查報告、市場預測。每一個部分的內容都由教師先講授，然後學生進行實踐。

（二）巧用多種實踐教學方法培養學生的職業意識和職業素養

針對當前社會對大學生職業應用能力的迫切需求，高校應遵循課程特點綜合運用多種實訓教學方法，以培養學生的市場調查能力為目標，實現從「以教為主」向「以學為主」的轉變。我們希望通過各種教學方法，從不同層面和不同角度著力加強學生職業意識、職業素質的培養。

1. 案例教學，促使學生開始認知職業能力要求

案例教學就是教師根據教學進度，選擇實際或虛擬的具體事例為分析材料，讓學生利用所學知識與方法對案例進行分析和探討。教師通過案例引導學生思考，然後讓學生們相互分析和討論，並提出解決方案。案例教學產儘是一種理論性的教學方法，但是有利於調動學生對所學課程的興趣，幫助學生理解和消化教學內容，為學生發現問題、解決問題提供一個領悟的機會，並讓學生開始認知職業能

非中心城市院校學生職業能力培養的課程實踐教學改革探索——以「市場調查與預測」為例

力要求。

2. 項目教學，讓學生逐步掌握工作崗位所需的各項能力

項目教學是在構建主義的指導下，以實際的調查項目為對象，教師先將教學項目分解成多個相互聯繫又獨立的小項目，在每個小項目中安排相關的知識和技能，適當示範後讓學生圍繞各自的項目進行討論、協作學習，最後共同完成任務的一種教學方法。項目教學法以教學項目、學生和實踐經驗為中心，調動了學生的積極性。同時，隨著教學的深入，學生能逐個解決在不同的調查項目中遇到的問題。通過項目教學法，學生不僅瞭解了市場調查職業的工作流程，還能將有關市場調查中獨立、分散的知識點有機連接起來，並逐步理解和掌握市場調查崗位工作的各項職業知識和技能。

3. 情景模擬教學，培養學生創新能力

社會對學生職業能力的要求中還包括學生的創新能力，而情景模擬教學是培養學生創新能力的有效方法。情景模擬教學是就課程教學內容中的某個環節在課堂中進行模擬，創設出與現實相似的特定情境，對同一目標用多種方案進行實現並比較優劣的教學方法。市場調查主要根據調查人員和調查對象等角色創設出不同調查背景，並根據背景採用不同應對方案。在演練前，學生先要創設出不同的調查情景，這有利於培養和發揮學生的主觀能動性、想像力、創造力；在演練過程中，需要體現學生的應變能力、溝通能力；演練完畢，教師和其他學生共同進行總結，分析其中存在的問題，從而學生瞭解了不同情景下的正確應對方法與技巧，進一步提高了自己的職業能力。在情景教學中，學生可以創設多變和不確定的市場調查情景，對不同的調查方法和調查對象可以進行多人次區別表演，充分培養自己的創新能力。

4. 學習小組實踐法，培養學生的團結協作和溝通能力

較強的合作能力和溝通能力是企業應用型人才必需的。市場調查是一個系統工程，成員間的團結協作是調查工作順利完成的重要保證，故在課程實踐教學中要重視學生團隊意識和團結協作能力的培養。在市場調查課程實踐教學開始時，專業教師會根據班級情況組建6~8人的實踐學習小組，每組選出一名小組長，組長可以通過自薦或教師指定的方式選出，也可以根據不同項目的要求讓學生輪流來當。學習小組一旦組建，就一直貫穿這個課程的起始。組長在教師講授了相應的知識後，就組織本組成員完成不同的調查項目，直到小組給出一份完整的市場調查報告。每個小組項目的完成質量取決於小組長的組織溝通能力和本組成員的團結協作能力。作為小組長，必須善於團結小組成員，利用良好的溝通協調能力和組織才能調動小組成員的積極性；小組成員需要在調查過程中相互交流，發揮各自特長。學習小組實踐法有利於培養學生團隊協作的能力，在一定層面上還可以培養學生的領導能力和組織能力。

5. 增加課程校外見習機會，讓學生提前體驗職場

為了將學生從被動的聽課者轉變成實踐的創造者，讓其對職業崗位有實實在

在的感受，一般實踐性課程教學會採用實地調查方式。但很多實地調查是非正規和非真實的調查，即教師虛擬調查項目來進行調查，產儘這對學生職業能力的培養也有一定作用，但是學生沒辦法體驗職場。因此，在課程實踐教學時不僅應有校內實踐，更應該增加學生校外見習的機會。應盡量和當地實際的市場調查公司或企業合作，使學生能夠進行真實的調查研究或直接參與實際企業的市場調查工作。這樣，學生會提前體驗職場，熟悉企業運作的全過程，學會與社會人打交道，學會處理各種人際關係，還有利於培養和提高學生將課堂所學的專業知識技能與實踐結合運用的能力，並有利於學生發現自身工作能力、工作方法與工作經驗的不足，為其進入職場做準備。產儘非中心城市缺少像 AC 尼爾森、北京新生代調查那樣的大公司或其他知名企業，但是只要有機會讓學生到企業見習，哪怕是去小企業見習，也可以達到讓學生提前體驗職場的目的。

（三）充分發揮教師在實踐教學中的引導作用

1. 提高教師自身的職業能力

在培養學生職業能力的過程中，離不開專業教師的指導，這要求專業教師不僅是教學專家，還要是行業專家，但是大部分教師對企業及企業各職業崗位的瞭解甚少，在課程實踐教學和學生實踐指導上力不從心。因此，教師首先需要不斷提升自身的職業能力，利用一切機會來提高自身的業務素質。一方面，教師應該利用進修、會議、培訓等機會瞭解行業發展情況、崗位技能變更等信息，動態地調整實踐教學內容和方法。另一方面，教師應該利用掛職鍛煉、科研項目合作等機會深入企業一線，盡量熟悉企業運作的全過程，掌握幾種不同的職業技能。只有實踐經驗豐富或具有技能專長的教師，才能調動學生的學習積極性，真正培養出符合社會職位需求的人才。

2. 教師要以職業能力培養的要求嚴格、科學地管理學生

以前「一張考卷定全局」的考核方式並不能真正反應學生的能力。為了真正把職業應用型人才的培養目標落到課程實踐教學中，教師應以職業能力培養的要求嚴格、科學地管理學生，不定期抽查核實各小組的分工及任務完成情況，督促學生掌握各項職業技能，避免學生抄襲別人的資料或敷衍交差。在考核過程中，應重點考查學生職業素養的完善程度和在任務完成過程中的協作能力、執行能力和回應速度。考核採用定性和定量結合評價的方式進行，學生每個項目的定性成績採用學生自評、小組內部互評、教師評價三者相結合的方式評定，三者綜合給出學生的定性成績。定量評價則首先根據各實踐項目在本課程教學中的重要程度給予不同分值比例（具體分值比例見表 2），然後構建出能夠真實、公正、公平反應學生實踐任務完成情況和職業能力提升情況的各個實踐項目的評價指標體系，再根據每個項目的評價標準對每個學生在實踐任務完成過程中表現出的業務能力、分析及解決問題的能力、運用知識的能力進行量化評價，最後將學生在不同項目中的量化成績與不同項目在本教學課程中所占的百分比相乘，得出該生最後的定量成績。學生的課程總成績由 30% 的定性成績和 70% 的量化成績綜合而成。

表2　　　　　　　　　　不同實踐項目的具體分值比例

項目序號	對應的教學內容	不同項目所占比例
1	文案調查	5%
2	調查方案設計與製作	10%
3	抽樣設計技術	5%
4	問卷設計技術	10%
5	現場訪問	10%
6	數據處理	10%
7	市場預測	5%
8	調查報告	45%
合計		100%

（四）學校要加大投入，改善實踐教學條件

與中心城市院校相比，非中心城市院校學生職業能力培養的條件比較差，具體表現在校外見習企業少、校外見習單位小、實踐經費緊張等。受市場環境的影響，非中心城市的大企業和企業數量不是很多，缺乏知名的大型調查公司和企業，學生校外見習、實習機會少。為了學生職業能力培養目標的實現，非中心城市院校需要採用多種靈活方式，爭取與當地的市場調查公司或當地的知名企業開展合作，構建校企合作制度。學校還可以走出去與中心城市的市場調查公司或企業進行合作，使其成為學校長期穩定的校外實習基地，讓學生真正體驗實際的市場調查工作。另外，教學經費的限制也是實踐教學的一個障礙，畢竟問卷的印刷費用、調查車旅費、給優秀小組的獎金等，這些實踐費用學生無力承擔。學校應保障這些資金的到位，從而確保課程實踐教學的順利完成。

參考文獻：

［1］張雷. 實踐性教學模式初探［J］. 山東省青年管理幹部學院學報，2006（15）：70-76.

［2］李剛. 教學模式改革市場調查理論於實踐之探索［J］. 社會廣角，2009，15：169-170.

［3］於蘭婷，劉東寶. 項目教學法在市場調查課程教學中的應用［J］. 經濟師，2008（2）：136-137.

［4］趙劍林. 市場調查與預測教學方式、方法改革研究［J］. 和田師範專科學校學報，2007（50）：245.

［5］邵丹萍. 高職市場調查課程實訓主導性教學模式探索［J］. 職教論壇，2008（8）：45-47.

高師院校非師範專業實踐教學改革探索

楊小川

摘要: 目前大多數高師院校都開辦了非師範專業,這些專業的實踐教學正面臨前所未有的挑戰。傳統的師範類專業實踐教學手段,在高等教育大眾化趨勢和信息時代的條件下,極不適應。傳統實踐教學的觀念、方式、手段、內涵、體系和結構需要改變。在堅持五個原則的基礎上,注意五個環節的配合,將對非師範專業實踐教學改革有所幫助。

關鍵詞: 非師範專業;實踐教學;改革

在傳統的師範教育模式下,教師一般比較重視理論教育,注重培養學生的理論素養和邏輯分析能力,卻忽視了學生的動手、動腦能力,特別是忽視了與社會需求相結合的知識與能力的培養。學生畢業後的就業實際需求與學生在校所學明顯脫節,出現學生缺乏對實際工作的瞭解,獨立發現、解決問題的能力薄弱的現象。師範院校中非師範專業的專業實踐教學面臨著市場經濟帶來的嚴峻挑戰,教學改革與人才模式轉換的要求讓高校迫切希望提高專業實踐教學的質量。市場營銷本科專業的實踐教學改革就是非師範專業實踐教學改革的典型代表之一。

一、目前市場營銷專業實踐教學存在的主要問題

1. 課時縮減產生的矛盾

不可否認,給予學生更多的學習自主權已經成為高校教學改革的一種趨勢,但是包括學生和老師在內的一線的教學體系並沒有做好充分準備。改革的快速推進與準備上的缺乏,形成了一種矛盾,造成老師在課時減少後,在原有授課方式和考試方式不可能發生太大變化的情況下,完成課程任務十分吃力。不僅老師不得不在縮短的課時內被動地講授理論知識,實踐性的輔助訓練也會形同虛設,真正的實踐還是要等到畢業實習時才能真正進行。

2. 實踐形式不能與時俱進

學生數量快速增長和實習單位聯繫困難的矛盾、課時縮減與考試要求提高的矛盾、創新人才培養與人才選拔模式陳舊的矛盾,大大擠壓了實踐教學的空間。學生也普遍認為實踐教學馬馬虎虎過得去就行,重要的是考試成績、獎學金、考

研、就業，見習和實習就是走一個過場。實踐教學面臨各方面的壓力，教學的內容、質量都受到了影響，實踐形式也很難呈現出多樣化的趨勢，而是以單一方式在發展，缺少變革、進步和優化的內在動力和外在壓力。

3. 家長觀念的陳舊與實習單位社會責任感的缺乏造成實踐效果大打折扣

部分學生家長觀念陳舊，對學生成材的期望很高，但對成才過程的關心卻遠遠不夠。有的家長只關心學生的考研與就業，部分家長甚至找熟人為學生提供虛假實習證明。另外，在市場經濟條件下，作為市場主體的企業面臨著各式各樣的競爭壓力，逐利的思想使得企業重視經濟利益，而忽視了社會責任。實習單位通常是無奈地、被動地接受實習任務，但是在操作上卻陽奉陰違，抽調指導人員不足或缺乏計劃性、系統性和規範性，使得學生的實習效果具有不確定性。

4. 中國高校職稱體制對教師的發展進行誤導

目前，高校教師面臨的壓力越來越大，教師職稱評定的兩個重要因素即科研成果與教學工作水平對教師行為產生了不同的影響。其中，科研成果是硬指標，發表論文、項目申報、出版專著的數量與水平可以量化，在評定職稱時是具有決定性作用的因素；而教學水平與效果則很難量化，只能用定性的語言來表述，無法用標準化的方式來衡量，因此，教學工作不能成為教師職稱評定中的決定性因素。職稱評定對教師行為起著「指揮棒」的作用，教師輕教學而重科研的現象與環境和政策有很大關係。在實踐教學中，教師缺乏主動性，更多的是應付，即「有問有答、有問不答、不問不答」，而學生限於經驗和學識，能夠迅速發現問題的可能性並不大，得到的輔導和指導就有限，這直接影響了實習的效果和學生實踐能力的培養。

5. 實踐方案陳舊，新瓶裝老酒

隨著經濟的發展，社會分工越來越細，對專業人才的要求也不斷提高。營銷理念和營銷手段也隨著改革開放的推進而日新月異。但是很多老師為方便教學、節約時間，或者應付學校的各種檢查，多年如一日地使用舊的實踐教學方案，讓學生就業後還得重新學習才能適應和跟上新的市場變化。

二、市場營銷專業實踐教學改革應堅持的原則

第一，長遠性原則。改革實踐教學應著眼於高師院校未來人才培養模式的轉變和社會對人才需求的變化。改革實踐教學應該有長遠的眼光，把握長期方向與目標，並據此制定和定期更新實踐教學計劃，完善實踐教學體系，開拓實踐教學渠道，豐富實踐教學的內容和手段，實現理論與實際相結合、素質與創新相結合、知識與能力相結合。

第二，整體性原則。要改變實踐教學各環節互相分割的狀況，整體全面地設計大學生在本科階段學習期間實踐教學的體系。在制定教學計劃時，要由易到難地逐步推進，讓各實踐環節相互聯繫，立體地、多角度地培養學生的實踐能力和基本技能，使實踐教學效果與學生技能培養和教師知識傳授相互匹配。

第三，開放性原則。在社會經濟發展及教育改革趨勢下，高師院校不能再囿於傳統觀念，要主動與社會、企業溝通，通過協商與談判，開拓學生專業實踐的新渠道。在市場經濟條件下，一方面企業追求經濟效益、忽略社會利益已成常態，很少有企業會主動提出與高校進行實習合作；另一方面，近年的高校擴招引發了學校對實習單位的爭奪，使得有限的具備條件的企業有很大的談判餘地。另外，高師院校與普通非師範院校相比，已經在培養非師範專業學生上處於劣勢，再不主動就會被企業拋棄。因此，高師院校必須主動走出去，主動去溝通，以開放的心態在激烈的競爭中站穩腳跟。

第四，制度性原則。學校專業指導教師和實習單位的指導老師在面對學生的專業實踐時，一般都是從自身經驗出發給予指導，缺乏科學性和制度性。隨機性的專業實踐很難保證實踐效果的穩定性，市場營銷專業的實習或見習指導教師要主動總結專業實踐的內容、項目、方式、特點、規律等，形成一整套指導學生專業實踐的制度，指導整個專業實踐。

第五，規範性原則。教師應在總結專業實踐豐富經驗的基礎上，撰寫出有關專業實踐的指導性書籍或專業實踐指南，使整個見習或實習具有穩定性、傳遞性和可操作性。建議所有高師院校組織專業教學人員，有條件的還可以與企業有關專家合作，共同編寫專業崗位實習、見習指導教程，內容至少應包括相關實習的類別、項目要點、目的、場地、設備、工具、材料、指導教師職責、要求、操作規程、注意事項等。

三、市場營銷專業實踐教學改革應注意的幾個環節

加強和改善實踐教學還應注意以下五個環節的配合：

第一，課堂教學環節。專業知識在實踐中的運用複雜多變、範圍寬廣，因此，提高實踐教學質量必須提高效率。學生在實踐教學中應能在短暫的時間內接觸到專業知識在實踐中運用的案例的精華部分，如此，才能提高實踐教學的效率和質量。這就需要充分的信息收集與有效傳遞，就要求教師充分運用多媒體與應用軟件，將收集到的圖片、音像資料等傳遞給學生，讓學生在教室裡就可以看到實際經濟活動中專業知識的運用與專業技能的實踐。

第二，實驗室建設與應用環節。實驗室建設屬於實踐教學的硬環境建設。在當前情況下，專業實踐教學內容結構的改變與優化是提高實踐教學質量、改革實踐教學方法、探索實踐教學發展方向的必然途徑。從現實的角度來看，學生數量的規模、高校對社會實習資源的爭奪決定了畢業實習在實踐教學中的比重應有所下降；相反，課堂見習、多媒體學習、仿真軟件訓練等實驗室應用部分在實踐教學中的比重應有所上升。

第三，課程見習環節。課程見習是專業教學的基礎環節，課程見習環節應該注意六點：①直觀性。見習的目的就是給予學生直觀的認識，對學生實踐能力進行初期培養。②計劃性。課程見習要嚴格按照計劃來執行，不能根據人為因素來

決定。③聯繫性。課程見習應與所授課程相匹配，不能盲目，不然，即便其讓學生產生了興趣，但由於其與理論知識的刺激沒有關聯，就不會促進學生對理論知識的理解與吸收。④針對性。每次課程見習要事先設計，要針對課程中存有的疑惑或重點難點來開展。⑤豐富性。只要條件允許，就要努力擴大課程見習的範圍，豐富課程見習的題材。⑥總結性。要組織學生參加課程見習，並在見習後組織學生討論、總結、撰寫相關論文，以加深學生對課程見習知識的理解。

第四，模擬訓練環節。大學生通過多種多樣的活動來培養自己各方面的素質，其中專業實踐能力的培養可以通過開展各種模擬情景活動來進行。例如，學生可以選取學校所在城市中大家比較熟悉的企業，來「受託」設計廣告。策劃時，從創意選擇到成果篩選、可行性研究都必須一絲不苟地進行，並組織學生進行討論，老師最後點評。又如，商務談判課程介紹了商務公關與談判的基本知識和技能，學生可以在老師的指導下設計商業交易的談判過程，通過「賣方」和「買方」的談判，來學習討價還價的技巧、提高商業溝通的能力。在模擬的情景下，學生能直觀地感受到專業知識和技能的運用，領會商務活動的技巧，鍛煉口頭表達能力、判斷能力和分析能力。該環節是對理論知識學習的補充，是對實踐能力的良好鍛煉。

第五，實習基地建設環節。開發與建設實習基地應以雙贏為基礎，以穩定為條件，以質量為標準。開發與建設實習基地，首先要主動出擊，走出校園與企業溝通，選擇有一定社會聲譽的、管理制度完善的企業進行協商，通過向其授予實習基地的稱號給予其社會名譽，動員企業簽訂建立實習基地的協議書。其次，實習基地建設要用心經營，學校不能僅在需要實習時才與實習單位聯繫，還應在平時多與單位進行溝通，力所能及地幫助單位解決困難。

參考文獻：

[1] 陳素琴. 加強高校管理類專業實踐教學的思考 [J]. 交通高教研究，2003（3）.

[2] 李長庚，孫克輝. 改革專業實踐教學，提高教學質量 [J]. 大學教育科學，2004（1）.

基於應用導向的「計量經濟學」實踐教學探討

羅富民　陳向紅

摘要：本文從應用型人才的內涵出發，分析了計量經濟學教學在應用型人才培養中的作用，並針對應用導向下計量經濟學實踐教學存在的困境，提出相應的實踐教學構想。研究表明，計量經濟學課程在經濟類應用型人才的培養中具有十分重要的作用。但是，計量經濟學實踐教學中，還面臨著數學推導較多、脫離現實嚴重、實驗項目選擇忽視學生興趣和職業傾向、學生動手能力差等困境。因此，計量經濟學原理的講解必須體現「理論聯繫實際」，實驗項目的選擇必須貼合學生的興趣和職業傾向，教學方式上應增強學生的自主性、互助性。

關鍵詞：應用型人才；計量經濟學；實踐教學

一、引言

計量經濟學被教育部確定為經濟類各專業八門核心課程之一，在經濟類專業人才培養中的作用已經得到普遍認可。由於計量經濟學是經濟學、高等數學、統計學三大學科的有機結合，其在課程教學內容上主要包括理論教學和實踐教學兩大部分。其中，理論教學主要講解計量經濟分析的基本理論與方法，實踐教學主要利用相關軟件對現實中的具體經濟問題進行計量分析。近年來，從事計量經濟學教學的相關老師對計量經濟學怎樣開展實踐教學進行了大量的探討和研究。比如，在教學模式上，葉霖莉（2014）、李磊（2013）提出了問題導向型和任務驅動型教學模式；在教學內容上，姚壽福、劉澤仁、袁春梅（2010）、肖小愛（2013）認為要盡量簡化數學推導教學，強化經典案例教學；在教學方式上，李曉寧、石紅溶、徐梅（2011）指出要注重啟發式、互動式教學和多媒體的應用。

現有研究雖然就怎樣加強計量經濟學的實踐性教學進行了大量探討，但是其研究的核心內容主要集中在實踐教學的一般模式、方法或內容上，而對於怎樣通過實踐教學提升學生的應用能力並沒有進行系統深入的闡述。本研究認為，計量經濟學實踐教學是提升學生應用能力的基礎，計量經濟學的實踐教學也必須以應

用為導向。但是在對應用型人才的認識上，由於不同學校、不同老師的觀點不一致，實踐教學中所期望的應用能力培養與學生應該掌握或期望掌握的應用能力出現偏差。基於上述認識，本研究首先從計量經濟學在應用型人才培養中的作用出發，分析應用導向下計量經濟學實踐性教學存在的困境，進而結合自身的實際教學經驗提出應用導向下計量經濟學實踐性教學構想。

二、計量經濟學在應用型人才培養中的作用

應用型人才一般是指將技術或理論應用到各種社會經濟活動實踐中的專門人才。就概念而言，應用型人才是相對於理論型人才而言的，但他們只有類型上的差異，而沒有層次上的差異。前者強調應用性知識，後者強調理論性知識；前者強調技術應用，後者強調科學研究（周谷平、徐麗清，2005）。事實上，對經濟學類人才而言，純粹的理論型人才是不存在的，因為無論是從事科學研究，還是從事實踐工作，人們都必須將前人理論或技術成果與各種現實問題或現實工作相結合。基於此，可以將經濟學類的應用型人才劃分為創新型應用型人才和職業技能型應用型人才。職業技能型應用型人才不但要掌握將要從事的職業的基本技能，而且要具備從基礎性工作崗位向高層次工作崗位邁進的知識素質和發展潛力。創新型應用型人才要能夠在將來的實踐工作中創新性地解決現實問題，並形成創新性的技術或理論成果。計量經濟學教學在兩種類型的應用型人才培養中的地位和作用是存在差異的，主要體現在：

首先，對創新型應用型人才而言，計量經濟學是通過分析現實經濟問題，進而發展和創新經濟理論的重要手段。發現新的經濟問題，解釋新的經濟現象，進而推動經濟理論創新發展，是經濟學類創新型應用型人才的首要任務。由於經濟理論本身是對現實經濟現象、經濟問題的運行規律的科學總結，因此發展和創新經濟理論必須做到理論聯繫實際。理論聯繫實際的重要手段之一是案例分析，即通過一個或多個案例，對新的經濟問題、經濟現象進行研究，進而得到新的研究結論，促進經濟理論發展創新。但是，案例分析方法很難建立在大樣本基礎上，一旦樣本數量達到成百上千個，案例分析方法便沒辦法解釋清楚變量與變量之間的內在關係。與案例分析方法不同的是，計量分析法能夠突破樣本容量的限制，可以通過統計學理論，以大樣本為基礎，揭示各種經濟變量之間的數量關係，進而為驗證和發展經濟理論提供有力支撐。由此可見，在經濟學類創新型應用型人才的培養過程中，計量經濟學是必不可少的科學分析手段，借助這一手段可以更好地提升經濟學類創新型應用型人才的創新能力。

其次，對職業技能型應用型人才而言，計量經濟學是對現實經濟問題的各類數據進行分析，進而提出科學合理對策建議的重要工具。與創新型應用型人才不同的是，職業技能型應用型人才的主要任務是如何更好地解決現實中的各種經濟問題，提出更好的對策建議，提出更好的解決方法。對現實經濟問題的解決，必須建立在對現實經濟問題的科學分析、解釋基礎之上。而對現實經濟問題的科學

分析、解釋，一方面可以根據現有的經濟理論進行分析解釋進而提出相應的對策建議，另一方面則必須對現實經濟問題的相關數據進行分析，驗證經濟理論的合理性和適用性，進而提出更好的政策建議。對現實經濟問題的相關數據進行分析，雖然可以通過單純的統計學方法來較好地實現，但是統計學是完全以數據為中心的，忽略了數據背後的經濟學內涵，進而不能很好地反應各種經濟問題的內在因果關係，也就很難真正發現導致現實經濟問題的各種原因，或現實經濟問題的各種影響因素，也就不能較好地提出對策和建議。與單純統計分析方法不同的是，計量經濟學可以建立在經濟變量之間的合理關係之上，分析經濟問題的各種影響因素，發現導致經濟問題的各種深層次原因，進而為解決問題提供更好的對策和建議。由此可見，在職業技能型應用型人才的培養過程中，計量經濟學是提升學生解決實際問題能力的有效工具。

三、應用導向下計量經濟學實踐性教學的困境

（1）繁多的數理推導給學生以計量經濟學脫離實際、脫離應用的假象，進而影響學生的學習興趣。

計量經濟學是數學、統計學與經濟學三者的有機結合，計量經濟學的分析方法大多是以數理統計學的分析方法為基礎的。因此，要對計量經濟學分析方法深入理解，就離不開必要的數理推導。但是，在計量經濟學的實際教學中，由於大多數報考經濟學類專業的學生數學基礎比較差，進入大學後開設的數學課程又不多，這就導致在老師的講解過程中，學生要想聽懂並深入理解，就顯得格外困難。此外，在數理推導過程中，由於是從數學符號到數學符號，而缺乏結合實際的具體經濟社會現象的講解，數學推導過程非常抽象化、理論化，與實際經濟問題脫離。而學生要想理解這一過程，只能靠自己動腦思考。如果有些學生的思維跟不上老師或課本的思路，又或者某些學生動腦的能力差、主動性不強，那麼學生要想理解計量經濟分析方法便難上加難。久而久之，學生的學習興趣便會因為難以理解而降低，進而使老師的教學效果不理想。

（2）實驗項目具體經濟問題的選擇或以課本為主，或以老師關注的為主，忽略了學生的興趣和職業傾向。

計量經濟學的實驗教學主要以實驗操作為核心內容，在一定程度上避免了教學的理論性，增強了教學的應用性。但是，在計量經濟學的實驗教學中，對實驗數據或實驗項目的選取非常重要。實驗數據或實驗項目，應該是根據具體經濟問題選擇的，實驗數據是具體經濟問題或經濟現象的現實反應。但是在計量經濟學的實驗教學中，大多數老師在具體經濟問題或實驗數據的選擇上，主要以各種類型的課本為主。之所以選擇以課本為主，主要是因為課本上的數據是經過許多老師反覆驗證的，計量分析的結果與計量經濟學知識講解中所要求的結果剛好相符，具有問題針對性。另外，老師在實驗講解中，也會選擇自己曾經研究過或關注過的經濟問題和實驗數據作為素材。這主要是因為老師比較熟悉這些素材，可以給

學生很好地展示在計量經濟的實際應用中出現的各種問題，以及老師是怎樣解決這些問題的。但是，上述兩個方面的選擇，都忽略了學生的興趣或者學生將來的職業偏好。比如，學生可能對老師所關注的或者課本上的經濟問題並不關注，也不感興趣，老師所關注的或者課本上的經濟數據分析，在學生今後的工作中也不一定經常遇到。這就要求老師在實驗教學中，需要對具體經濟問題和經濟數據的選擇進行變革。

（3）學生的動手能力較差，對老師的依賴性較強，不善於發現問題，不善於運用計量工具分析問題。

首先，在計量經濟學的理論教學過程中，老師主要按照自己或課本的思路進行講解分析。而在講解分析過程中，老師缺乏與學生的有效互動，導致學生跟著老師和課本的思路走，遇到不懂的地方只能向老師請教。如此，學生缺乏獨立的思考，對老師的依賴性增強，不善於發現自己在學習過程中存在的各種問題，也不能更好地加深自己對計量經濟問題的理解。這在一定程度上削弱了學生的靈活應用能力，特別是在今後的實際工作中，學生可能不能將計量經濟作為一種分析工具廣泛地應用於各種領域。

其次，在計量經濟學的實驗教學過程中，大多數學生都是按照老師的講解或者實驗指導書的實驗步驟，一步一步地實際操作。對於老師布置的課堂作業，學生也原封不動地按照老師的講解或實驗指導書的步驟進行操作。學生缺乏對實驗操作的獨立探索，也缺乏對為什麼要這樣操作的深入理解。學生在完成老師布置的作業後，不會主動尋找自己感興趣的經濟問題，並應用相應的經濟數據進行分析。由於老師和課本的操作步驟都是標準化的，並沒有考慮實際應用的各種問題，這就導致學生遇到的經濟數據或經濟問題始終與老師講解的計量經濟問題對應，而自己在實際分析中遇到各種具體問題時，就不知道該怎樣處理。因此，長期以來學生對老師或實驗指導書的嚴重依賴，在一定程度上也會削弱學生對計量經濟分析方法實際應用的能力。

四、應用導向下計量經濟學實踐性教學的構想

1. 計量經濟學原理的講解必須體現理論聯繫實際

對於本科層次的教學，老師在計量經濟學原理的講解過程中，對繁多的數學推導可以選擇性地省略。老師更多的是要結合實際的例子，說明計量經濟學的本質性、適用性，以及計量經濟分析方法的現實依據，培養學生對現實問題的解決能力。比如，教師在對利用最小二乘法進行迴歸分析的原理進行講解時，可以結合迴歸分析方法的來源及其產生背景，說明這種分析方法所反應的本質，使學生能夠理解迴歸分析揭示的是變量與變量之間的平均變化關係；在對迴歸模型的檢驗進行講解時，必須結合具體例子，分析各種檢驗的主要目的，以及各種檢驗所反應的現實經濟意義；在對異方差性、多重共線性、自相關性進行講解時，必須結合現實中的例子，分析現實經濟現象中為什麼會存在這些不滿足經典迴歸模型

的假定，讓學生理解到，對這些問題進行處理，不是為了使計量分析更加複雜化，而是為了使計量分析的結果更準確地反應經濟活動的真實情況。

2. 實驗項目的選擇必須貼合學生興趣和職業傾向

對於一個具體的實驗項目，老師在講解過程中，除了要按照實驗指導書的指標與同學一起操作外，還需要增加一些學生關心的或將來工作中可能遇到的問題予以講解。在具體的經濟問題選擇上，應該結合學生興趣和職業傾向。比如，當前許多經濟學專業的學生都對通貨膨脹問題、經濟增長中的環境保護問題感興趣，那麼老師在實驗項目的選擇上，就應該針對這些問題，收集相關的數據，結合計量經濟學各章的具體內容，對該問題進行計量分析。再比如，針對國際經濟與貿易專業的學生，教師就應該更多地選擇今後其在工作中可能會接觸到的匯率、進出口等問題進行計量經濟學實驗項目的講解，使學生體會到學習計量經濟學與自己今後所從事的工作是密不可分的，進而增強計量經濟學對學生應用能力的培養。

3. 在教學方式上，應增強學生的自主性、互助性

為了更好地體現學生在計量經濟學學習中的自主性和互助性，教師在計量經濟學基本原理的講解過程中，要鼓勵學生對書本和老師的一些觀點提出質疑甚至是反對。要通過老師和學生的有效互動，增強學生學習的自主性。在計量經濟學的實驗教學過程中，可以根據學生的興趣和職業傾向，將學生劃分成若干個組。各個組的學生要能夠獨立自主地選擇自己比較關注的問題，收集相關數據，應用相關分析方法，進行計量分析。學生在自主學習的過程中，如果遇到許多計量中的問題，除了可以內部交流解決外，還可以進一步加強與老師的互動合作。在老師的協助下，學生可以更好地解決這些計量分析問題，更好地理解計量分析方法，從而提升自己的計量分析能力，並鍛煉自己發現問題、分析問題的綜合能力。

參考文獻：

[1] 葉霖莉. PBL 教學模式在計量經濟學教學中的應用 [J]. 湖北經濟學院學報（人文社會科學版），2014（7）：173-175.

[2] 李磊. 本科計量經濟學「任務驅動型」教學改革探討 [J]. 新疆財經大學學報，2013（1）：62-67.

[3] 姚壽福，劉澤仁，袁春梅. 本科計量經濟學課程教學改革探討 [J]. 高等教育研究，2010（2）：45-48.

[4] 肖小愛. 本科院校計量經濟學教學改革探討 [J]. 湖南科技學院學報，2013（11）：143-145.

[5] 李曉寧，石紅溶，徐梅. 本科計量經濟學教學模式的創新研究 [J]. 高等財經教育研究，2011（2）：33-36.

[6] 周谷平，徐麗清. 論新建本科院校應用型人才培養目標定位 [J]. 浙江萬里學院學報，2005（3）：25-28.

基於應用實踐的
「財務報表分析」教學改革探討

湯佳音　朱洪逸

摘要： 隨著經濟的快速發展，財務信息在經濟與社會生活中的作用越來越明顯，財務報表分析的應用範圍不斷拓展。財務報表分析作為本科院校經管專業開設的一門專業必修課，在目前的教學模式上存在不足。為了能夠更好地完成應用型本科人才的培養目標，本文通過對財務報表分析教學過程現狀的分析，闡述了該課程在教學中存在的問題並探索了相應的改革創新思路。

關鍵詞： 財務報表分析；教學改革；應用實踐

一、引言

財務報表分析課程是為著重培養學生財務分析能力而設置的一門專業課程，具有綜合性強、應用性強、靈活性強的特徵，其在經管專業課程體系中處於較高層次，教師教學和學生學習都存在一定的難度。因此，為了培養具有良好就業競爭力與較強業務能力的高素質會計專門人才，建立應用型地方本科院校，應加強對財務報表分析課程的教學改革和創新。

二、財務報表分析課程教學的現狀分析

1. 教材內容不全面

財務報表分析這門課程的重點應該在於「分析」，但目前很多教材卻側重於報表數據的計算，導致學生只會算不會分析；或者教材雖以案例為主，但案例分散在各個章節，缺乏系統性；另外，報表分析是一門時效性很強的課程，應及時更新案例，但市面上現有教材更新的速度比較慢，給學生學習造成一定困擾。

2. 教學方法缺乏多樣性

開設財務報表分析課程的目的在於培養學生的財務分析能力，在該門課程教學方法中如果仍採用目前絕大部分教師採用的傳統教學方法——老師講、學生聽，那麼學生的動手操作能力得不到提升，學生的知識結構只停留在財務分析的理論

層面，甚至部分學生在學完該課程後，仍不知道該如何查詢上市公司財務報告。因此，該課程需要改革教學方法，加強實踐教學，提升學生動手能力。

3. 考核方式不合理

雖然我院目前採用「3+7」的考核模式，平時訓練與期末卷面考核各占一部分比例，能夠在一定程度上突出課程的實踐應用性，但是針對財務報表分析這門課程的特點，如果把全部的實踐操作放在期末，要學生在期末考試中完成一份上市公司財務分析報告數據的整理分析，則時間和空間上都不允許。因此，應該改變傳統的閉卷考試模式，把實踐能力的培養放在期中進行。

三、財務報表分析課程教學改革實踐

（一）根據人才培養目標，擴充教材內容

財務報表分析課程的教材內容應根據我院會計專業的培養目標進行擴充和完善。在課程講授過程中，不僅要注重對諸如償債能力、盈利能力等相關財務指標的計算和分析，也要注重對財務報表項目的質量分析，例如對應收帳款的回款能力分析、核心利潤的質量分析；不僅要分析資產負債表、利潤表和現金流量表單張報表的財務狀況，還要重視幾張報表相互之間的勾稽關係，注重對財務報表整體信息的把握和挖掘；除此之外，在教材內容的安排上，不僅要注重財務信息、表內信息，也要注重非財務信息、表外信息，例如國家宏觀政策對企業的影響、行業發展趨勢等對企業財務狀況的影響。總之，為了使學生在真正拿到財務報表後，知道如何分析並且得出可靠的財務分析結論，在教學內容的安排上，不能僅限於教材上已有的內容，要由淺入深、層層遞進，加強學生應用能力的培養。

（二）突出「以學生為中心」的教學方法改革

財務報表分析課程是一門理論和實踐緊密結合的課程，學習者不光是要掌握財務報表分析的基本理論知識，更重要的是要將理論知識運用到實踐中，做到「懂分析、能分析、會分析」。因此，除了要對相關教材、教學內容進行擴充外，還要改革教學模式，採取多樣化的教學方法。

1. 案例教學為主，重視實踐應用

第一，把握教學方向，淡化專業知識講解，注重實踐分析方法的傳授。

雖然財務報表分析這門課程涉及很多其他課程的專業知識，例如會計、財務管理、稅務等，但是這些課程已經在前期學習中講授過，因此財務報表分析的授課重點不應放在這些專業性知識的講解上，而應放在如何教會學生應用這些專業知識上。例如在對合併報表中的「長期股權投資」項目進行分析時，重點不應放在如何編製合併報表的抵銷、調整分錄上，而應放在如何根據合併報表中該項目的數據與母公司數據的差異分析出企業目前的投資方向、投資戰略和投資效益上。

第二，「大案例+小案例」，引入即時財經新聞，提高學生學習積極性。

為了調動大家學習的積極性，使上課過程不乏味、不空洞，教師在講授如何分析報表時，可以將即時財經新聞引入其中，增加分析方法的實踐運用性。例如

在分析上市公司的關聯交易的時候，可以引入被爆出有大量關聯交易的樂視公司的年報進行分析，這就是所謂的「小案例」。同時，為了使學生對財務報表分析有一個整體上的認識，在整個講授過程中，教師應將一個「大案例」貫穿其中，例如將格力作為貫穿課堂始終的案例，在講解每個報表項目質量的時候都可以以格力報表作為分析對象，使學生學會從「化整為零」到「化零為整」，很好地分析整個報表的財務質量。

第三，提升教師業務素質，完善案例教學模式。

案例教學法實施的成功與否，取決於授課教師的業務素質。為了更好地提高教學效果，教師應當通過參加研討會、閱讀財會期刊、對外交流等方式即時掌握該門課程內容的最新研究態勢。另外，教師還應該走出校門，進入企業，深入實踐，做到理論知識與實踐操作相融合。

2. 提高學生動手能力，讓其做到學以致用

上述過程可以看作是對理論授課部分的改革，但是要培養學生的實踐能力，不能只依靠老師的「講」，更多是要依靠學生的「練」。因此，在教學模式上，要深化項目教學法。項目教學法最顯著的特點是「以項目為主線，教師為引導，學生為主體」，改變以往「教師講，學生聽」的教學模式。以本學院2013級、2014級會計專業為例，首先，在學期期初就進行項目小組的劃分，以6~7人為一小組。為了避免學生間出現「搭便車」的現象，學生進行分組時，教師要強調分組的要求，要求每個組員都必須參與，並在任務分工和安排上體現出來。其次，要求學生選擇滬深兩市的上市公司，收集有關資料，利用課堂上所學理論知識，完成財務指標分析和項目質量分析。最後，進行PPT展示並回答老師的問題。教師可以通過該方法培養學生收集、整理和分析數據的能力，提高學生的團隊合作能力。

(三) 考核方式的改革

第一，改革課程成績的評定方式。結合財務報表分析這門課程的性質，考核評定方式不應是原來的「3+7」，即平時成績占30%，期末成績占70%，而應該加大平時成績所占的比例，提高學生對平時訓練的重視程度。例如，本院2014級會計專業的財務報表分析課程便採用了「6+4」的成績評定模式，即平時成績占60%，期末成績占40%。平時成績由三項構成，一是學生的課堂表現，例如出勤率、課堂互動的積極性；二是學生的三次個人作業；三是學生小組作業。通過提高平時成績，一來可以在一定程度上改變學生在期末考試前「臨時抱佛腳」的考試狀態，二來通過加大日常訓練，可以更好地提高學生的實踐能力。

第二，改變期末考試的考試內容。由於受空間、時間的限制，目前財務報表分析課程的閉卷考試內容大部分還局限於理論知識，忽視了財務報表分析這門課程開設的實踐應用性。因此，在閉卷考試中要盡量增加對學生分析能力的考核，例如在考題設計中減少「純背誦」知識內容，增加諸如指標計算、分析等應用知識內容。

參考文獻：

［1］張新民，錢愛民.財務報表分析［M］.北京：中國人民大學出版社，2013.

［2］許秀梅，王秀華.基於分析能力培養的財務分析課程教學環節設計［J］.財會通訊，2013（6）：42-43.

［3］翁彬瑜.財務報表分析課程教學改革和創新——以地方本科院校為例［J］.廣西民族師範學院學報，2015.

［4］李西文，等.「貫穿式」財務管理案例教學模式研究［J］.財會通訊，2014（12）.

充分利用現有設施，提高實驗教學成效
——以樂山師院市場營銷專業實驗教學改革為例

楊小川　王付軍

摘要： 本文通過分析我院市場營銷專業實驗教學存在的主要問題，如實習基地建設不足、設施設備不完善、實驗教學設計不足、實驗室師資存在軟肋、課程體系存在嚴重缺陷等，就抓好師資建設、加強課程體系建設、提高實驗指導書編寫質量、將實驗教學及部分競賽與證書考取相結合、做好校外實習基地建設、設立市場營銷綜合實驗室等方面提出了建議，以便能在教學中更高效地利用現有基礎設施，充分提高實驗教學成效。

關鍵詞： 樂山師院；市場營銷；實驗教學；改革；教學效果；基礎設施

市場營銷是一門操作性、實踐性極強的課程，在市場營銷實驗教學過程中用好、用活校內實驗室和校外實踐基地是保證教學效果、提高教學質量的重要基礎，是整個市場營銷專業教學的重要一環。如何在實踐操作中「內外結合」，保證市場營銷專業綜合實驗教學改革的順利進行，值得所有營銷類專業教師深入探究。

一、我院市場營銷專業實驗教學概況

我院現有市場營銷專業在校生275人，市場營銷實驗室6個，分別是財會模擬實訓室、電子商務和會計電算化實驗室、管理信息化實驗室、商務談判實訓室、ERP電子沙盤實驗室、工商管理綜合實驗室。該專業涉及的實驗課程包括會計類課程5門（會計學基礎、中級財務會計、成本會計、財務管理、會計電算化）、電子信息類課程2門（電子商務概論、管理信息系統）、市場營銷專業綜合課程6門（客戶關係管理、網絡營銷、商務談判、市場營銷、市場調查與預測、物流與供應鏈管理）。實驗室總建築面積約600平方米，全院市場營銷專業生人均2.2平方米左右。僅從目前的教學設置和課程構建情況來看，實驗教學要求基本能得到滿足。但從設施、場地、軟件利用、針對性、綜合性、實用性、學生滿意度等方面來看，我院仍存在不足。

二、市場營銷專業實驗教學中存在的問題及分析

(一) 硬件建設問題

1. 設施設備不完善

所謂設施設備不完善主要是指沒有專門針對市場營銷綜合模擬實訓、營銷促銷、營銷策劃、銷售管理技能實訓等的一些道具，以及缺乏商場佈局、會展佈局、模擬推銷、廣告設計製作等需要的設施設備。這些設施價值不高，但是需要涉及相關課程的教師與實驗室工作人員一起認真、仔細去配置、設計和謀劃。

2. 實習基地建設不足

學院五年來共建立了二十多個實習點，也制定了一些有關的管理辦法，對學生實習的組織、計劃、檢查、成績評定、總結等過程實行了全程化管理。但是單獨從市場營銷專業角度以及實際效果來看，由於考慮到自身專業對口、行業選擇、就業方向等諸多問題，市場營銷專業學生選擇在學院指定實習基地實習的較少，最後能留在實習基地工作的更是微乎其微。從統計數據來看，近三年涉及市場營銷專業的實習基地有 11 個，實際接納市場營銷專業實習學生 21 人，而三年來該專業畢業生接近 200 人，實習率僅一成。

(二) 軟件建設問題

1. 制度與體制存在缺陷

針對實驗教學問題，學校曾專門頒發《樂山師範學院關於加強實驗教學改革的意見》。該意見似乎對實驗教學各個方面都有相關要求，提出要完善制度，鼓勵創新，但是我們仔細研究就會發現，其基本上只在宏觀層面進行了指導，並沒有列出相關的考核條款。一旦各個學院不嚴格履行，就會出現「上有政策，下有對策」的情況，這暴露出學校的教學體制與制度的執行存在缺陷。

2. 實驗教學設計不足

(1) 情景性實驗構建不足。

市場營銷專業的實驗與其他理科類的探究性實驗有所不同，需要通過實驗過程去體會和總結未來營銷管理工作中可能遇到的各種情況，而沒有必要做太多單純演示性實驗、記憶性實驗和驗證性實驗。情景性實驗的構建與實驗員、專任教師的工作背景、知識背景、工作閱歷等有很大的關係，基於我院大部分教師「從學校到學校」的科班教育經歷，情景性設計的普遍缺乏也在情理之中。

(2) 教學主體參與不足。

「你講我聽，我會忘記；你做我看，我將記住；你帶我一起做，我將理解」，這句話充分體現了教學主體參與的重要性。營銷類實驗教學必須強調學生的參與，強調學生的主體性。目前，我校市場營銷專業學生實驗教學主體參與不足表現在三個方面：

第一，學生全員參與不夠。這會導致學生在未來營銷工作中的團隊協作能力不能得到充分展現，學生也不能深刻體會未來可能遇到的各種複雜關係和交互活

動作用。

第二，學生全程參與不夠。這會使學生缺少參與選擇、設計教學過程的能力鍛煉，缺少探究的真實體驗過程。

第三，教師示範性和引導性不夠。有的教師在實驗過程中沒有針對一些知識點和新的觀點進行有效示範和引導。

（3）實驗綜合性不足。

綜合性實驗室的建立能滿足經濟管理類各專業實踐教學的需求，節約大量經費，提高實驗室利用率，還有利於各專業、學科的交叉滲透。但是我校存在的問題是管理類的專業可能分佈在不同學院，而同一個學院內部，由於專業地位的不同，也存在著明顯的專業分割現象，這嚴重制約了綜合性實驗室的建設。

（4）實驗設計仿真性不足。

仿真性是市場營銷專業實驗室的根本特性之一，學生只有在高度仿真的環境中得到訓練，才能適應未來真實的崗位工作。因此，實驗室的硬件建設和軟件建設都要盡可能實現對現實營銷管理活動及其環境的模擬仿真。一般可以將營銷實驗模擬教學方式分為五類：沙盤模擬、軟件模擬、手工模擬、信息處理模擬和現場仿真模擬。

如今，我院已經建設了 ERP 沙盤模擬實驗室，針對整個經濟管理類專業的學生進行培訓，已經取得一定的效果。學院也根據需要採購了客戶關係管理軟件等，進行軟件模擬和信息模擬，培養學生收集、整理、分析信息的能力。

3. 實驗室師資力量不足

一是教師數量不足。全院有實驗人員 4 人，實際承擔教學任務的專職實驗教師只有 2 人。全院學生為 1,500 人，教師平均每人承擔 750 人的實驗任務，教師數量明顯不足。

二是實驗室老師缺乏營銷綜合知識。市場營銷專業有 6 個班級共 275 人，卻沒有一名市場營銷專業背景的實驗人員，實驗人員普遍缺乏營銷專業知識。營銷類實驗課程主要由專業課程任課教師負責，基於其課程背景和工作經歷，以及對實驗教學認識的限制，其在教學中依然不能突出綜合性。

三是實驗室老師缺乏經驗。現在的實驗室建設要求是開放式的，面對不同專業、不同層次的學生，學校需要培養複合型教師。但是現有實驗教師隊伍普遍缺乏實戰經驗，無法滿足學生需求，也無法滿足未來市場營銷發展趨勢的要求。

四是對實驗課程教師激勵不足。由於傳統文科教學模式和觀念的影響，以及激勵機制的缺乏，許多教師喜歡維持現狀，對實驗室的建設和實用性實驗項目的開發缺乏積極性。

4. 課程體系存在嚴重缺陷

市場營銷專業現有實驗課程體系存在嚴重缺陷，主要表現在：

（1）實驗課程體系設計不完善。以 2010—2011 年上學期為例，全學期計劃開設實驗課程 18 門，其中與市場營銷專業相關的僅有 5 門（管理信息系統實驗、應

用統計學實驗、物流與供應鏈管理實驗、客戶管理實驗、ERP 沙盤對抗實驗），而這 5 門中只有 3 門是市場營銷專業實驗課程。這明顯體現出設計的不科學和不完善。

（2）實驗課程設置沒有針對性。上述實驗課程中，接近一半是通識性知識實驗課程，並沒有專門針對市場營銷專業設置。甚至由於部分實驗課程的任課教師為外聘人員，其實驗課程設計內容竟然是針對師範類學生的。

（3）見習課程設置沒有實用性。通過和多名不同年級的市場營銷專業學生進行交流，我們得知絕大多數學生認為市場營銷專業見習名不副實。學生表示，見習時，大家都在走馬觀花式地尋找企業，見習收效甚微。這樣的見習是典型的浪費時間，沒有任何實用性。

（4）課程設計與企業要求相去甚遠，缺乏結構性。市場營銷行業急需大量的專業人才，但限於目前的教育體制以及我院的課程設計、實驗教學等不能適應形勢的發展需要，學生畢業後由於缺乏實踐經驗，不能很快適應崗位工作，需要企業投入大量的人力與財力重新進行人才培養，大大損害了畢業生在用人單位心中的形象，也影響了學校的品牌建設。

（5）教師教學內容缺乏時效性。實驗教學應當與時俱進，尤其是市場營銷理論更新速度比較快，成功的營銷案例、新手段、新方法、新思維層出不窮，故市場營銷專業的所有教師都不該因循守舊，而應成為追逐營銷新熱點和新知識的典範。但是學生總抱怨，從大一到大四，「變化的是老師，不變的是『可口可樂』『聯想』『海爾』等案例」，說明教師教學內容缺乏時效性。

三、市場營銷專業實驗教學改革建議

（一）抓好師資建設

沒有過硬的師資，一切都是枉然，所以必須及時引進、培訓實驗課教師，要求其比較熟練地使用現有的設備和相關軟件，充分利用現有的場地、設備和軟件，因地制宜、因時制宜地開展實驗教學和技能培訓，系統學習整個經濟管理類知識體系（不能僅僅局限在市場營銷，否則會影響思維的開拓）。同時，應加強實驗人員的管理和培訓，一是將他們送出去培訓，二是讓他們多出去參觀考察其他好的院校，三是鼓勵和提倡他們到相關企業掛職鍛煉，做到一專多能，提升實踐技能。

（二）加強課程體系建設

應在進一步完善實驗教學和管理的規章制度，把實驗教學常規化、制度化的基礎上，認真體會學校關於實踐教學的文件的精神，創造性地進行研究和開拓；根據新的培養方案，加強實驗課程體系管理，科學、認真地制定實驗計劃和相應的實施過程；加大綜合性和設計性實驗項目建設，充分利用現有實驗室，保證實驗課程的實驗課時數，讓學生在學中練、練中學，提高實踐課程的質量；注重課程體系橫向和縱向的結合，注意考慮學生和用人單位的意見和訴求，不斷完善課程建設，真正達到培養新型應用型人才的目的。

（三）激勵指導教師編寫實驗指導書並提高指導書的質量

實驗指導書是做好實驗的依據，好的課程體系和課程設計都要體現在指導書上。應對優秀的指導書編製人員進行各種形式上的激勵，並將指導書編寫同科研成果任務掛勾。學校要根據新的人才培養方案，完善和修改原來的實驗大綱和指導書，然後選擇比較成熟和經典的指導書，給予經費支持出版成書。

（四）將實驗教學與部分競賽和證書考取相結合

市場營銷專業學生的動手能力比較差已成共識，不妨考慮組織營銷類專業的學生積極參加「挑戰杯創業計劃大賽」「挑戰杯科技論文大賽」「營銷案例大賽」「營銷策劃大賽」「營銷技能大賽」「廣告設計大賽」「營銷策劃大賽」，以及一些課題申報研究、證書考取活動等。這樣，既可以很好地利用實驗室，使開放性實驗不再成為空話，又可以提升學生的技能，有助於其就業。

（五）做好校外實習基地建設

應在充分調研樂山市內工商企業的基礎上，結合市場營銷專業的教學特點，選擇企業形象和經濟效益俱佳、內部管理嚴謹規範、具有市場營銷示範作用、具備校企合作條件的數家企業作為市場營銷教學的實踐基地。

學校要根據實踐教學要求以及社會對市場營銷專業學生的需求狀況，安排學生定期到這些校外實習基地進行實踐和實習，鞏固課堂所學知識，鍛煉動手能力。

（六）建設好市場營銷綜合實驗室，完善綜合性實驗項目設置

教師要根據市場營銷實踐教學內容的要求，通過實習基地及與往屆畢業生的聯繫，收集大量市場營銷方面的資料供學生參考，為學生進行仿真策劃、仿真設計提供依據；購置市場營銷方向的實驗設施和材料，為學生進行市場營銷模擬活動提供物質條件和仿真環境，如提供各類產品供學生辨別真偽、學習包裝與廣告知識等。

學校應設立市場營銷綜合實驗室，完善目前的市場營銷專業訓練項目，包括：市場營銷綜合模擬實訓；營銷師職業資格鑒定項目；市場調查與預測模擬；企業營銷文化、市場環境分析、產品策劃、產品定價策劃、渠道策劃、人員推廣策劃、廣告促銷策劃、銷售促進策劃、營銷人員職業生涯規劃、團隊領導力訓練、營銷團隊協作訓練、整體營銷策劃訓練；銷售管理技能實訓，包括商場佈局、陳列技術、銷售業務、銷售分析報告、編製銷售計劃、人員招聘選拔、銷售人員培訓與激勵、籌辦銷售會議、銷售配額管理、銷售危機處理等。如此，可以培養學生的營銷策劃崗位技能、銷售談判技能、客戶服務崗位技能、企業管理決策技能等。

總之，我院市場營銷專業實驗教學存在的問題是客觀的，有些問題在整個高校系統中都或多或少存在，所以要想一蹴而就進行大的改變並不現實，最好的方式就是高效利用現有基礎設施，並對其進行力所能及的完善，充分發揮軟件的實用功能。在此，特別要強調人的功效——只要專任教師和實驗人員具備相應的營銷實驗教學綜合性、實用性思維，實驗教學必能成為高素質學生培養的一個重要依託。

參考文獻：

[1] 吳志紅，王慶軍. 匀議管理專業實驗室的建設與管理 [J]. 實驗室研究與探索，2005，24（2）.

[2] 李志榮. 經濟管理類專業綜合實驗室建設的實踐與思索 [J]. 實驗室研究與探索，2005，24（1）.

[3] 王治先. 加強文科實驗室建設初探 [J]. 江蘇高教，2001（2）.

[4] 尹恩山. 經濟管理專業實驗室若干問題研究 [J]. 實驗室研究與探索，2003，22（5）.

搭建大學生能力競賽訓練平臺，
促進實驗教學改革創新

郭美斌

摘要：在教育部、財政部大力推行本科教育「質量工程」的新形勢下，培養具有綜合素質的創新型人才是擺在高等學校面前的重大課題。通過大學生能力競賽訓練平臺的建設，大力推進競賽性實驗項目教學，是轉變實驗教學模式，充分整合利用校內校外「兩種資源」為高校實驗教學服務，真正做到以市場對人才的需求為導向、以能力培養為核心的實驗教學改革創新的必由之路。本文探討了旅經學院依託大學生能力競賽平臺的建設，深化實驗教學改革創新的做法。

關鍵詞：能力競賽平臺；實驗教學；改革創新；大學生

當前，中國正在實施「科教興國」的宏偉戰略，教育部、財政部也在大力推進「高等學校本科教學質量與教學改革工程」項目。如何順應社會經濟發展的迫切要求，切實提高大學生培養質量，造就一批基礎紮實、素質優良、適應性強、具有較強的實踐能力和創新能力的人才，既是高等學校人才培養肩負的歷史使命，又是高等學校實驗教學改革創新中面臨的巨大挑戰與重大課題。通過搭建大學生能力競賽訓練平臺來解決眾多高等學校在實驗教學中面臨的困惑和難以解決的現實問題，真正做到以市場對人才的需求為導向，緊緊圍繞「能力培養」這個核心，充分整合併利用校內校外「兩種資源」，大力促進高等學校的實驗教學改革創新，是一條切實可行的路。對此，本文擬對「這條路」進行探討，希望能對提高中國高等學校特別是地方高等學校的實驗教學水平有所裨益。

一、從戰略高度科學看待大學生能力競賽平臺的重要性

（一）非競賽性實驗教學的局限性

非競賽性實驗教學主要是以個人或簡單分組為實驗主體，借助相關實驗設施設備條件和手段，實現學科基本知識、基本原理和基本技能的演示、驗證和應用的實驗教學。非競賽性實驗教學相對於競賽性實驗教學而言，存在以下局限性：

（1）學生自主實驗的興趣不高。學生一般都是按照教師的指導或實驗程序機

械地去完成實驗內容，在實驗中的興趣不高，教師也難以充分調動學生參與實驗的積極性。

（2）實驗缺少對抗性。學生大都是單個或單組獨立去完成實驗，無需瞭解別人或別組實驗的情況，實驗中缺少對抗性，不利於培養學生的競爭能力。

（3）學生團隊合作意識差。實驗中學生沒有非常明確的分工，相互之間的配合也沒有明確的要求，學生在實驗中相互溝通的機會少，這不利於培養學生的團隊合作精神和意識。

（4）學生創新能力不強。實驗主要以基本知識、基本原理和基本技能的演示、驗證和應用為主，而對學生在變化的環境條件下應用知識和解決問題的能力缺少鍛煉，導致學生創新能力不強。

（5）專業交叉性知識學習受限。學校一般都是按課程或學科來開展實驗教學，學生在實驗中無法對不同的專業學科知識進行交叉學習。

（6）崗位職業的關聯性弱。實驗的專項性學習多，而與崗位職業相關聯的學習少或不充分。

（二）競賽性實驗教學的突出優勢

競賽性實驗教學是通過競賽的方式來培養學生的知識掌握、綜合交叉應用、創新能力的、以能力提升為特徵的實驗教學。相較於非競賽性實驗教學，它具有許多突出的優勢。

（1）有利於調動學生創造性學習的積極性，形成良好的學習氛圍。競賽性實驗教學以貼近現實的社會經濟項目來驅動，採用的是團隊合作解決問題的方式，學生學習主動性強。這種競賽性的學習氛圍，對學風建設也有較大的幫助。

（2）有利於培養和增強學生自信心。經過多次參賽磨礪，學生無論是否獲獎，都能看到自己努力後的成果或作品，看到自己多方面能力的提升，會大大增強自信心。

（3）有利於高校向培養高級應用型人才和創新型人才的人才培養模式轉變。競賽中，知識的應用性特別強，學生在競賽過程中往往找不到現成的答案，需要絞盡腦汁去尋覓。所以，競賽是一項培養學生實踐能力和創新精神的實踐活動，學生通過參與競賽活動，視野更廣了，知識面也更寬了。

（4）有利於促進學科專業的交叉融合。現代社會經濟需要交叉融合的知識結構。以 ERP 和企劃能力等競賽為例，將市場營銷、工商管理、會計、經濟貿易等相關專業學科的學生組合在一起參賽，讓不同專業學科的學生共同交流學習，如此，可以促進學生學習掌握不同學科專業知識交叉融合的學習方法。

（5）有利於學生掌握「干中學」的方法。學生在學校學習的知識往往會與社會實際應用產生脫節，競賽促使學生學會「干中學」的學習方法。以全國市場營銷大賽為例，學生要做營銷策劃案，就必須深入企業學習，開展調查，體驗實際的營銷活動，學生在競賽中逐漸學會了「干中學」的方法。

（6）有利於培養學生良好的個人品質和健全的人格，如培養學生的團隊協作

精神、戰勝困難的信心、競爭意識等。

（7）校外參賽還能增強不同學校師生之間的交流，提升學校的知名度。

二、基於能力培養和資源整合的大學生能力競賽平臺建設

大學生能力競賽平臺是高等學校開展競賽性實驗教學的前提，也是決定競賽性實驗教學能否取得成功的關鍵。以樂山師範學院旅遊與經濟管理學院多年來大學生能力競賽訓練平臺的建設為例，其主要包括以下幾大部分內容：

（一）構築不同層級的大學生能力競賽訓練體系

旅經學院2006年開始進行建設大學生能力競賽平臺的探索，經過多年的實踐，已經構建起了國家級、省部級、地市學校級、教學院系級和專業課程級五個不同層級類別的大學生能力競賽體系。

目前國家級的競賽主要有全國「挑戰杯」競賽、全國高校營銷大賽、ERP經營模擬大賽；省部級的競賽主要有「風神杯」營銷大賽、ERP四川賽區選拔賽、用友會計信息化比賽、四川省旅遊協會的導遊大賽、商務部的國際貿易流程設計大賽；地市學校級的競賽主要有創業大賽、校內「挑戰杯」比賽；教學院系級的競賽主要有大學生就業模擬大賽；專業課程級的競賽主要有銷售業績競賽、營銷策劃案例分析比賽、談判技能比賽、用友財會技能比賽、旅遊規劃設計比賽等。不同層級的競賽相互呼應，相互借鑑，使學生的能力在參賽過程中不斷得到提升，在比賽中的成績也一年比一年突出。目前，我校學生取得了全國營銷大賽一個二等獎和兩個三等獎、全國挑戰杯比賽一個三等獎、ERP比賽一個四川省冠軍和兩個一等獎、會計信息化比賽一個三等獎、導遊比賽一個團體一等獎和一個四川十大金牌導遊個人獎。

（二）借資源整合完善大學生能力競賽訓練平臺的支撐要素條件

大學生能力競賽平臺要滿足競賽性實驗教學的需要，必須要有競賽所需的設備設施、儀器、材料、教學軟件、場地、商品、指導教師團隊等要素條件為保障。而地方性大學，特別是二級師範類本科院校，其實驗的基礎設施非常薄弱。以旅遊經濟管理學院為例，其實驗設施設備投入總共也就三四百萬，單純依靠自身資源條件是無法滿足大學生能力競賽訓練平臺的支撐要素條件的，而借助資源整合是解決此問題的有效途徑。

旅經學院在資源整合中完善大學生能力競賽訓練平臺支撐要素條件的做法是：

（1）每年積極向學校申報實驗設備和教學軟件，爭取加大對競賽平臺的投入。通過學院的努力，近兩年來，學校每年都保證了40萬~50萬元的實驗教學增量投入。

（2）積極爭取校外合作，整合校內外資源，實現競賽訓練平臺對校內外資源的共享。例如，學院提供學生參與企業的市場調查，向企業提供技術管理諮詢服務；企業提供學生競賽時所需的企業資料、產品、訓練場所、設施設備等。通過校內外資源整合，大學生能力競賽訓練平臺的支撐要素條件得到了極大的改善。

（3）與教學軟件公司合作，競賽時免費使用教學軟件。如在全國營銷大賽比賽中，我們與杭州貝騰科技有限公司合作，免費使用該公司的營銷管理對抗教學軟件；在供應鏈管理比賽中，我們與用友公司合作，免費使用供應鏈管理電子沙盤軟件等。

（4）與企業共組競賽訓練指導教師團隊，解決教師競賽中實戰經驗不足的問題。如在導遊比賽中，學院與樂山旅遊局共組競賽指導教師團隊對學生進行訓練，取得了較好的成績，有八名學生入圍全省二十強。

(三) 建立完整的大學生能力競賽訓練平臺管理運行機制

大學生能力競賽平臺在實施競賽性實驗教學中要能達成預期的目標，取得良好的效果，必須要建立一整套完整的平臺管理運行機制。對此，旅經學院建立了以下管理運行機制：

1. 構建了以院長為負責人的大學生能力競賽訓練平臺組織管理體系

學院成立了大學生能力競賽平臺領導小組，由院長任組長，學院書記、副書記、主管實驗教學的副院長、專業建設負責人及競賽項目負責人、相關企業代表等為組員。領導小組主要負責大學生能力競賽訓練平臺建設方案的設計、競賽訓練信息的發布、競賽項目的選擇、競賽訓練方案的審查批准、競賽的組織實施、競賽指導教師的選配、競賽任務的下達、競賽費用的籌集落實等相關的管理工作。

2. 健全大學生能力競賽平臺的制度規範

旅經學院大學生能力競賽訓練平臺的制度規範主要包括：

（1）大學生能力競賽訓練平臺的實施保障條件規範。

這部分主要針對大學生能力競賽訓練活動需要的人、財、物、時間、空間、競賽程序等制定了合理的規範，使競賽涉及的相關部門和環節有明確的分工和責任，能相互協調配合，形成合力，確保每一項競賽都能順利完成。

（2）大學生能力競賽訓練平臺的主體行為規範。

大學生能力競賽的主體是師生，他們對競賽的積極性、責任心、榮譽感、成本意識等對競賽的成敗和目標的達成至關重要。對此，旅經學院專門制定了大學生能力競賽平臺主體的行為規範，包括正向行為的激勵、消極行為的約束、競賽的行為導向等，以使參賽師生的行為不偏離大學生能力競賽活動的目的，有正確的觀念認識，讓競賽活動能真正起到培養大學生綜合素質和創新能力的作用。

3. 建立了大學生能力競賽訓練平臺的運行機制

大學生能力競賽訓練平臺的運行是一項系統工程，涉及多個方面、若干環節。這些方面和環節的相互關聯性強，哪個方面、哪個環節出了問題，都會影響全局。所以，旅經學院建立了一套大學生能力競賽訓練平臺的運行機制，包括大學生能力競賽訓練平臺的組織機制、大學生能力競賽訓練平臺的訓練機制、大學生能力競賽訓練平臺的組賽參賽機制和大學生能力競賽訓練平臺的評價考核機制。

大學生能力競賽訓練平臺的組織機制為競賽組織相關環節、涉及部門人員的相互關聯配合制定了具體操作流程；大學生能力競賽訓練平臺的訓練機制為訓練

對象、訓練內容、訓練要求、訓練實施、訓練檢查考核等制定了操作細則；大學生能力競賽訓練平臺的組賽參賽機制為學生參賽資格審核、參賽團隊的選拔、組賽的資格條件、組賽的審批等制定了規範細則；大學生能力競賽訓練平臺的評價考核機制則為每項競賽的評價考核標準、評價小組人員的組成、評價結果的得出制定了操作細則。

（四）培養一支競賽型實驗教學師資隊伍

大學生能力競賽訓練平臺運行質量的好壞取決於學校是否擁有一支競賽型的實驗教學師資隊伍。在大學生能力競賽訓練平臺建設的初期，旅經學院中能夠指導競賽的教師寥寥無幾。多數教師經驗不足，能力也有限，無法完成對競賽學生的訓練。競賽平臺領導小組在充分認識到競賽型實驗教學師資隊伍建設的重要性後，在平臺的建設過程中非常重視對競賽實驗型教學師資隊伍的打造，具體措施包括：

（1）鼓勵教師參與競賽訓練；

（2）聘請企業高級技師，讓他們和教師一起共同指導競賽學生，讓教師在實踐中學習；

（3）讓教師參加專門的競賽培訓交流會，向其他高校有經驗的競賽指導教師學習；

（4）學院為競賽訓練教師提供智力支持。

通過多方面的培養，現在旅經學院大學生能力競賽訓練平臺已經擁有了全國營銷大賽專家評委教師一名、獲得各類競賽的優秀指導教師近十名，能較好地滿足競賽平臺對競賽型實驗教學師資隊伍的需求。

（五）多渠道籌集大學生能力競賽訓練平臺的運行經費

競賽性實驗教學相較於非競賽性實驗教學，其對大學生的能力培養十分重視，但其運行經費要高很多，特別是校外參賽的經費數額增加很多。以旅經學院為例，學院每年需要 4 萬~5 萬元競賽經費，數額較大。運行經費的籌集關係到競賽訓練平臺的教學活動的開展。

旅經學院採取了多渠道籌集大學生能力競賽訓練平臺運行經費的做法，具體措施包括：

（1）學生獲獎後向學校教務處、學工處和團委申請獎勵資金；

（2）從學院創收資金中劃撥一定比例經費支持競賽平臺運行；

（3）從學校實驗教學經費中劃撥一部分用作競賽平臺經費；

（4）爭取企業對競賽的贊助支持。

三、依託大學生能力競賽訓練平臺建設推動實驗教學改革創新

大學生能力競賽訓練平臺的建設推動了旅經學院競賽性實驗教學的發展，而競賽性實驗教學把大學生能力培養放在突出位置，進而又推動了旅經學院實驗教學的改革創新。

(一) 催生了「以能力培養為核心」的新實驗教學模式

非競賽性實驗教學是「以知識的應用為核心」的實驗教學模式，而競賽性實驗教學具有針對性、競爭性、創新性。隨著大學生能力競賽訓練平臺的建設，「以能力培養為核心」的新實驗教學模式出現了。

旅經學院在大學生能力競賽訓練平臺建設的過程中，經過多年的改革創新，設計出了「分階段能力提升」的實驗教學模式。即大學一年級的實驗教學側重培養學生的通識管理能力，大學二年級的實驗教學根據學生所學專業與就業意向側重培養學生的崗位能力，大學三、四年級的實驗教學主要培養學生的綜合能力和創新能力。新的實驗教學模式能真正反應「以能力培養為核心」的競賽性實驗教學的特徵和要求。

(二) 實現了從「封閉式」實驗教學方式向「開放式」實驗教學方式的跨越

大學生能力競賽訓練平臺的建設，開啟了校企合作實驗教學改革的新模式。平臺以競賽項目為突破口，吸引企業或產品來冠名宣傳，讓企業參與競賽性實驗教學並提供經費及其他實訓條件。大學生在參賽過程中，獲得了瞭解企業崗位、人才需求信息和相關職業標準的機會，明晰了自己的專業發展方向，能更正確地對自己的職業發展規劃進行定位。如此，我校實現了從「封閉式」實驗教學方式向「開放式」實驗教學方式的跨越。

(三) 明顯地優化了教師隊伍結構

旅經學院通過組織教師參與大學生能力競賽訓練平臺的建設和鼓勵教師直接指導學生參賽，有效提高了教師的專業水平和實踐技能。同時，學院疏通了與用人單位的溝通交流渠道，聘請了兼職教師，並讓學校專業教師利用寒暑假到企業去掛職鍛煉，這些舉措明顯優化了教師隊伍結構。

(四) 推動了實驗教學內容的創新改革

非競賽性實驗教學計劃中的內容是提前幾年安排好的，這些內容在開課時往往已經落後，加上開課教師大多是資歷不深的年輕教師，大多數學生在實驗課程中無法拓展視野、鍛煉能力。大學生能力競賽訓練平臺的建設推動了競賽性實驗教學，而競賽性實驗教學內容是在實驗前才確定的。競賽性實驗內容豐富多彩，實驗項目的綜合性和設計性強，實驗中要解決的問題更貼近現實生活。自此，學校實現了實驗教學內容的創新改革。

(五) 實驗教材的創新

為了更好地滿足大學生的競賽訓練需要和讓大學生取得良好的競賽成績，旅經學院在大學生能力競賽訓練平臺的建設過程中充分調動了實驗教師和實驗技術人員的工作積極性。學院根據不同競賽項目的競賽特點及競賽內容、規則的差異，組織編寫了具有一定專業學術水平，且更契合旅經學院專業特點和教學特色的系列實驗指導教材，並逐步投入競賽訓練使用。自編的實驗教材較好地適應了當今社會科技的發展及學院不同專業培養的實際需求，捨棄了過時陳舊的內容，豐富了實驗手段，突出了綜合設計性實驗內容及研究性實驗內容，較好地滿足了不同

專業、不同程度的學生的需要。

（六）實驗教學考核方式的創新改革

大學生能力競賽平臺的搭建，帶來了實驗教學模式、實驗教學內容、實驗教學方式與方法、實驗教學手段等的創新改革，故實驗考核方式也需要進行改革創新。旅經學院對競賽性實驗教學考核方式進行創新改革的原則是：考核方式必須有助於反應學生的「三個能力」的提升變化，「三個能力」即通識管理能力、崗位就業能力、綜合及創新能力；核心是摒棄簡單的、一次性定考核結果的評價方式，採用能夠體現出實驗過程的評價考核方式。

大學生能力競賽訓練平臺建設伊始，旅經學院就積極開展了實驗教學考核方式的改革探索與實踐。學院採用「專業實驗系列課程全過程聯動考核」方式，即根據各專業就業培養方向，設計就業所需具備的能力體系，在此基礎上選擇能實現就業能力培養目標的核心系列課程，劃分不同課程能力考核的重點，再建立各實驗課程考核的聯動機制，並實施實驗全過程考核，最後得出學生的實驗成績。

參考文獻：

[1] 蓋功琪，宋國利. 開放式實驗教學管理模式的研究與實踐 [J]. 黑龍江高教研究，2009（5）：162-164.

[2] 劉曉紅，楊建設，朱昌平，等. 培養本科生物理實驗「四種能力」教學模式的研究與實踐 [J]. 實驗技術與管理，2008（12）：154-156.

[3] 楊建明，沈長華. 應用型本科院校實驗教學改革探討 [J]. 科技信息，2010（14）.

[4] 張寧. 大學生創新性實驗計劃與實驗教學改革 [J]. 中國成人教育，2009（15）.

[5] 蔣琴素. 實驗教學與大學生創新能力培養探析 [J]. 內江科技，2009（7）.

[6] 許鵬飛，樊國志，王永健. 改革實驗教學模式，完善人才培養體系 [J]. 四川兵工學報，2009（6）.

[7] 周乃新，姚鬱，楊桅. 深化實驗教學改革，創建特色實驗教學體系 [J]. 實驗技術與管理，2009，26（4）.

[8] 周岱，劉紅玉，葉彩鳳，等. 美國國家實驗室的管理體制和運行機制剖析 [J]. 科研管理，2007，28（6）：110-114.

[9] 白忠喜，胡卓君. 基於資源整合共享的實驗室重構及其管理 [J]. 實驗室研究與探索，2007，26（8）：110-113.

基於新型專業應用型人才培養的
實踐教學體系改革研究
——以樂山師範學院旅遊管理本科專業為例

王付軍

摘要：本文論述了目前旅遊管理本科專業實踐教學體系主要存在的不足，對現存實踐教學體系與新型應用型人才要求脫節的原因進行了分析，並在此基礎上，提出了構建新的實踐教學體系的目標、原則、思路和措施，闡述了實施旅遊管理新型應用型人才實踐教學體系的相應措施。

關鍵詞：旅遊管理本科；實踐教學體系；新型應用型人才；措施

目前，高等教育中旅遊管理本科專業教學偏重於理論知識的累積，理論教學與實踐教學脫節，從而導致培養出來的人才與旅遊行業要求的專業應用型人才標準產生較大差距，此現象已引起高等教育旅遊專業界的高度關注。針對這一狀況，筆者結合樂山師範學院旅遊管理本科專業十一年的教學實際情況，以學生就業能力培養為中心，對旅遊管理本科專業進行了實踐教學體系改革，從而達到旅遊行業要求的專業應用型人才培養標準，保證旅遊管理本科專業學生的培養質量。

一、目前旅遊管理本科專業實踐教學體系主要存在的不足

（一）學生對旅遊管理專業實踐特性的認識不足

旅遊管理是一門實踐性和應用性很強的學科，旅遊管理專業學生必須在專業學習過程中體現出多學科和多專業交叉性，這樣才能與老師的教學配合，做到知識、能力和素質三位一體，從而提高思維能力、工作能力、社會交際能力和創新能力。這既是旅遊學科發展的需要，也是旅遊行業對人才素質要求的需要。但是從長期以來的實踐教學中可以看出，學生還是習慣於灌輸性教學，在實踐和實習中十分應付。學生混文憑的思想占據上風，對該專業實踐特性的認識嚴重不足。

（二）理論和實踐教學安排的科學性不足

實踐教學過於集中，且實踐教學的內容與理論教學不完全對應，不能夠做到邊講授理論邊進行實踐，不利於學生及時在實踐中加深對理論的理解，也不利於學生利用所學的理論知識指導實踐，不利於學生綜合能力的提高。教學安排不科

基於新型專業應用型人才培養的實踐教學體系改革研究——以樂山師範學院旅遊管理本科專業為例

學直接導致理論和實踐成為兩條平行線，不能較好交叉。從就業角度來看，學生以後將無法面對與職業高中學生的競爭，無法滿足旅遊管理崗位的用人要求。

（三）師資力量薄弱，教學與實驗課程的地位明顯下降

教師是學校的第一資源，教師的實踐能力在應用型人才的培養中發揮著至關重要的作用。產儘目前旅遊管理專業教師從職稱上來看，似乎「老、中、青」搭配合理，但是從現實情況來看，教授的實踐經驗明顯要多於年輕教師，掌握的實驗資源也相對較多。仔細一分析，可以發現教授幾乎都在領導崗位和旅遊研究中心，從事旅遊學科研究。根據學校的規定，他們上課時間有一定限制，這就使得教師的知識、經驗和高職稱數量並不能轉化成能夠給學生帶去新知識、新技能的優秀資源，造成師資力量明強暗弱。可以看出，目前理論研究力量加強了，而教學實驗課程的地位明顯下降。

（四）與旅遊企業之間的合作不夠緊密，致使見習流於形式

產學合作是培養應用型人才的必由之路，但是目前我院旅遊管理專業和旅遊企業的協作仍不夠緊密。學校不瞭解或不主動尋找旅遊企業，故將旅遊企業作為校外實訓基地並不具有穩定性；很多旅遊企業與學校缺少溝通渠道，平常的見習流於形式，效果不盡如人意。

（五）人才培養目標定位不明確

產儘專業培養方案似乎體現了培養綜合性強的中高層旅遊專業人才等目標，但實際上，對於要把學生培養成具有何種素質、何種能力的人才，方案中並沒有詳盡而明確的目標，導致學生專業不「專」，教師優勢不「優」。目前我校旅遊專業本科培養目標主要劃分為飯店管理方向、旅行社管理和導遊方向、景區管理方向等幾個部分。但是從課程設置上來看，學生的課程有公共課、基礎課、專業基礎課，飯店、旅行社和景點景區方面的課程基本上保持一致，並沒有太大區別。學生學習不能滿足自身的興趣和愛好，不能將能力和潛力發揮到極致，這將造成學生在未來的工作中高不成、低不就。

二、現存實踐教學體系與新型應用型人才要求脫節的原因分析

（一）專業辦學理念滯後

目前，我校在旅遊管理專業的教學方面，特別是思想認識方面，把理論和實踐割裂開來，重視前沿理論，忽視實踐能力；在教學計劃方面，單純強調寬口徑、厚基礎，忽視旅遊管理專業應用型的特點；在組織管理方面，實踐教學流於形式，畢業實習「走過場」；在保障體系方面，缺乏硬件和環境條件，組織管理不到位；在辦學定位上，上有重點院校壓制，下有高職院校搶占市場，我校不能脫穎而出，體現不出特色。

（二）課程教學內容滯後

理論知識的掌握和實踐能力的發展是相輔相成的兩個方面，理論知識的掌握可以提高實踐的能力，實踐能力的提高又會促進理論的發展。然而我校旅遊管理

本科生的教學內容數年如一日，教案一成不變，形式呆板，對旅遊業的發展變化置若罔聞，不能及時應變。教學模式不能隨時更新，沒有吸收新的教學方式方法，沒有及時應用先進設備，沒有設置新的實踐性課程，這些都使得教師和學生無暇接觸旅遊實踐，學生畢業後動手能力、應變能力不強。

（三）教師業務素質停滯不前

我校旅遊管理專業和其他大多數學校的旅遊管理專業一樣，專業教師多是從其他相關專業如地理學、歷史學、經濟學、管理學等專業轉過來的，沒有接受系統的旅遊高等教育，普遍缺乏旅遊行業實踐操作和經營管理的基本經驗，實踐能力相對較差。一些教師理論課講得好，而一旦面臨實際問題，就束手無策。特別是轉型早、職稱高、年齡大的群體，他們距離退休時間已經比較接近，面對新的旅遊發展形勢，他們轉型起來有一定難度。這個現象的直接後果是形成示範效應，讓整個專業的老師的業務素質停滯不前。

（四）學生素質參差不齊

由於學校大面積擴招，特別是重點大學將高素質生源搶占，我校在同類院校中發展速度相對較慢，生源素質一年不如一年。目前，我校學生喜歡中學的教學方式，注重死記硬背，過分看重考試分數和獎學金，忽視實踐，動手能力差。

另外，部分學生產儘自身素質較低，卻高看自己，對諸如酒店服務員、導遊等這類為他人服務的辛苦類基層工作不放在眼裡。學校曾組織學生到酒店和旅行社去實習，學生卻找不同理由臨陣脫逃，放棄了實踐的機會。

三、培養新型旅遊管理本科專業應用型人才的實踐教學新體系的構建

（一）新體系構建目標

新的實踐教學體系的目標是要培養旅遊管理本科學生的紮實過硬的就業綜合能力，包括以思維能力、工作能力、社會交際能力和創新能力為主要內容的基本能力以及從事旅遊企業工作必備的操作能力、服務能力、公關能力、應變能力、管理能力、創新能力。

（二）新體系構建原則

新體系構建需要遵循幾個重要原則：

第一，理論與實踐相結合原則。要以理論為中心，以實踐為手段，理論聯繫實踐，互相促進。

第二，市場導向原則。學生的培養方向、培養模式以用人單位要求為中心，專業方向設置、課程設置圍繞市場進行及時調整。

第三，軟硬件結合原則。培養高素質學生要「軟件、硬件一起抓」，不能厚此薄彼。

第四，實驗室教學與實習基地實踐教學相結合原則。實驗室教學力求「高仿真、多驗證」，實習基地實踐則要求學以致用。

(三) 新體系構建思路

我院旅遊管理專業打破原有教學模式，為體現實踐教學的重要地位，把課程體系改為通識教育必修課程、通識教育選修課程、學科專業必修課程、學科專業選修課程和實踐教學，把實踐教學貫穿每一學期的每門專業課程和第一、二、三學年的短學期實踐教學，以及畢業設計和最後一學期的專業實習。這種新模式使實踐教學具有增強性、遞進性、針對性、鞏固性。

根據以上目標和現在社會經濟發展條件下旅遊業對人才的需求，應對旅遊管理專業教學內容和課程體系有針對性地進行調整和完善。教學內容和課程體系採用模塊式課程體系，即課程體系主要由通識教育必修課程模塊、通識教育選修課程模塊、學科專業必修課程模塊、學科專業選修課程模塊和實踐教學模塊組成。學校要以通識課程為基礎，以學科專業課程為主體，以實踐教學模塊為根本。

(四) 新體系構建措施

經過幾年的建設，在幾位專業教師的共同努力下，目前我院新的旅遊管理實驗教學體系正在逐步形成。其以「厚基礎、寬口徑、強能力、高素質、多元化、綜合型」為總原則，以旅遊管理專業人才培養方案與學科發展規劃為依據，以旅遊管理相關企業需求和學生綜合、創新能力為起點，按照重實踐、模塊化、柔性化和系統化的特點構建了「一個核心、兩個中心、三大平臺、四個實驗教學模塊、五個層次」的兼顧基礎技能培養與學生個性化發展的旅遊管理類實驗教學體系。

第一，一個核心。即以學生能力培養為核心。

第二，兩個中心。即旅遊研究的理論中心和旅遊理論驗證的實踐中心。

第三，三大平臺。三大平臺包括公共基礎平臺、旅遊管理特色專業平臺、個性發展平臺。

公共基礎平臺是針對所有旅遊管理類學科與專業開設的公共基礎實驗模塊，主要目標是為學生奠定基本的實驗基礎。

旅遊管理特色專業平臺致力於讓更多的學生參與教師組織的科研課題，同時以旅遊規劃協會、酒店管理協會、導遊協會為載體定期舉辦相關技能大賽，提升學生的實踐技能。另外，要進行相關資格證書考試的考前培訓，提高學生的技能水平。目前，我校正在申報旅遊管理碩士點，一旦申報成功，我校將繼續對現有旅遊管理特色平臺進行升級改造，以更好地為各級人才服務。

個性發展平臺包括專業間綜合模擬實驗模塊、畢業論文開放實驗模塊、學生創業實踐模塊以及社會實踐和科技活動模塊。該平臺在保證旅遊管理類人才培養質量的基礎上，主要為學生開展創新實踐活動，培養學生的創新能力和綜合素質，促進學生的個性化發展。

第四，四個實驗教學模塊。這四個模塊分別是學生創業實踐模塊、社會實踐和科技活動模塊、畢業論文開放實驗模塊、專業間綜合模擬實驗模塊。

第五，五個層次。實驗教學是現代教學體系中不可缺少的重要組成部分，是培養學生實踐能力和創新精神的重要手段。旅遊與經濟管理學院依託旅遊實驗示

範中心，在旅遊管理相關學科實驗基礎上，按照教學方案和用人單位的要求，優化實驗方案，將實驗項目分為基礎型實驗教學項目、提高型實驗教學項目、研究型實驗項目、設計型實驗項目、創新型實驗教學項目五個層次，最終支撐知識驗證和能力共同提升兩大層面的旅遊管理專業實驗教學體系。

其中，基礎型實驗教學項目面向旅遊管理專業所開設的專業基礎課程設置的實驗項目，目前主要有演示性與驗證性實驗項目，目的是培養學生觀察、分析、解決個性化問題的能力。提高型實驗教學項目面向旅遊管理專業所開設的專業課程設置的綜合性實驗項目，培養學生綜合應用理論、研究方法、工具來分析、解決旅遊管理系統問題的能力，以及求真務實的工作作風，提高學生綜合應用知識的能力和進行科學研究的專業素質。研究、設計、創新型實驗教學項目主要來自教師或學生的研究課題，採取學生自主實驗的方式進行。實驗的內容、方案、進度等全部由學生自主安排，實驗教學中心提供必要的場所、課題、設備、經費，配備相應的指導教師，著眼於培養學生的創新意識和應用所學專業知識開展科研活動的能力。

四、支持旅遊管理本科專業應用型人才實踐教學新體系的措施

（一）加強實踐課程的建設

旅遊管理實踐課程建設的一個重要任務就是建設和完善實踐指導教材。目前這一專業基本沒有成體系的配套教材，實習內容基本與專科相同，沒有本科自身的特色。本科旅遊管理實踐指導教材應具有較強的系統性、針對性和操作性，應貼近旅遊行業實際，注重行業操作規範，盡可能構建全真的訓練環境，將旅遊學科中的理論知識點分解為可操作的實踐項目，使學生學到的理論知識能在實踐中得到應用和昇華。編寫教材時，應在編寫體例上體現實踐教材的特點，避免同課堂教材重複。要將教材編寫成為指導學生實踐操作的訓練指南，使教材具有前瞻性。

（二）培養師資力量

優化師資結構，建設一支教學能力強、實踐經驗豐富的雙師型教師隊伍是旅遊院校實踐性教學能否成功的關鍵所在。要想培養出有實踐經驗的學生，必須要有一流的教師隊伍和實驗技術人員。師資力量的培養可以通過以下四種方式進行：

第一，廣納賢才。從相關旅遊企業引進一批旅遊類專業的人才，或者吸收一批非旅遊專業、但在旅遊企事業單位擔任過中高層管理職務、累積了豐富實踐經驗的人員作為學校的專業教師。

第二，積極培養。為了進一步增加教師的實踐經驗，提高雙師型教師的比例，學校可以與企業簽訂合作協議，每年從中青年專業教師中選派部分人員到旅行社或高星級酒店掛職鍛煉。教師一方面可以累積實踐工作經驗，另一方面也可以為企業提供技術支持。同時，應鼓勵有才能的專業教師在完成教學任務、不影響學校正常工作的前提下到企業兼職。

第三，外聘兼職。聘請部分旅遊行政管理部門、旅行社、酒店的中高級管理人員作為旅遊管理專業的兼職教師，共同參與本專業教學改革方案的制定、教學考核評估和教學工作。

第四，國外進修。每年學校要有計劃地選派一些中青年教師到國外的旅遊院校進修學習，吸收國外先進的旅遊教育經驗。

(三) 提高實踐教學環節質量

提高實踐教學環節的質量是保證旅遊管理本科專業學生培養質量的關鍵所在。

一是增加實踐教學課時數。樂山師範學院旅遊管理本科專業的實踐教學課時數由原來的占總課時的10%增加到了現在的35%；同時增加了第一、二、三學年的短學期實踐教學，共計120學時。此舉大大增加了整個實踐教學環節的學時。

二是充實硬件，建設好校內實驗和實訓場地。樂山師範學院目前建有旅遊規劃實驗室、旅遊綜合實驗室、工商管理綜合實驗室、旅行社經營管理模擬實驗室、餐飲實訓室、酒吧實訓室、客房實訓室、形體訓練室、電子商務實驗室、商務談判實驗室，能夠滿足目前教學和實踐的需要。同時，部分實驗室對學生全天性開放或預約性開放，保證了學生科研活動和創新性實驗項目活動的開展。

三是穩定長期合作的校外實習基地。樂山師範學院在樂山大佛景區、峨眉山景區，以及北京、上海、廣州、深圳等地建有校外實習基地二十餘個，從而保證了樂山師範學院旅遊管理本科專業畢業學生的實習和就業的捆綁式進行。

四是構建學生創新實踐活動平臺。為了促進學生創新思維和創新能力的培養，樂山師範學院制定了《旅遊管理本科專業創新學分與附加學分實施辦法》《旅遊管理本科專業研究型創新型開放實驗項目》，並結合專業特點組織學生成立了旅遊規劃研習社、導遊協會、旅遊英語沙龍、酒店協會等社團組織，開展專業科研活動。同時，學校搭建了舉辦學生創業計劃大賽、挑戰杯競賽、全國和全省服務技能大賽、導遊大賽的競賽平臺，鼓勵學生參加競賽。

五是嚴格實踐技能考核。建立學生實踐能力的考核制度，可採用自我考評、企業考評、教師考評、實習作業相結合的方式，以學生實踐表現為依據來確定其實踐課的成績，從而提高學生實踐課參與的積極性和主動性，保證實踐教學效果。

基於新型專業應用型人才培養的旅遊實驗實踐教學體系正在不斷改革中，假以時日，必能促使我院旅遊管理專業管理更規範、學生素質更高。

參考文獻：

[1] 張金霞. 應用型本科旅遊管理專業立體化實踐教學體系的改革探討 [J]. 中國校外教育，2008 (4).

[2] 張豔. 高校旅遊管理專業實踐教學體系改革初探 [J]. 中國高新技術企業，2009 (18).

[3] 唐治元. 旅遊管理專業學生加強實踐教學環節的思考 [J]. 新西部，2007 (7).

專題六
學生綜合素質培養

淺析地方高校開展公共藝術教育之有效途徑

南　麒

摘要：藝術素養對大學生人格的塑造、能力的提升、文化的熏陶有著積極而重要的作用，更將影響學生對待人生和生活的態度。本文通過分析地方高校開展公共藝術教育的現狀及意義，淺析了地方高校開展藝術教育的途徑，提出了構建「兩化藝術教育體制、多層次藝術教育體系、三結合藝術教育模式」，體現公共藝術教育「美」的力量，培養大學生「美」的能力。

關鍵詞：地方高校；公共藝術教育；有效途徑

大學是文化傳承和創新的基地，藝術是文化的重要內容和載體。切實加強藝術教育，全面開展內容豐富、形式新穎、吸引力強的藝術活動，培養大學生感受美、表現美、鑒賞美、創造美的能力，是高校藝術教育的重要使命。十八屆三中全會明確要求「改進美育教學，提高學生審美和人文素養」，教育部下發文件《教育部關於推進學校藝術教育發展的若干意見》，對高校藝術教育的改革發展提出了新目標、新要求。地方院校如何在新形勢下做好藝術教育工作，有著非常重要的現實意義。

一、地方高校開展公共藝術教育的現狀及意義

（一）開展公共藝術教育，改變當前學生藝術素養偏低的狀況

調查表明，地方院校的學生大部分來自農村家庭，沒有接受過規範藝術教育，藝術素養偏低、藝術鑒賞能力偏弱是普遍存在的問題。沒有健全的渠道和系統培訓，使得學生在對藝術的認識方面有所偏頗。因此，普遍提高大學生藝術素養，是地方高校公共藝術教育的基礎任務。

（二）開展公共藝術教育，改變當前學校藝術教育偏狹的局面

目前，許多地方高校開展了公共藝術教育，但是仍然存在藝術教育較為狹隘的問題。一是藝術教育類別不全，學校重視音樂、美術，但對其他形式的藝術重視不夠；二是開展面向全體學生的藝術教育，但更偏重於培養有藝術專長的學生；三是重視校內教育，缺乏與社會的有效連接。因此，統籌協調校內外各種資源，積極實行綜合性、全面性藝術教育，積極開展更多層次的實踐，是地方高校公共

藝術教育的發展趨勢。

（三）開展公共藝術教育，改變當前藝術教育綜合功能偏弱的情形

藝術教育是一項綜合化的教育，能夠陶冶情操，提高學生的思想道德水平；能夠提高審美水平，促進學生身心健康發展；能夠啟迪智慧，增強學生創新能力；能夠在藝術教育的過程中增強學生踐行社會主義核心價值觀的自覺性。目前，在藝術教育的具體實施過程中，存在重視藝術的技藝性，而相對忽視藝術教育的綜合性的問題。因此，深入開展大學生藝術教育是地方高校藝術教育的根本任務。

二、地方高校開展公共藝術教育的有效途徑

（一）健全「兩化」公共藝術教育體制

1. 系統化的政策建設

開展公共藝術教育，需要建立系統化政策。學校從建立《公共藝術教育規程》著手，制定了《素質與能力拓展模塊實施辦法》《社團活動管理辦法》《學校藝術活動指導意見》等系列政策性文件。系統化的政策制定為藝術教育構建了新的機制和平臺。

2. 全員化的機構建設

建立學校領導小組，由校長任組長，分管校領導任副組長，同時邀請地方相關政府部門、事業單位等組成領導機構統籌協調開展公共藝術教育。同時，在二級院系建立二級藝術教育領導小組。

（二）建立「多層次」的公共藝術教育體系

學校要建立「三個面向」的多層次公共藝術教育體系。「三個面向」即面向全體學生，進行藝術基礎教育；面向有一定藝術特長的學生，進行藝術提升培訓；面向藝術尖子生，進行專項藝術培養。

1. 面向全體學生，進行藝術基礎教育

（1）建立藝術教育課程體系。全面開設音樂基礎、美術欣賞等必修課程，以及藝術導論、音樂鑒賞、美術鑒賞、影視鑒賞、戲劇鑒賞、舞蹈鑒賞、書法鑒賞、戲曲鑒賞等選修課程，通過網上、網下教學，線上、線下互動相結合的方式，真正實現藝術基礎知識的普及。

（2）開展藝術教育志願服務活動。將藝術專業學生組成服務隊，配給學校各班級，讓這些學生擔任小先生，指導班級藝術活動，助推全校營造良好的藝術教育氛圍。

（3）組織開展校內藝術實踐活動。開展班、學院、學校三級藝術活動，舉辦校園大學生藝術展演，引導院系、班級開展大眾文化藝術實踐活動，形成全校人人參與藝術活動的局面。

2. 面向有一定藝術特長的學生，進行藝術提升培訓

（1）要以第二課堂為載體，完善第二課堂藝術活動課程體系。學校用課程理念進行統一規劃並管理藝術類活動，藝術活動以課程的形式納入學校人才培養總

體方案。學校讓有一定藝術特長的學生選修此門課程，進行相應的學習，從而，學校藝術培養的質量得到了提高。

（2）以社團為平臺，建立藝術實踐體系。學校設立各類藝術類社團開展藝術實踐活動，邀請藝術類專業教師進行指導，定期舉行演出，通過實踐鍛煉來提高學生的藝術實踐能力。

（3）以活動為陣地，搭建藝術展演平臺。學校開展各類校級藝術活動，在活動中提升學生的藝術水平。

3. 面向藝術尖子生，進行專項藝術培養

（1）創新師資力量的儲備方式，探索「自主+外聘」的師資引入模式。學校要在內部專業師資配備的基礎上，引進社會藝術團體優秀演員、中小學優秀藝術教師、民間藝人等進入校園擔任藝術指導老師。

（2）改革傳統的理論教學和技能培訓模式。學校要建立理論與實踐相結合的教學和培訓模式，增強學生藝術實用性，增強其技能。要建立以賽促訓的訓練模式，要以參加全國各類高水平藝術展演為目標，組建高水平藝術團，積極開展日常訓練。同時，要集中力量、突出亮點，加強原創項目的開發，將原創特色與高水平演出相結合。

（3）探索校地企藝術合作新模式。學校要探索建立與文化企業、地方政府三方合作的模式，成立藝術團體，開展藝術活動，建立穩固的校外藝術實踐平臺，參與地方大型演出。學校通過開展各類藝術活動，能夠提高學生的藝術表演能力，促進地方藝術文化建設。

（三）構建「三結合」的公共藝術教育模式

要做到藝術教育與學生思想道德教育有機結合，增強學生踐行社會主義核心價值觀的自覺性；普及與提高相結合，充分滿足各類學生對藝術教育的客觀需求；校園文化與地方文化相結合，促進地方文化藝術建設。

（1）藝術教育與學生思想道德教育有機結合，增強學生踐行社會主義核心價值觀的自覺性。要將核心價值觀融入藝術創作，弘揚時代主旋律，讓學生在演出中感知美、體會美，在觀看中欣賞美、向往美，從而使藝術教育成為學生思想道德教育的重要載體。

（2）普及與提高相結合，充分滿足各類學生對藝術教育的客觀需求。學校要建立「三個面向」的公共藝術教育體系，讓在藝術方面有著不同基礎、不同條件的學生都享受到藝術教育的機會，充分滿足學生的需求，履行大學藝術教育的重要使命。

（3）校園文化與地方文化相結合，促進地方文化藝術建設。在堅持開放辦學的理念的指導下，學校公共藝術教育應該確立「請進來，走出去」的發展思路，明確「創作以智力引入為主，提高以藝術實踐為本」的藝術教育策略，加強藝術實踐環節，努力提高學生藝術實踐能力，增強藝術教育的活力。具體來說，一是堅持「請進來」，以智力求支持。根據地方文化的特點和優勢，學校在師資培養、

項目創作、水平提升等方面要積極牽線搭橋,與省、市地方相關單位進行全方位的合作。要開展藝術進校園、藝術大講堂活動,讓學生受到感染、陶冶情操、增長見識。二是堅持「走出去」,以開放求活力。學校要制定藝術教育教師進修計劃,安排教師進行進修,組織教師到校外採風,鼓勵教師創作。學校還要積極組織學生參加校外各級各類藝術競賽,重視並組織學生參加國家、省市大學生藝術展演等,以讓學生增強自信心,累積藝術實踐經驗,全面提升綜合素質。

三、結語

在當前大環境下,全面開展「美」的教育已是大勢所趨。「美」的教育對大學生的身心發展有著不可忽視的作用。地方高校在開展公共藝術教育的過程中,必須以學生綜合素質的全面提升為前提,關注當前藝術教育功能偏弱、局面偏狹、學生素養偏低的問題,重點關注藝術教育的突破與創新。同時,藝術教育要在國家人文精神和文化傳承的引領下,緊緊圍繞公共藝術教育體制,建設公共藝術教育體系,創新公共藝術教育模式,真正做到「兩化」「三結合」「多層次」,體現公共藝術教育「美」的力量,培養大學生「美」的能力,為高校的文化教育發展添磚加瓦。

參考文獻:

[1] 彭巧胤. 高校「1234」藝術教育新格局的探索與實踐 [J]. 文教資料, 2012 (30).

[2] 李同果. 略論地方高校藝術素質課程的構建 [J]. 中共樂山市委黨校學報, 2015 (4).

[3] 張科. 淺談藝術教育和地方高校特色校園文化建設 [J]. 教育與職業, 2014 (32).

論高校學生社團管理「四導」模式的構建

南　麒

摘要： 高校學生社團作為高校思想政治教育的重要陣地，其作用日趨明顯；作為培養人才的場所，其地位逐步提升。此外，學生對高水平的社團活動的需求也逐漸增強。為促進學生社團的蓬勃發展、搭建育人的有效平臺，本文提出「黨委領導、團委引導、分類指導、課程輔導」的「四導」模式的構建，為高校社團的有效管理提供了新的實現途徑。

關鍵詞： 高校；學生社團；管理模式；構建

　　高校學生社團是高校校園文化建設的重要載體，是高校第二課堂的重要組成部分，是大學生交流展示的重要平臺，其在對大學生進行思想教育、能力培養、素質拓展等方面發揮著越來越重要的作用。為保證學生社團堅持正確的政治方向，形成完善的運作機制，營造良好的活動氛圍，保持蓬勃的發展態勢，本文提出構建「黨委領導、團委引導、分類指導、課程輔導」的「四導」模式，這將對高校社團的發展起到積極的促進作用。

一、黨委領導，把握社團方向

　　鑒於高校學生社團在高校育人體系中的特殊地位和重要作用，在黨委的領導下開展一切社團活動，對發揮黨組織的政治核心作用，進一步加強、改進學生思想政治工作，及時把握、調整學生社團發展的方向，促進學生社團健康發展，探尋思想政治教育新的載體和實踐途徑，有著深遠的現實意義。

　　（1）黨建工作進社團，保證方向的正確性。一是把握工作方向。要堅持以馬克思主義、中國特色社會主義理論體系為社團的指導思想，把握社團的總體方向。二是健全管理制度。要建立社團黨建工作相關的規章制度，嚴格執行並適時修訂。要將學生社團黨支部工作納入黨的基層組織建設的規範化管理體系，嚴格規範管理。三是完善保障制度。黨委要高度重視黨建工作進社團的工作，要在政策、經費、場所等方面提供支持，對工作要予以指導督促和檢查，要解決在黨建過程中遇到的新問題和新困難。四是構建監督機制。要建立科學有效的監督機制，在黨委領導下對社團黨建工作進行監督考核，及時糾正在社團黨建過程中出現的偏差，

確保社團黨建工作健康發展。

（2）發揮黨員核心作用，保證隊伍的先進性。要發揮黨員核心作用注重「三個結合」。一是將黨組織領導作用與彰顯學生黨員模範作用相結合。社團中的黨員要在黨組織的領導下，積極參與社團的建設，思考社團的發展，解決社團的困難。在推動社團發展的過程中，要體現黨員模範作用。二是將社團骨幹的選拔與入黨考察相結合。選拔社團的骨幹要保證其先進性和代表性，能夠符合黨組織的要求，要將骨幹在社團發揮的作用和骨幹的工作表現作為其入黨考察的條件。三是將學生黨員身分與日常表現相結合。社團的學生黨員骨幹在開展社團一系列工作時的所作所為要與黨員身分相符合。要發揮黨員骨幹的作用，為社團的發展提供堅實的隊伍保障。

（3）建立黨管模式，保證機制的科學性。要整合優勢，在學生社團黨組織的日常管理中，堅持「齊抓共管，條塊結合，分層領導，綜合管理」的原則。一是推行學校黨委宣傳部、學生工作部、團委和社團指導老師「四位一體」的管理模式。二是在學生社團內部試行黨建工作聯席會，交流黨建工作經驗，進行資源共享，加強社團「黨建帶團建」。三是建立三級黨建管理模式，校級層面建立學生社團聯合會黨支部，學院層面建立社團聯合分會黨支部，社團建立黨小組，進行條狀式管理。

二、團委引導，助推社團發展

團委在社團發展的過程中起引導作用，其通過具體的措施，在社團運作方式、活動形式、活動內容、活動質量等方面提供有力支持。社團開展的活動要能夠貼近學生生活，貼近學生實際，貼近學生需求，從而提高學生參與活動的積極性，擴大社團活動的影響面，助推社團蓬勃發展。

（1）團委引導下的「三化」工作，推動了社團運行。一是制度化建設。要加強社團在審核成立、過程運行、效果監督等方面的制度，建立規範的社團審批制度，完善社團運行的監督制度，引入社團的競爭淘汰機制。二是社會化運作。團委引導社團與國內相關公益基金會聯繫，爭取社會項目，豐富社團活動，解決社團經費問題。在運行過程中，團委要嚴格把關，防止不利因素的侵蝕，要在社會化運作的過程中，提升活動質量，打造活動品牌。三是信息化探索。社團可以利用社團網站、微博、QQ等平臺開展各項社團活動，創新社團的活動載體，積極占領網絡陣地，促進社團活動向縱深開展。

（2）團委引導下的幹部隊伍建設，保證了社團穩定。一是選拔制度。選拔社團學生幹部採取公選與推薦相結合的方式。要召開社團會員大會，採取公選形式推選負責人，同時也可由黨、團組織推薦社團負責人。二是培養制度。要將社團幹部納入學校團學幹部培養的總體規劃，統籌考慮。要採取理論與實踐相結合、集中培訓與日常指導並舉的方式，利用校、院兩級團校和社團工作對社團幹部進行培訓。三是考核監督制度。要採取期末考評與平時考察相結合、社團總體發展狀

況與單項活動效果相結合的考核方式對社團幹部進行考核，表彰優秀社團幹部和單項活動組織者。

（3）團委引導下的教師指導制度，提高了社團層次。一是指導形式。要按照一個社團一名指導教師的基本要求，規定教師對社團指導時間的量化標準，通過理論講解與實踐指導相結合的形式進行指導。二是指導內容。要指導社團將活動開展與文化建設相結合、活動內容與技能培養相結合、活動的主題與時代背景相結合。重點要在社團制度設計、活動策劃組織、社團整體規劃方面進行充分指導。三是制度保障。要制定教師指導社團的相關規章制度，明確教師在指導社團時的權利和義務，將社團指導的時間與課時量認定掛勾、指導社團的成績與職稱評定相聯繫。要爭取學校黨政以及相關部門的支持，讓其在指導經費方面予以保障。

三、分類指導，提升社團水平

高校學生社團種類繁多，有著相同的活動主旨、內容和形式。如果進行「大而全」的籠統指導，會造成指導缺乏針對性、社團缺乏特色、活動缺乏吸引力、學生缺少積極性、社團陣地教育缺乏實效性。因此，要將社團分類進行指導，分別制定不同種類社團的發展方針、發展模式和實現路徑。例如，學校要積極引導政治理論類學生社團，努力建設文化藝術類學生社團，大力扶持科技實踐類學生社團，積極倡導公益服務類學生社團。

（1）積極引導政治理論類學生社團，將社團活動與理論學習研究相結合。如利用大學生科學實踐發展觀研究會、熱風社等社團平臺，結合政治、法學等專業的學習要求，開展中國特色社會主義理論體系的學習。可以通過創辦報刊、撰寫論文、時事專題學習、學術交流等社團活動增進學生對黨的感情認識，讓黨的理論思想「進生活、進頭腦」。

（2）努力建設文化藝術類學生社團，將社團活動與文化藝術展示相結合。一方面，要通過社團開展舞蹈歌唱、詩歌朗誦、書法美術、棋類樂器等比賽，搭建人人參與的群眾藝術展示平臺，提高學生的藝術修養，展現學生的青春風采，豐富學生的文化生活。另一方面，要選拔培訓較高水平的文化藝術項目參與省級和全國各類大學生文化藝術競賽和展演，提供社團活動精品展示的途徑，展示學校的校園文化建設水平和育人成果。

（3）大力扶持科技實踐類學生社團，將社團活動與科技創新競賽相結合。一是結合專業開展各類專業技能活動，如開展家電維修、標本製作等活動，將第一課堂的理論學習與第二課堂的技能培訓相結合，培養學生的動手操作能力。二是開展各類科技創新競賽，如開展智能汽車、電子設計等競賽，營造良好科技氛圍。要通過社團活動積極培育科技項目，組織選拔水平較高的項目參加「挑戰杯」科技競賽，展示學校學生科研創新水平和學校創新教育成果。三是開展社會調查活動，如深入村鎮、企事業、機關單位開展社會調查，為學生科研項目提供原始素材，讓學生在社會調查中瞭解社會、受到教育、增長才干、得到鍛煉。

（4）積極倡導公益服務類學生社團，將社團活動與志願服務活動相結合。一方面，要通過公益類社團開展校內志願服務活動，如愛心社開展關心經濟困難的學生的活動、義務清掃校園環境的活動。另一方面，要積極引導社團與社會機構和公益基金會進行聯繫，引入社會基金開展志願服務活動要組織和引導社團參與志願活動，創新社團活動運作方式，延伸共青團的工作手臂，促進共青團工作在社團陣地內的縱深發展。

四、課程輔導，規範社團活動

高校學生社團存在組織形式的自發性，活動方式的松散性，活動內容的局限性，以及發展水平的不平衡性等特點，這些特點嚴重束縛了社團的發展，制約了活動的效果，增加了管理的難度。因此，引入社團活動課程化建設，可以規範社團的活動，增強社團的活力，為社團的發展提供新的途徑。學校應依據社團的分類和活動內容，按照一個社團一門課程的原則，創建社團活動課程，圍繞課程管理機制的規範、模塊的設計、課程信息系統的建立等方面進行社團活動課程化建設。

（1）規範課程管理機制。一是建立「學校領導小組、學院領導小組、班級考核小組」的三級領導體制。學校領導小組負責總體方案的制定、修改和考核；各學院建立領導小組，負責學院專業類社團活動課程的設置、教學活動計劃的制定與修改，組織活動課程實施；各班建立由團支委和學生代表組成的考核小組，負責社團活動課程的考核認定工作。二是建立「學校指導委員會、學院指導委員會、指導教師」的三級指導體制。學校和學院建立社團活動課程指導委員會，負責活動課程的設置、計劃及考核標準的制定，對實施過程進行督促指導；指導教師負責學生社團的指導。三是建立「學校社團聯合會、學院社團聯合會、學生社團」三級社團組織管理體制。校學生社團聯合會負責校級學生社團的管理和對學院學生社團聯合會的指導；學院學生社團聯合會負責學院學生社團的管理。

（2）設計課程運行模塊。一是設計多樣化的通識類活動課程，如「社會調查」「志願服務」「組織管理」「名著選讀」等人人參與的活動課程，以提高學生的思想政治素養、人文素養，增強學生的社會責任感和適應能力。二是設計一組「文化體育類、科技創新類、實用技能類」三大類別的綜合選修活動課程，提高學生的藝術素養、審美情趣和實踐能力。三是根據專業特點和學生的個性發展設計與學生專業學習緊密相關的專業類社團活動課程，提高學生的創新科研能力和核心競爭力。

（3）建立課程信息系統。一方面，要實現網上選課，充分利用已有的教學管理系統，將課程信息在教學管理系統中公布，要求學生每學期開學通過教學管理系統進行社團活動課程的選課。另一方面，要實現網上成績記載。每學期期末，指導教師可進入教師帳戶，將學生成績錄入系統，然後管理機構進入管理後臺導出成績數據，記入學生學籍檔案。

參考文獻：

［1］李同果.高校第二課堂活動課程體系探討［J］.教育評論，2009（2）.

［2］張科.大學生社團活動課程建設探微［J］.學校黨建與思想教育，2010（6）.

［3］彭巧胤.高校校園文化活動課程化的探索與實踐［J］.教育科研，2010（32）.

［4］曹瑞明.學校黨建工作進社團的若干思考［J］.學校黨建與思想教育，2010（3）.

［5］李美會，劉妍君.黨建工作進社團理論與實踐思考［J］.中國電力教育，2010（12）.

［6］張志華.高校思想政治工作進社團探析［J］.江蘇高教，2005（4）.

歷奇為本輔導進入高校素質拓展課堂的探索與實踐

曲玲玲　匡　敏

摘要：隨著國家和社會對高校大學生素質訓練要求的提高，各高校也開始注重對學生品質和耐受力的訓練。但是，長期以知識傳輸為主的教學方式，能在短時間內集中培養、培訓出可以融入社會的擁有綜合職業行為能力和全面素質的人才，故將歷奇為本輔導方式引入高校素質拓展課堂十分必要。本文從歷奇為本輔導的概念入手，對其進入高校素質拓展課堂的必要性進行了分析，並結合歷奇為本輔導的主要創新點，最終提出了歷奇為本輔導進入高校素質拓展課堂的實踐目標。

關鍵詞：歷奇；歷奇為本輔導；素質拓展；高校；實踐

實施素質教育是中國教育改革的根本目的。以往只重分數不重能力的應試教育，導致很多被稱為天之驕子的大學生在踏入社會後適應能力及再學習能力極差，他們在社會競爭中屢屢碰壁，綜合素質令人擔憂。根據中共中央國務院《關於深化教育改革，全面推進素質教育的決定》，眾多高校開始緊鑼密鼓地貫徹落實加大教育改革的力度，通過一系列的課堂教育、教學改革，採取多種形式就培養兼具人文精神和科學精神的人才達成了共識，在教育、教學實踐中取得了很好的成績。然而，目前高校在探索素質拓展課堂正確打開方式的實踐方面還有很多不足，需要開拓高校素質拓展教育的新形式，而歷奇為本輔導恰恰彌補了這一不足。[①]

一、「歷奇」與「歷奇為本輔導」

歷奇是從英文「Adventure」翻譯而來的，有「冒險、探險」等初級含義。簡單來說，「歷奇」就是指一個人離開個人的安全舒適區，進入不肯定、不可知、不能預測的環境，經歷一些具有一定技巧難度而且陌生、新鮮、具有挑戰性、與日常生活方式不同的活動的過程。歷奇教育理念在20世紀30年代由英國教育學者

---

① 盛潔. 在高校第二課堂中實施「大學生素質拓展計劃」的探究［J］. 高等函授教育（哲學社會科學版），2009（7）.

Kurt Hahn 創建並付諸教學實踐，20世紀60年代進入美國。歷奇教育從最先的教育領域不斷擴展到其他領域，包括醫院的精神醫療部門、心理康復中心、犯罪矯治機構、企業團體、非營利組織、社區服務、休閒產業等。20世紀末，歷奇教育進入中國，主要運用於企業培訓、員工素質提升、團隊精神培養等方面。目前臺灣的師範大學、屏東大學，香港的科技大學、浸會大學等高校都開設了歷奇教育課程。內地超過百座城市中的黨校、團校、共青團組織和各種企事業單位，都在廣泛地運用歷奇教育的理念。但是，在高校系統地開設歷奇教育課程，尚處於探索階段①。

歷奇為本輔導簡稱歷奇輔導，是美國歷奇計劃延續德國教育家漢恩的外展訓練精神創立的專有模式，其主要通過體能和心靈的挑戰，激發學生的內在潛能，並通過妥善的設計活動經驗，建立學生的自信，樹立學生更正向的自我形象。課程包含了一系列創新的過程，包括熱身、建立信任活動、問題分析與秘訣探討等。歷奇教育的目標有兩個，一是我們視參與者為一個團體，共同學習如何更有創造性及更有效地解決問題；二是個人和團隊是一體的，必須共同突破層層障礙以達成一致認同的目標②。

二、歷奇為本輔導進入高校素質拓展課堂的必要性分析

隨著國家和社會對高校大學生素質訓練要求的提高，各高校也開始注重對學生品質和耐受力的訓練。但是，能在短時間內集中培養培訓出可以融入社會的擁有綜合職業行為能力和全面素質的人才的教學少之又少，故將歷奇為本輔導方式引入高校素質拓展課堂十分必要。

（一）有深度的課堂設計使有效性增強

「歷奇為本輔導」強調的是通過合理、有趣的課堂設計，讓教師對學生進行適時的引導。學生最終素質的提高及感悟的獲得都是通過自己的體驗和內化昇華來實現的。和傳統的僅僅是實現書面教學目標的課堂教學相比，歷奇為本輔導是具有一定專題性，有一定深度，同時也關注有效性的輔導方式。例如，歷奇為本輔導的進階練習大致分為六個階段，即「個人品質訓練→破冰熱身強化相識→合作意識覺醒→團隊信任活動→合作學習激趣經歷→綜合素質提升」。每一個專題和下一專題之間都是循序漸進的，每一個階段的每一次活動的目的性都極強，參與度較高。特別是每次活動結束之後，由教師引領的分享都會將專題的主旨昇華，引發參與者的思考，達到一定的高度。其有效性比照一般教育教學，相當可觀。例如，在團隊信任活動中，我們通常會設置「信任背摔」等環節。「信任背摔」是指指定一名同學閉上眼睛從高處向後仰，其餘的隊友（十人左右）進行保護，合力接住向後仰的同學。這是典型的和「信任」有高度關聯的深度教學活動。很多同

---

① 李麗，李燕，莊丹，等.歷奇教育進入高校課堂的實踐與思考［J］.廣東青年幹部學報，2010（4）.
② 李麗，李燕，莊丹，等.歷奇教育進入高校課堂的實踐與思考［J］.廣東青年幹部學報，2010（4）.

學都在活動結束後的分享中稱，由於從高處向下落，第一次有了自己的命運不是由自己主宰而是交在別人手裡的那種忐忑，但是，當完全信任了自己的隊友並且完成了挑戰之後，那種放鬆和勝利的愉悅更能夠讓自己回味良久，而這些都是語言教學所不能完成的。這種讓學生通過親身參與獲取知識的活動方式，導師都有精心策劃。每一次歷奇為本輔導都具有一個有深度的專題，大家圍繞這個專題，將外在經驗、內心體驗、學習歷程與生命成長緊密結合，有效性極高。①

（二）有厚度的課外拓展使專業性提高

國際流行的歷奇為本輔導理念自1997年開始首先在沿海發達地區進行傳播，逐步在本土化實踐的過程中形成一種培訓的新模式、教育的新方法和教育的新理念。其不等同於戶外拓展訓練的簡單過程，而是保持了一貫的專業性。中國內地歷奇輔導的先驅、廣東青年幹部學院培訓處處長楊成認為，歷奇活動可以從活動應用、工作者介入程度及帶來的不同功效方面劃分為不同的種類，包括歷奇康樂、歷奇訓練、歷奇教育、歷奇輔導、歷奇治療，具體如圖1② 所示：

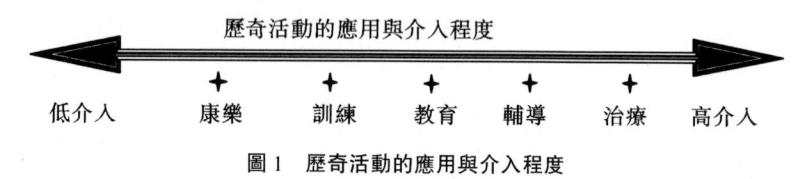

歷奇活動的應用與介入程度

低介入　　康樂　　訓練　　教育　　輔導　　治療　　高介入

圖1　歷奇活動的應用與介入程度

如圖1所示，歷奇為本輔導作為一系列歷奇活動中的一項，是一個從低介入到高介入的過程，有專業的理念做指導。除歷奇治療外，高校中的歷奇為本輔導會依次經歷康樂階段、訓練階段、教育階段，直至輔導。歷奇為本輔導作為歷奇活動的中高級階段，需要專業的導師才能夠完成和進行。其課外的拓展也是極具厚度的。舉例來說，「飛渡V型橋」是歷奇為本輔導常用的課外拓展活動之一，即由兩名同學雙手相握，虎口緊扣，分別走在離地面有一定距離的兩根繩子上，而且這兩根繩子由窄變寬呈「V」字形。在這個活動中，需要兩名同學默契配合，同時，相互的鼓勵和堅持也很重要。該活動既具有趣味性，也有一定的挑戰性，同時對學員的體能、團隊協作、危機處理等的鍛煉都有所涉獵。歷奇為本輔導的每一個細節都是經過深思熟慮的，以期讓學生在經歷、體驗、成長的模式中，體驗挑戰，獲得成長的契機。

（三）有目的的團隊共建促進學生成長

中國經典教育名著《學記》中有載「獨學而無友，則孤陋而寡聞」，強調的是學習者在學習過程中的合作。傳統的教學方式更多的是講求個人的學習能力，而歷奇為本輔導中常用的教育方式——合作學習則有效地彌補了這一不足。歷奇輔導的主旨是通過團隊活動和團隊建設來達到讓學生體驗和成長的目的。團隊共建

---

① 楊成. 歷奇教育［M］. 廣州：廣東人民出版社，2007.
② 楊成. 歷奇教育［M］. 廣州：廣東人民出版社，2007.

也是有底線的，即既要建立一個團結、共贏的團隊，同時團隊成員相互之間又要有自己的個性特徵和相處方式；既要相互信任，又要相互尊重；要參與共建，但參與的基礎不是命令與服從，而是平等和認同；參與不只是行動上的呼應，更重要的是思維上的同步和情感上的共鳴。歷奇為本輔導的課堂是民主和寬容的，學生在組成團隊之後，為了維護團隊的榮譽，積極、主動、全身心地介入教學的每一個環節，有理有節，也秉承著一定的理念和尺度，不逾矩、不跨界。歷奇為本輔導促進了教學及學生素質的發展，是有力提升學生素質的好方法。

三、歷奇為本輔導進入高校素質拓展課堂的主要創新點

教育創新的根本是教育理念的創新，教育理念創新的表現就是教學方法的創新與運用。現實中我們發現，一旦運用新的教學法，就會出現新的教學效果。筆者作為踐行者，首先將此教學模式在高校全校性的通識選修課程中實施（現已進行了兩個學期的教學，效果顯著）。開設課程的名稱即為「歷奇輔導與訓練」，其屬於嵌入性課程，針對的範圍是全校有興趣選修此門課程的學生（每學期有來自全校12個學院33個專業的70名學生參與）。筆者對這些學生進行了有針對性的訓練，擬經實踐檢驗後再將此教學模式廣泛應用到其他領域。在實踐過程中，主要的創新點也很明顯。

（一）四維激趣，共生共贏

歷奇為本輔導顛覆傳統開篇上課模式，按照「個人、團隊共生共贏」的理念循序漸進地讓學生自發解決問題，共同體驗成長。在分享中，由教師引導，將知識內化給學生。要讓學生突破以往的舒適區，進行更多的挑戰和多方面的訓練。然而，這也是個看似簡單實際卻很難操作的複雜過程。讓學生自覺自願地離開舒適區，光靠教師的力量只能完成四分之一。要將情感激趣、游戲激趣、情景激趣、分享激趣這四個方面有機地結合在一起，用真情實感去感染、吸引受教者，引起共鳴。這種以情傳情的教學方式能幫助學生深入淺出地感受到舒適區以外來自挑戰區的成功的愉悅。

（二）內行外效，挑戰自我

歷奇為本輔導的課程不僅只在室內開展，其還有一定的戶外課程，一改往昔室內教學的單調，同時充分調動了學生積極性，有效利用了資源，在學生興趣的挖掘和個性的體驗方面達到了不一樣的教學效果。歷奇為本輔導課程中，學生會接受來自外界各方面的挑戰（學生可能要和陌生人擁抱、在20分鐘內找到做活動用的紙杯等），同時在挑戰過程中可能還要面臨內心的糾結，如第一次為了完成任務和陌生的異性進行接觸，第一次完成高空挑戰等。學生內有心事，外有任務，兼顧，於是只能絞盡腦汁，活學活用，在經歷中體驗成長，在合作進行學習，打造團隊和更好的自己。這也正是歷奇為本輔導的魅力所在。

四、歷奇為本輔導進入高校素質拓展課堂的實踐目標

針對高校素質拓展課堂的培養目標，歷奇為本輔導在介入實踐中應該達成以下幾個目標：

（一）構建「以學生多元智能經歷培養為目標」的教學理念

「大學生素質拓展計劃」是共青團中央、教育部、全國學聯聯合發起的，可以看出，實現大學生綜合素質的培養目標已經迫在眉睫。以前為了考試、為了升學的應試教育，讓很多大學生的應對能力、交際能力、溝通能力、思維能力都有所缺失。第一課堂並不能完美實現對學生的培養目標，於是要借助高校素質拓展課堂來進行。這樣，既提高了效率，也增進了陌生系別同學之間的聯繫。有很多學生是封閉的，不愛和別人交流，而在歷奇為本輔導中，這個問題迎刃而解。以歷奇輔導的程序體驗流程，所見、所聞、所思、所想完全是從學生的角度出發，如何對話、如何進行邏輯分析以及如何解決都是學生自主自發進行的，無所謂對錯。通過共同任務的完成，學生面對挫折的能力、解決問題的能力、團隊協作的能力等都有所提升。一個好的歷奇為本輔導，對於不同能力的人的培養都是結合在一起、相互融合的，既有語言、邏輯、空間感，也有身體動能、人際關係、存在感等的培養。歷奇為本輔導讓學生在活動中發掘、觀察、欣賞、反省及應用他們從單元到多元的智能經歷，利用歷奇為本的教學理念，更好地將經驗運用到今後的社會生活中。

（二）形成以「從生存中學會生存」的審辨性思維能力為特色的教學方法

高素質的歷奇輔導都是由心開始的，其以綜合促進學生全面素質發展為出發點，以學生主動參與為立足點，以小組項目操作效度為衡量點，以團隊學習的多維互動為總績點。參加者在小組活動中奉獻多元智能，相互欣賞、學習，學會與人相處，並且學會怎樣在日常生活中發揮團隊精神及進行創新。這種「從生存中學會生存」的課程引導方式能夠讓學生更加直觀地感受到心路的變化。比如「創路雄心」活動，該活動針對大一的學生，要求他們寫一封信給一年後的自己，並且封起來，一年之後再打開。一年後，學生很明顯地感覺到自己的變化。同時，學生也能在有關活動中鍛煉自己的審辨性思維方式。在新世紀大學生的觀念中，不是「你教了我什麼，就是什麼」，而是「我需要知道什麼是對的，什麼是錯的」「即使大多數人認為是對的，我也要自己分辨清楚為什麼它是對的，而不是錯誤的」。這個能力對大學生來講至關重要。試想一個逐漸走向成熟的成年大學生在學習甚至工作後仍然人云亦云，這是非常可悲的。歷奇為本輔導中的「月球歷險」「你我的最後一天」等活動，就針對大學生的審辨式思維能力的培養進行了一系列探索。個人、團體通過在危險情境中的選擇，彼此之間的摩擦和不一致性便體現出來了。歷奇為本輔導突破了正規的學校教育，彼此進行了引導。我們在實踐中開展了多次「愛與感動」活動，讓學生寫下十個和自己最親近的人，然後一個一個劃去，最後只留下一個人。每一次活動都有學生淚流滿面或無語凝噎。「在生存

中學會生存」「在體驗中經歷成長」「在自我整合中建立自信」，這些無不讓我們感受到審辨性思維帶給學生們的高峰體驗。以此為基礎的教學方法科學合理，符合當下高素質人才培養方式和途徑的選擇。該教學方法對教師的要求較高，要求教師既要有高水平的活動設計能力，也要有臨場應變能力及體驗反思的引導能力。在做法上，高校教師可以先在選修課中採用此教學方法，再逐步推廣進行全校性的素質拓展教學，通過全校人才培養模式的改革和創新來進一步推進教育教學改革，規範教學管理，提高教學質量和整體辦學水平。

參考文獻：

［1］楊成. 中國歷奇教育的發展軌跡及思考［J］. 廣東青年幹部學院學報，2008（4）.

［2］梁娟. 大學新生教育中的新方法：「歷奇輔導」的校本研究［J］. 中國電力教育，2008（18）.

［3］劉有權. 歷奇為本輔導的理念及反思［J］. 廣東青年幹部學院學報，2007（4）.

高師院校學生社會實踐現狀分析與對策研究

彭巧胤

摘要：大學生社會實踐是培養新世紀合格人才的重要教育環節，是高等學校全面貫徹黨的教育方針，引導學生走出校門，讓其在實踐中成長成才的一種重要形式。高師院校學生的社會實踐是經過長期發展的實踐，取得了顯著的育人效益和社會效益，但也存在不少問題。本文就高師院校大學生社會實踐發展的基本走向、存在的五類主要問題以及採用的對策提出了自己的看法，以供參考。

關鍵詞：高師院校；社會實踐；現狀與思考

大學生社會實踐是培養新世紀合格人才的重要教育環節，是高等學校全面貫徹黨的教育方針，引導學生走出校門，讓其在實踐中成長成才的一種重要形式。自20世紀80年代初期以來，經過多年的探索與發展，大學生社會實踐活動正逐步走向制度化、規範化和科學化，尤其是高師院校的大學生社會實踐更是取得了長足的進步。但是，面對新形勢、新任務、新情況、新變化，高師院校的大學生社會實踐還存在薄弱環節。分析和研究目前高師院校大學生社會實踐活動中存在的主要問題，建立社會實踐長效機制，保證其廣泛、深入、持久地開展下去，發揮其應有的綜合功效是十分必要的。

一、20世紀80年代初期以來高師院校社會實踐的基本特點

自中國改革開放以來，大學生社會實踐活動的興起與發展經歷了一個由自發到自覺、由零散到集中、由單一到全面、由小規模到大規模的發展過程，高師院校的社會實踐也隨著全國大學生社會實踐的發展而不斷發展成熟。

（一）在活動內容上，注重學生師範技能的培養

高師院校的教育任務是培養基礎教育工作者，學生的師範技能的培養、綜合素質的發展程度直接影響到國家基礎教育的人才培養質量。當前高師院校的社會實踐活動在內容上注重培養學生的師範技能——從最初的社會調查、家教服務，發展到山區支教、現代化教育技術培養和義務畫像培訓等。這些社會實踐活動強調學生綜合素質的提高，注重與師範技能培訓的結合，為基礎教育輸送了大量具有實踐能力、綜合素質的師資人才。

(二) 在管理體制上，重視人才發展的需求性

根據社會發展對人才提出的新的要求，高師院校通過將社會實踐情況記入大學生素質拓展證書，並實現社會實踐學分制、社會實踐課程化等，努力將社會實踐長期有效地開展下去。近年來，高師院校社會實踐努力探索建立社會實踐與專業學習、服務社會、勤工助學、擇業就業、創新創業相結合的管理體制，更加重視人才發展的需求性。

(三) 在組織模式上，強調學生參與的普及性

高師院校由於本身的特殊性，必須從「精英實踐」向「大眾實踐」轉變，讓更多的師範院校大學生參與其中，真正達到「受教育、長才干、做貢獻」的目的。目前，社會實踐的組織模式已經基本形成了「大眾實踐」的局面。社會實踐不是黨員、學生幹部等少數人參與的活動，而是對每個人都提出了基本實踐要求的活動。其被納入課程建設的重要部分，這點在很大程度上讓大學生社會實踐向前邁了一大步。

二、高師院校社會實踐發展中存在的主要問題

經過研究分析，可知目前高師院校社會實踐發展中主要存在以下五類問題：

(一) 強調活動的開展過程，缺乏概念的統一意識

多年來，學校一直注重強調社會實踐活動的開展過程，卻忽視了最基本的概念意識的教育。目前，絕大多數大學生定義的「社會實踐」僅局限於寒暑假的「三下鄉」活動及青年志願者服務，少數人能將教學實習、勤工助學包含其中。但真正意義上的大學生社會實踐，是指青年學生按照學校培養目標的要求，有計劃、有組織地參與社會政治、經濟、文化生活活動。這包含了大學生在校期間參與的一切非課堂活動。正因為學生沒有統一對「社會實踐」基本概念的定義，大學生社會實踐實施的有效性和長效性無法得到保證。

(二) 注重活動的短期效益，缺乏健全的管理機制

目前，高師院校實踐活動的短期行為較多，有的地方還只是將實踐活動作為一種臨時性、任務性的活動來抓，沒有健全的長效管理機制，沒有受到當地政府特別是居民的熱烈歡迎和擁護。有些活動甚至停留在表面，沒有深入，沒有持久，僅僅為了完成任務而存在。這種活動雖然有數量、有宣傳，但沒有質量，甚至沒有得到地方政府及地方群眾的真正認可，距社會實踐的真正意義的深入和普及還有很大的距離。

(三) 強調活動的部署與開展，缺乏有力的經費保障

社會實踐從提出到現在，活動的形式和內容已經有了很大的拓展，也取得了一定的育人效益和社會效益。但是，高師院校的社會實踐還嚴重缺乏穩定的物質依託。由於師範院校專業的限制，大多數學校和院系不具備開發創新技術自籌經費的能力，使得財政收入中劃撥給社會實踐的活動經費非常有限。隨著物價的上漲、參與人員的增加、活動內容的日趨豐富，經費開支顯得格外緊張。學校往往

採取縮短實踐時間和實踐距離等方式，千方百計地節約開支。由此可見，社會實踐未能得到有效的經費保障。

（四）鼓勵學生的大眾實踐，缺乏師生的合作參與

社會實踐是涉及學校和社會方方面面的系統工程，工作繁雜，任務艱鉅。如此龐大的系統工程，靠一個部門、幾個教師是遠遠不夠的。特別是大學生閱歷淺、經驗少，對活動的任務、目的、對象、步驟、方法等缺乏周密的考慮。同時，學生人際交往能力還不強，遇到一些問題和困難不能及時有效地進行處理，因而其參加社會實踐活動顯得盲目，沒有頭緒，這勢必影響實踐的效果。另外，參與社會實踐活動的對象往往是知識閱歷比大學生更豐富的幹部和群眾，學生在沒有專業指導教師進行指導和缺少實踐經驗的情況下，往往會出現事倍功半的情況。因此，教師的現場指導必不可少，只有師生進行合作，才能達成社會實踐的真正目標。

（五）重視形式的開拓創新，缺乏長效的基地建設

目前，高師院校已經將社會實踐的重點放在活動本身的內容和形式的開拓創新上，但是高師院校基地建設卻非常薄弱，各高校均未完全建立長久的社會實踐基地，經常出現「打一槍，換一個地方」的情況，實踐得不到切實的保證。即使是建立了基地的學校，有些也是將實習基地、校園周邊的社區、周邊的中小學概括在內，這使得基地建設成了一句空口號，有了數據卻沒有實質性的內容，呈現出實踐短期效應。

三、推進社會實踐發展的思路與對策

針對高師院校社會實踐存在的主要問題，本文提出以下對策：

（一）建立周密嚴謹的領導管理機制

要通過加強校地合作，建立橫向的領導體制，實現組織機制社會化；實行三級管理，建立縱向的組織機制，實現組織機制網絡化；建立三支隊伍（包括學校指導教師骨幹隊伍、校外指導教師骨幹隊伍、學生骨幹隊伍），建立交錯的指導機制，實現活動內容高層次化。只有建立這樣一體化的組織機制，才能有效確保活動內容的高層次化。

（二）建立多元化的經費保障機制

高師院校必須拓寬資金渠道，建立多元化的經費長效投入保障機制。學校可以通過招標洽談、簽訂合同等方式確定活動項目和利益分配，形成「雙向受益、互惠互利」的運作機制，更好地調動學校和地方的積極性，推動社會實踐和經濟建設機制相結合，實現以學校投入為主的向學校、學生、社會共同投入的轉變。

（三）建立「教、學、練」師生協作的參與機制

把大學生社會實踐與教師社會實踐相結合，是社會實踐發展的必然趨勢。要鼓勵專業教師參與、指導大學生社會實踐，這對師範院校學生提高專業技術水平、加強師範技能、樹立職業道德有著重要的作用；要鼓勵黨政幹部、團幹部、思政

課教師、輔導員、班主任參加大學生社會實踐，這也有利於他們瞭解掌握學生思想動態，更好地開展政治思想教育工作。教師在非課堂的其他場所與學生的溝通和交流要明顯好於課堂，故教師通過實踐的方式將課本知識、人生經驗傳授給學生，更有利於學生的全面發展。學生在與教師的共同實踐過程中，與教師之間建立了較強的信任感，更能接受、理解教學方式和學校管理。只有將社會實踐課程化、制度化、規範化，才能將教師與學生在社會實踐中的作用充分發揮，也才能對高師院校學生社會實踐的全面發展起到重要作用。

（四）建立「產、學、研」結合實踐的一體化機制

我們應該開拓一些地域寬廣、利於社會發展需要的長期性的實踐基地，例如在邊遠山區建立長期基礎教育培訓基地、自主建立長期愛心幫扶團隊等。要建立多種形式的社會實踐基地，力爭每個學校、每個院系、每個專業都有相對固定的基地。學校應盡可能多地把社會資源吸引到大學生社會實踐中來，建立固定的具有融教學、科研、生產、育人於一體的綜合功能的社會實踐基地。基地建設要有長遠的活動計劃，確保學生實踐活動持續、穩定、健康地發展。

高師院校學生社會實踐需要建立與專業學習、服務社會、勤工助學、創新創業相結合的社會實踐長效機制。要在完善組織機構的基礎上，改變社會實踐投入缺乏問題，打通高師院校與社會聯繫的渠道，建立一種直接、便捷、穩固的協作，加大組織、協調、指導力度，從而在拓展社會實踐形式內容的渠道中，滿足不同層次、不同學生的需要和社會需求，更好地服務師生，更有效地造福社會。

參考文獻：

[1] 王小雲，王輝. 大學生社會實踐概論 [M]. 北京：中國經濟出版社，2005.

[2] 劉東方. 師範院校的大學生社會實踐活動應突出「師範性」[J]. 聊城師範學院學報（哲學社會科學版），2001（4）.

[3] 李同果. 論大學生社會實踐長效機制的建立 [J]. 教育評論，2005（5）.

高校學生社團活動課程化影響及其對策研究

彭巧胤

摘要：高校學生社團活動課程化已經成為高校人才培養的重要途徑。目前，高校學生社團活動課程化在促進高校事業發展的同時，也束縛了社團的縱深發展。為此，本文提出通過改革學生社團組織結構、處理課程和活動關係、定位教師和學生的角色、建立多元的社團評價體系等措施，更加科學地實施學生社團活動課程化。

關鍵詞：高校學生社團；活動課程化；影響及對策

高校學生社團是由共同興趣愛好或者特長的學生組成，在學校黨委的領導下，在黨委宣傳部或者學生工作部備案，由學校團委統一管理，按照章程實施的學生群眾團體組織。高校學生社團是貫徹落實學校育人方略、豐富和提升校園文化品質、提高學生創新和實踐能力等綜合素質、推動公民社會發展的重要陣地。

一、學生社團活動課程化

1. 社團活動課程化的時代背景

中共中央、國務院發布的《關於進一步加強和改進大學生思想政治教育的意見》明確提出「要加強對大學生社團的領導和管理，幫助大學生社團選聘指導教師，支持和引導大學生社團自主開展活動」。教育部、共青團中央發布的《關於加強和改進大學生社團工作的意見》指出要「積極支持學生社團活動，大力促進學生社團發展，切實加強對學生社團的管理，引導學生社團健康發展」。近年來，高校學生社團蓬勃發展，社團在類型上更加豐富多樣，在功能上更加完善，在組織結構上更加科學，在活動影響上更加深遠，但是由於政策、環境、定位等諸多因素的影響，高校學生社團指導性加強但科學化水平不高，缺乏動力；學生社團活動豐富但過於頻繁且雜亂無章，缺乏吸引力；學生社團活躍但娛樂性過大使得內涵缺失，育人功能不強；學生社團對高校的發展和學生的成長意義重大，但是其價值何在仍缺乏統一評價標準。

2. 社團活動課程化的含義

社團活動課程化是基於第二課堂活動課程化理念提出的，將一切有利於學生成長的社團活動視為課程，科學地設計其活動目標、活動形式、活動內容，並通

過網絡等現代信息手段記載，最終體現為學生學分的社團活動的一種科學運作模式。其本質就是用課程的理念對活動項目進行規劃、實施、管理和考核評價，其已成為高校育人體系不可分割的一部分。

二、社團活動課程化的影響

1. 促進高校育人事業發展

（1）提高了高校思想政治工作科學化水平。

高校學生社團活動是新形勢下有效凝聚學生、開展思想政治教育的重要組織動員方式。社團活動課程化不僅充分體現了「堅持以人為本，全面推進素質教育」的高校思想政治教育理念，更是實現大學生全面發展目標的一個有力的舉措，並且充分發揮了學生自我教育、自我管理、自我服務的積極性。社團活動課程化是學校主動介入社團的育人環節，大力推動了社團的發展，堅持建設和管理並重，既有積極扶持，又有規範運作，在機制的建設上促進了社團的健康可持續發展。社團活動課程化作為高校人才培養整體方案中的一部分，可以在學校的整體設計和構想中直接準確體現育人的理念和特色，營造積極活躍的校園文化，加強和改進大學生思想政治教育的有效性和針對性。社團活動課程化促進了社團的長足發展，是以班級、年級為主開展學生思想政治教育的重要補充，豐富了思想政治教育陣地。

（2）為學生提供了最優化的成長環境。

高校社團活動課程化是新形勢下配置優質資源、開展思想政治教育的具體形式。學校頂層的主動介入勢必集中全校的智力優勢和財力資本，來進行社團的建設和管理。科學的設計保證了社團良好、健康的發展，勢必給學生的成長指明正確的道路和方向；強大的財力支持，讓社團不再捉襟見肘，而是擁有了一片養分充足的沃土，供學生自由生長；人力資本的巨大投入，形成社團活動的專家庫、指導團，引領著時尚、健康、積極的校園文化，營造出體現社會主義特點、時代特徵和學校特色的校園文化，這也使得校園文化育人功能增強，形成了優良的校風、教風和學風。

（3）激勵了學生成人成才的主動性。

高校社團活動課程化是新形勢下以人為本、開展思想政治教育的實際體現。社團活動課程化的培養目標清晰地描繪了學生成長的目標，讓學生的成長願景有完成時間，有完成步驟，具體而詳細。社團活動課程化開放式的設計活動，充分尊重了學生，讓其可以根據自己的興趣愛好和需要，自主、自願地選擇。社團活動課程化培養內容和形式非常靈活，在重複性的技能實踐中有明確的理論指導，讓社團活動清新脫俗。同時，社團活動課程化讓學習更具體，學生學習效果更好，成就感也更強烈。

2. 束縛社團縱深發展

（1）社團活動趨於行政化。

社團活動本身就是學校育人工作系統的一部分，社團活動課程化的實施強化

了學校的支持和干預。社團活動課程化更加貼近學校的育人目標，帶有明顯的行政色彩，而逐漸缺乏自由、自主、自足的元素，體現了目標行政化。組織的行政化是社團活動課程化的必然產物。全面有效地推行活動課程化需要有力的組織保障，於是領導機構、指導隊伍、實施隊伍、監督單位應運而生，設置健全，應有盡有。整個社團就像一套獨立的、完備的政府或者企事業機關的金字塔管理系統，程序化地運作，社團幹部也相應地享受組織賦予的學生幹部的身分和待遇。手段行政化是指在社團活動課程化過程中，學校的行政機關自上而下地發號施令，參與過多、規劃過細，形成單向、剛性、簡單的社團活動方式。對社團管理過度會使社團活力不足、動力缺乏。

（2）社團活動的管理缺位。

學生社團活動課程化是面向全體學生的一項學校系統工程，其實施內涵包括各種制度規定、硬件配套、財力保障以及師資隊伍等方面的執行和落實。理論上的全體學生和實際上的全體學生是有較大差距的，社團活動課程化面向全體學生，實施起來需要不亞於第一課堂的管理體系的人力和物力資本。但實際上，由於教育資源的有限，在第一課堂充分使用過後留給社團的資源往往是不夠的，這就造成了場地、設施、師資的嚴重缺乏。加上主與次的地位差異，凡是兩者有衝突的時候，社團活動要毫無理由地給前者讓路，這也造成社團活動時間保證不足，造成了活動的管理缺位、監管不力、活動混亂。

（3）社團活動的評價單一。

高校學生社團主要分為理論學習型、學術科技型、興趣愛好型、社會公益型四類，其內容豐富，包羅萬象，層次全面，涉及人的道德情感、知識素質、能力水平。必須通過學習體驗、操作實踐、總結內化才能有效地促進學生成人成才，所以不同的社團的存在和表現方式是完全不一樣的。社團活動課程化通過社團活動的效果、成員的認可程度、對校園文化發展的貢獻統一了社團活動評價，用以作為社團之間的評比依據，貌似科學合理，但是用統一的、外顯的評價標準和方式很難在多樣化的社團之間搭建一個平等的平臺。簡單的評比、硬性的指標造成了社團評價的不全面。評價的不對等往往使得社團發展強弱失衡，表現力強的文藝類興趣愛好社團「門庭若市」，而有的安靜類理論學習社團則「慘淡經營」。

三、科學實施學生社團活動課程化

1. 改革學生社團組織結構

隨著高校的改革和社會的發展進步，扁平化組織管理理論愈來愈被現代大學接受。該理論主要是針對目前高校管理層級過多、管理信息的流程長、管理成本高、外部變化適應能力弱等問題而提出的，主要內涵是通過破除組織金字塔結構、減少管理層、增加管理幅度、精簡管理隊伍來建立一種緊湊的橫向組織，達到使組織變得靈活、敏捷、富有柔性和創造性的目的。它強調系統、管理層次的簡化，強調管理幅度的增加與分權。活動課程化過程中的社團管理層級增多、管理隊伍

龐大、信息傳遞不對稱等特點越來越成為其良性發展的制約因素，所以將扁平化管理理論引入社團的組織建設勢在必行。在社團實施扁平化管理，主要是要明確唯一的管理機構，消除多頭管理；精簡機構設置，省去中間可有可無的管理環節；抓好「兩會」，即指導委員會和社團聯合會，建立矩陣管理模式，達到縱橫相濟的目的。實施扁平化管理還要注意管理機構決策的科學性、提高管理層人員的綜合素質、制定穩定而具體的控制標準，這樣才能真正建立扁平化組織管理格局。

2. 處理課程和活動的關係

社團活動課程化主要是強調活動開展的有序性和計劃性，著力解決社團活動隨意、質量不高、成員知識欠缺、能力弱等問題。課程化的實施主要落腳在社團功能定位、科學地計劃活動、有效地培訓成員上。課程化使得社團管理逐步有序，打破了年級和專業限制的壁壘，盡可能地滿足了所有人的需要，將教育公平理念逐步延伸。社團活動正是課程的有效補充，解決了理論和實際聯繫的問題，充分體現了學以致用，讓學生在課堂學到的理論知識有了研習的時間和空間上的保證，是讓知識逐漸轉變成能力的一個有效的環節。社團活動讓社團真正地成為社團，是社團的標誌性特點，不能被替代和改變。要處理好課程和活動的關係，必須正確認識課程和活動的作用和地位，知道兩者各司其職，互為補充，相互促進，呈螺旋式上升態勢。沒有課程的社團僅僅是自娛自樂，而沒有活動的社團就是一潭死水，毫無生氣。社團課程和活動要區別對待、統一規劃、分散實施。不同類型的社團課程和活動的比重設置是不一樣的，但都要圍繞學校的人才培養方案來規劃制定並落實，特別是要考慮課程和活動的可操作性，避免舉行太大規模的課程和活動，從而削弱了社團活動的功能和效果。

3. 定位教師和學生的角色

社團活動課程化實施過程中，指導教師和學生是關鍵因素，他們相互獨立，但又不能分割。社團的教師是指導者、參與者和推動者，其主要作用是通過有效的形式提升社團的層次和學生的能力水平，其在社團活動中除了要擔任顧問以外，還要親自參與活動計劃的制定、課程的策劃、活動的組織，以及社團的發展定位，並且通過調動學生的積極性和主動性來共同推動社團的健康發展。評估社團指導教師的作用不在於其學歷多高、職稱多高、能力多強、是否天天和社團成員在一起、管理學生多嚴格，而是在於其如何以及是否為社團的發展做出了貢獻，特別是與時俱進地隨著社會的發展和學生的需求來提高自己的社團經營水平。由於社團的特殊性和發展性，社團對指導教師的要求較高，所以在選拔和配備指導教師時要堅持不拘一格降人才的理念，堅持「校內外結合、長短期相濟、固定和流動補充」的原則，打造一支水平高、影響力大、充滿活力的教師團隊。學生是社團活動的主體，是受益者、參與者和維護者，其在教師的有效指導下，參與課程和活動，能力素質和知識水平得到提升，激發了主人翁意識，主動參與活動組織、秩序維護、社團未來的謀劃等工作。學生在社團活動課程化過程中，通過體驗和學習，增強了自我認同感，逐步成熟，一部分有潛質的學生甚至通過額外的培訓

指導成為骨幹和社團的核心，協助教師進行簡單的社團指導工作，成為「小老師」，帶動了社團，帶活了社團。

4. 建立多元的社團評價體系

社團活動課程評價是課程實施的重要組成部分，其區別於一般的課程評價，目的是找出社團活動課程實施結果與預定目標之間的差距，調整課程結構，完善活動課程，培養高質量人才。人的「全面發展」的培養目標和人才規格是課程評價的依據。評價目標立足於學生的個性差異，以學生「全面發展和全體發展」為目的，著重以學生的社會適應性、社會認可度、創新精神、創新能力為指標。其內容不僅是對課程本身，而且是對課程實施、學生素質發展狀況、課程組織實施載體等進行的全方位評價。制定科學的、嚴格的、客觀的評價指標體系是課程評價的核心。根據社團活動課程的特點和內涵，其多元的評價體系應該包括目標指標、條件指標、過程評價、效果評價。目標指標是對課程教學大綱進行評價的指標，主要是根據課程教學內容的範圍、深度及結構體系，確定質量要求，其目的在於確定課程需要完成的任務。大綱評價的依據是專業培養目標，即這門課程是否提供了必要的知識，是否有助於學生特殊能力的發展。條件指標是對師資、教材、場地以及設備等硬件條件進行評價的指標，其目的在於考察課程實施是否有必要的條件，以及過程中是否充分利用了這些條件。其中，教師水平在條件評價中尤為重要。根據社團活動的特點以及人才培養的規格，應把評價的側重點放在教師的實踐能力上。教學條件是課程實施的保證，這一評價指標對課程目標的實現具有決定性的作用。過程評價的目的是考核課程管理水平和教師教學水平。在這一評價中，應重視管理水平，既要加強教學文件、教學制度的建設，又要符合教改形勢。教師的授課水平是影響活動課程質量的直接因素，在指標中應占較大的分量。過程評價中，要側重於教師不斷發現問題、改進教學的意識和能力。效果評價是活動課程的總結性評價，它對課程質量進行全面的檢查，主要從學校、社會、學生、社團等幾個緯度來評價。四位一體評價因素的選取側重於課程之間的共性，這些因素基本可以反應課程教學質量的基本特徵。在具體評價某一活動課程時，應根據課程的特點，將上述因素具體化，且合理取捨，從而建立該課程評價的指標體系。

參考文獻：

[1] 王占軍. 高校學生社團運作及功能研究述評 [J]. 江蘇高教，2006 (5).

[2] 董宏志. 扁平化管理理論對中國高校組織結構改革的啟示與借鑑 [J]. 中國電化教育，2012 (11).

[3] 謝相勛. 高校第二課堂活動課程研究 [M]. 成都：四川大學出版社，2012.

國家圖書館出版品預行編目(CIP)資料

經管類人才培養模式改革與實踐 / 楊小川, 彭巧胤 主編. -- 第一版. -- 臺北市：財經錢線文化出版：崧博發行, 2018.12

面； 公分

ISBN 978-957-680-300-0(平裝)

1.人事管理 2.人才

494.3　107019304

書　名：經管類人才培養模式改革與實踐
作　者：楊小川、彭巧胤 主編
發行人：黃振庭
出版者：財經錢線文化事業有限公司
發行者：崧博出版事業有限公司
E-mail：sonbookservice@gmail.com
粉絲頁　　　　　　　網　址：
地　址：台北市中正區延平南路六十一號五樓一室
8F.-815, No.61, Sec. 1, Chongqing S. Rd., Zhongzheng Dist., Taipei City 100, Taiwan (R.O.C.)
電　話：(02)2370-3310　傳　真：(02) 2370-3210
總經銷：紅螞蟻圖書有限公司
地　址：台北市內湖區舊宗路二段 121 巷 19 號
電　話：02-2795-3656　傳真：02-2795-4100　網址：
印　刷：京峯彩色印刷有限公司（京峰數位）

　　本書版權為西南財經大學出版社所有授權崧博出版事業有限公司獨家發行電子書及繁體書繁體版。若有其他相關權利及授權需求請與本公司聯繫。

定價：450 元

發行日期：2018 年 12 月第一版

◎ 本書以POD印製發行